U0143783

大学计算机基础教育规划教材

计算机网络技术及应用
（第2版）

雷震甲　编著

清华大学出版社
北　京

内 容 简 介

本书在介绍数据通信基本概念的基础上,对局域网、广域网和因特网的主要通信协议、技术规范和应用实例进行了详细的分析和讲解,还介绍了网络安全、网络管理和网络操作系统方面的基础知识,掌握好这三个模块可以解决网络应用中的常见问题。

本书的特点是从基础知识讲起,归结到应用实例的分析,对于一般网络原理书中很少涉及的路由器技术、虚拟局域网技术和城域网新技术都结合实例进行了讨论。本书题材新颖,概念清晰,可作为理工科学生学习现代网络的入门教材,也可作为网络工程技术人员的参考用书。

本书封面贴有清华大学出版社防伪标签,无标签者不得销售。

版权所有,侵权必究。侵权举报电话:010-62782989　13701121933

图书在版编目(CIP)数据

计算机网络技术及应用 / 雷震甲编著. —2 版. —北京:清华大学出版社,2008.12
(大学计算机基础教育规划教材)
ISBN 978-7-302-18363-1

Ⅰ. 计…　Ⅱ. 雷…　Ⅲ. 计算机网络—高等学校—教材　Ⅳ. TP393

中国版本图书馆 CIP 数据核字(2008)第 121762 号

责任编辑:张　民　李玮琪
责任校对:梁　毅
责任印制:杨　艳

出版发行:清华大学出版社　　　　　　　　地　　　址:北京清华大学学研大厦 A 座
　　　　　http://www.tup.com.cn　　　　　邮　　编:100084
　　　　　社　总　机:010-62770175　　　 邮　　购:010-62786544
　　　　　投稿与读者服务:010-62776969,c-service@tup.tsinghua.edu.cn
　　　　　质 量 反 馈:010-62772015,zhiliang@tup.tsinghua.edu.cn
印 刷 者:北京密云胶印厂
装 订 者:三河市新茂装订有限公司
经　　销:全国新华书店
开　　本:185×260　　　印　张:17.75　　　字　　数:414 千字
版　　次:2008 年 12 月第 2 版　　　　印　　次:2008 年 12 月第 1 次印刷
印　　数:1~5000
定　　价:25.00 元

本书如存在文字不清、漏印、缺页、倒页、脱页等印装质量问题,请与清华大学出版社出版部联系调换。联系电话:010-62770177 转 3103　　产品编号:028360-01

序

进入 21 世纪,社会信息化不断向纵深发展,各行各业的信息化进程不断加速。我国的高等教育也进入了一个新的历史发展时期,尤其是高校的计算机基础教育,正在步入更加科学、更加合理、更加符合 21 世纪高校人才培养目标的新阶段。

为了进一步推动高校计算机基础教育的发展,教育部高等学校计算机科学与技术教学指导委员会近期发布了《关于进一步加强高等学校计算机基础教学的意见暨计算机基础课程教学基本要求》(以下简称《教学基本要求》)。《教学基本要求》针对计算机基础教学的现状与发展,提出了计算机基础教学改革的指导思想;按照分类、分层次组织教学的思路,《教学基本要求》的附件提出了计算机基础课教学内容的知识结构与课程设置。《教学基本要求》认为,计算机基础教学的典型核心课程包括:大学计算机基础、计算机程序设计基础、计算机硬件技术基础(微机原理与接口、单片机原理与应用)、数据库技术与应用、多媒体技术与应用、网络技术与应用。附件中介绍了上述六门核心课程的主要内容,这为今后的课程建设及教材编写提供了重要的依据。在下一步计算机课程规划工作中,建议各校采用"1+X"的方案,即:"大学计算机基础"+ 若干必修或选修课程。

教材是实现教学要求的重要保证。为了更好地促进高校计算机基础教育的改革,我们组织了国内部分高校教师进行了深入的讨论和研究,根据《教学基本要求》中的相关课程教学基本要求组织编写了这套"大学计算机基础教育规划教材"。

本套教材的特点如下:

(1) 体系完整,内容先进,符合大学非计算机专业学生的特点,注重应用,强调实践。

(2) 教材的作者来自全国各个高校,都是教育部高等学校计算机基础课程教学指导委员会推荐的专家、教授和教学骨干。

(3) 注重立体化教材的建设,除主教材外,还配有多媒体电子教案、习题与实验指导,以及教学网站和教学资源库等。

(4) 注重案例教材和实验教材的建设,适应教师指导下的学生自主学习的教学模式。

(5) 及时更新版本,力图反映计算机技术的新发展。

本套教材将随着高校计算机基础教育的发展不断调整,希望各位专家、教师和读者不吝提出宝贵的意见和建议,我们将根据大家的意见不断改进本套教材的组织、编写工作,为我国的计算机基础教育的教材建设和人才培养做出更大的贡献。

"大学计算机基础教育规划教材"丛书主编

教育部高等学校计算机基础课程教学指导委员会副主任委员

冯博琴

第 2 版前言

计算机网络技术及应用(第 2 版)

  互联网已经成为大学生们学习生活中须臾不可离开的工具,成为他们生活环境的一部分了。在网络上查找资料,在网络上获取信息,通过网络交友和娱乐,已经成了很多学生的日常生活习惯。然而网络技术更是开创未来事业的有力武器,如果在将来的工作中能够熟练地运用网络工具,必然会开创出一片更美好的蓝天。为了将来的事业成功,现在学好"计算机网络技术"这门课程就是理所当然的了。

  本书第 1 版已经出版 3 年了。两年来网络技术又有了新的发展,下一代互联网关键技术 IPv6 正在走向实用,宽带城域网在更多地方建立起来,无线上网已经普遍应用,Web 2.0 更是受到网民们的追捧。这些新技术无疑应该在教材中得到反映,但是限于篇幅,作者仅在第 1 版基础上做了有限的增删和修改。主要的改动是:对广域电信网部分做了简化,在局域网和城域网部分增加了新的内容,在 TCP/IP 网络部分介绍了 IPv6 的基本概念。至于更多的新技术,都是基本技术的运用,有了本书提供的基础知识,读者可以通过互联网查找资料,不断地拓展和更新自己的网络知识。

  本书是为理工科学生编写的教材。学习本书不需要任何前置课程,当然,如果具备电子技术基础知识则对理解本课程的内容更有帮助。作者在多年的网络教学实践中,深刻体会到网络技术是一门讲"系统"的学科,对网络知识的掌握应该从各种概念的联系上来着手。就是说,要理解各种协议之间的关系,上层协议如何利用下层协议提供的服务,同时怎样为更上层的协议提供更高级的服务;在一个具体的应用中,各种协议是如何部署的,某种(或某一层)协议的改变对邻层协议会有什么影响;各种不同的网络能提供怎样不同的功能,它们在实际中适合什么样的应用环境。如果把这些问题搞清楚了,这一门课就学好了,这种技术就算掌握了。笔者强调"系统"观点的重要,并不是说不要注意细节,基本概念和技术细节(一种计算方法,一个网络命令)是理解网络协议和网络系统的基础,肯定是要牢固掌握的。在本书再版的时候,写出以上心得和体会,与读者共勉。

  本书第 1~5 章由雷震甲编写,第 6 章由王亮编写,第 7 章和第 8 章由杜晓春编写。如有错误和不妥之处,请读者批评指正。

作 者

2008 年 6 月

第1版前言

  本书是为理工科学生编写的教材,主要介绍现代计算机网络的基本概念和主流技术,全书分为8章。

  第1章引论,介绍计算机网络的基本概念和发展简史。

  第2章数据通信基础,主要包括信道特性、传输介质、编码和调制、交换技术以及差错控制等数据通信方面的基础知识。

  第3章计算机网络体系结构,介绍国际标准化组织提出的开放系统互连参考模型和一些常用的网络标准。

  第4章局域网和城域网,讲述IEEE 802局域网标准和有关的组网技术。

  第5章广域通信网,讲述公共传输网络的基础知识和广域连网的常用技术。

  第6章TCP/IP与因特网,讲述互联网的基础知识和实用技术。

  第7章网络安全与网络管理,介绍网络应用中经常涉及的基本概念和操作技能。

  第8章网络操作系统,结合常用的Windows、UNIX和Linux操作系统介绍网络用户管理和网站建设中的实用技术。

  本书的内容是自包含的,不需要其他前导课程,每章附有适量的习题,用以深化和扩展课堂讲授的概念,有关实用技能的训练可以通过实验课程来补充。本书作为本科生使用的教材,课堂讲授需要48~56学时。另外,还安排了4个实验,需要16小时的实习时间,将另行编写实验指导书。

  雷震甲编写了第1~6章,姜建国和权义宁编写了第7章,方敏和岳建国编写了第8章,雷震甲对全书进行了统稿。本书在编写过程中得到西安交通大学冯博琴教授和西安电子科技大学武波教授的大力支持,在此深表谢意。由于作者水平有限,时间仓促,如有不妥之处,敬请读者指正。

作 者

2005年1月于西安电子科技大学

目录

算机网络技术及应用(第2版)

第1章

引　论

　　计算机和通信技术的结合正在推动着社会信息化的技术革命。人们通过连接一个部门、地区、国家，甚至全世界的计算机网络来获取、存储、传输和处理信息，广泛地利用信息进行生产过程的控制和商业计划的决策。自 20 世纪 90 年代以来，由计算机构成的通信网络已成为各个国家在商业活动中竞争的战略武器，全球范围的计算机互联网有了迅速的发展并日益深入到国民经济各部门和社会生活的各个方面，计算机网络也成为人们日常生活中必不可少的交际工具。

1.1　计算机网络的形成和发展

1. 早期的计算机网络

　　自从有了计算机，就有了计算机技术和通信技术的结合。早在 1951 年，美国麻省理工学院林肯实验室就开始为美国空军设计称为 SAGE 的半自动化地面防空系统。该系统分为 17 个防区，每个防区的指挥中心装有两台 IBM 公司的 AN/FSQ-7 计算机，通过通信线路连接防区内各雷达观测站、机场、防空导弹和高射炮阵地，形成联机计算机系统。由计算机程序辅助指挥员决策，自动引导飞机和导弹进行拦截。SAGE 系统最先使用了人机交互作用的显示器，研制了小型计算机形式的前端处理机，制定了 1600bps 的数据通信规程，并提供了高可靠性的多种路径选择算法。这个系统最终于 1963 年建成，被认为是计算机和通信技术结合的先驱。

　　计算机通信技术应用于民用系统方面，最早的当数美国航空公司与 IBM 公司在 20 世纪 50 年代初开始联合研究，60 年代初投入使用的飞机订票系统 SABRE-I。这个系统由一台中央计算机与全美范围内的 2000 个终端组成。这些终端采用多点线路与中央计算机相连。美国通用电气公司的信息服务系统（GE Information Service）则是世界上最大的商用数据处理网络，其地理范围从美国本土延伸到欧洲、澳洲和日本。该系统于 1968 年投入运行，具有交互式处理和批处理能力。网络配置为分层星型结构；各终端设备连接到分布于世界上 23 个地点的 75 个远程集中器；远程集中器分别连接到 16 个中央集中器，各主计算机也连接到中央集中器；中央集中器通过 50Kbps 线路连接到交换机。由于地理范围很大，可以利用时差达到资源的充分利用。

　　在这一类早期的计算机通信网络中，为了提高通信线路的利用率并减轻主机的负担，已经使用了多点通信线路、终端集中器以及前端处理机。这些技术对后来计算机网络的发展有着深刻的影响。

所谓多点通信线路就是在一条通信线路上串接多个终端,这样,多个终端可以共享同一条通信线路与主机进行通信。由于主机—终端间的通信具有突发性和高带宽的特点,所以各个终端与主机间的通信可以分时地使用同一高速通信线路。相对于每个终端与主机之间都设立专用通信线路的配置方式,这种多点线路能极大地提高信道的利用率。每个终端与主机间设立专用线路的通信方式和多个终端共享多点线路的通信方式,分别如图 1-1(a)和图 1-1(b)所示。

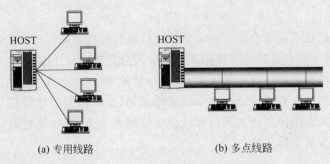

(a) 专用线路　　　　　　　　(b) 多点线路

图 1-1　专用线路与多点线路的通信方式

以多点线路连接的终端和主机间的通信建立过程,可以用主机对各终端进行轮询或是由各终端连接成雏菊链的形式实现。这也是计算机访问外设端口的传统技术。考虑到远程通信的特殊情况,对传输的信息要按照通信规程进行特别处理,后面将详细讨论各种通信规程的报文格式。

终端集中器和前端处理机的作用是类似的,不过后者的功能要强一些。主机资源主要用于计算任务,如果由主机兼顾与终端的通信任务,一来会影响主机的计算任务,二来使主机的接口太多,配置过于庞大,系统灵活性不好。为了解决这一矛盾,可以把与终端的通信任务分配给专门的小型机承担。小型机的软硬件配置都是面向通信的,可以放置于终端相对集中的地点,它与各个终端以低速线路连接,收集终端的数据,然后用高速线路传送给主机。这种通信配置如图 1-2 所示。

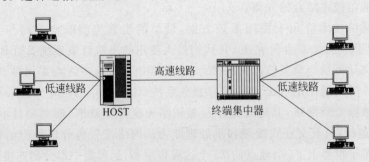

图 1-2　使用终端集中器的通信系统

终端集中器的硬件配置相对简单,它主要负责从终端到主机的数据集中和从主机到终端的数据分发。显然采用终端集中器可提高远程高速通信线路的利用率。前端处理机除了具有以上功能外,还可以互相连接,并连接多个主机,具有路由选择功能,它能根据数据包的地址把数据发送到适当的主机。不过在早期的计算机网络中前端处理机的功能还不是很强,互连规模也不是很大。例如,上文中提到的 GE 信息服务系统中的中央集中器,实际上就是这种形式的前端处理机。现代的计算机网络则是这一互连模式的拓广。

2. 现代计算机网络的发展

现代意义上的计算机网络是从美国国防部高级研究计划局(Advanced Research Project Agency,ARPA)建成的 ARPAnet 实验网开始的。1969 年最初进行通信试验时连接了加州大学洛杉矶分校、加州大学圣巴巴拉分校、斯坦福研究所和犹他大学的 4 台计算机,两年后,建成 15 个结点,进入工作阶段。此后,ARPAnet 的规模不断扩大。到了 20 世纪 70 年代后期,网络结点超过 60 个,主机 100 多台,地理范围跨越了美洲大陆,连通了美国东部和西部的许多大学和研究机构,而且通过通信卫星与夏威夷和欧洲等地区的计算机网络相互连通。ARPA 网的主要特点是:

(1) 资源共享;

(2) 分散控制;

(3) 分组交换;

(4) 采用专门的通信控制处理机;

(5) 分层的网络协议。

这些特点被认为是现代计算机网络的一般特征。

20 世纪 70 年代中后期是广域通信网大发展的时期。各发达国家的政府部门、研究机构和电报电话公司都在发展各自的分组交换网络。例如,英国邮政局的 EPSS 公用分组交换网络(1973),法国信息与自动化研究所(IRIA)的 CYCLADES 分布式数据处理网络(1975),加拿大的 DATAPAC 公用分组交换网(1976),日本电报电话公司的 DDX-3 公用数据网(1979)。这些网络都以实现远距离的计算机之间的数据传输和信息共享为主要目的,通信线路大多采用租用电话线路,少数铺设专用线路,数据传输速率在 50Kbps 左右。这一时期的网络被称为第二代网络,以远程大规模互连为其主要特点。

3. 计算机网络标准化

经过 20 世纪 60 年代后期和 70 年代前期的发展,人们对组网的技术、方法和理论的研究日趋成熟。为了促进网络产品的开发,各大计算机公司纷纷制定自己的网络技术标准。IBM 首先于 1974 年推出了该公司的系统网络体系结构 SNA(System Network Architecture),为用户提供能够互连的成套通信产品;1975 年 DEC 公司宣布了自己的数字网络体系结构 DNA(Digital Network Architecture);1976 年 UNIVAC 宣布了该公司的分布式通信体系结构 DCA(Distributed Communication Architecture)等。这些网络技术标准只是在一个公司范围内有效,遵从某种标准的、能够互连的网络通信产品,只是同一公司生产的同构型设备。网络通信市场的这种分割使得用户在投资方向上无所适从,也不利于多厂商之间的公平竞争。针对这种情况出现了制定统一技术标准的迫切需求。1977 年国际标准化组织 ISO 的 TC97 信息处理系统技术委员会 SC16 分会开始着手制定开放系统互连参考模型 OSI/RM(Open System Interconnection/Reference Model)。作为国际标准,OSI 规定了可以互连的计算机系统之间的通信协议,遵从 OSI 协议的网络通信产品都是所谓的开放系统。今天,几乎所有的网络产品厂商都声称自己的产品是开放系统,不遵从国际标准的产品逐渐失去了市场。这种统一的、标准化产品互相竞争的市场促进了网络技术的进一步发展。

4. 微机局域网的发展

20 世纪 80 年代初,出现了微型计算机,这种适合办公室环境和家庭使用的新机种对社会生活的各个方面都产生了深刻的影响。1972 年 Xerox 公司发明了以太网,以太网与微机的结合使微机局域网得到了快速的发展。在一个单位内部的微型计算机和智能设备互相连接起来,提供了办公自动化的环境和信息共享的平台。1980 年 2 月 IEEE 802 局域网标准出台。局域网的发展从一开始就按照标准化、互相兼容的方式展开竞争。用户在建设自己的局域网时选择面更宽,设备更新更快。经过 20 世纪 80 年代后期的快速发展,局域网厂商大都进入了专业化的成熟时期。今天,在一个用户的局域网中,工作站可能是惠普的,服务器可能是 IBM 的,网卡可能是 Intel 的,交换机可能是 Cisco 的,而网络上运行的软件则可能是 Linux 或 Windows Server。

5. 国际互联网的发展

1985 年,美国国家科学基金会(National Science Foundation)利用 ARPAnet 协议建立了用于科学研究和教育的骨干网络 NSFnet。20 世纪 90 年代,NSFnet 代替 ARPAnet成为国家骨干网,并且走出大学和研究机构进入社会。从此网上的电子邮件、文件下载和报文传输受到越来越多的人的欢迎并被广泛使用。1992 年,Internet 学会成立,该学会把Internet 定义为“组织松散、独立的国际合作互联网络”,“通过自主遵守计算协议和过程支持主机对主机的通信”。1993 年,美国伊利诺斯大学国家超级计算中心开发成功了网上浏览工具 Mosaic(后来发展成 Netscape),使得各种信息都可以方便地在网上交流。浏览工具的实现引发了 Internet 发展和普及的高潮。上网不再是网络操作人员和科学研究人员的专利,而成为一般人进行远程通信和交流的工具。在这种形势下,美国总统克林顿于 1993 年宣布正式实施国家信息基础设施(National Information Infrastructure,NII)计划,从此在世界范围内展开了争夺信息化社会领导权和制高点的竞争。与此同时 NSF 不再向 Internet 注入资金,使其完全进入商业化运作。20 世纪 90 年代后期,Internet 以惊人的高速度发展,网上的主机数量、上网的人数、网络的信息流量每年都在成倍地增长。

6. 我国互联网的发展

我国互联网的发展启蒙于 20 世纪 80 年代末。1987 年 9 月 14 日,北京计算机应用研究所的钱天白教授通过意大利公用分组网 ITAPAC 设在北京的 PAD 发出我国的第一封电子邮件,与德国卡尔斯鲁厄大学进行了通信,揭开了中国人使用 Internet 的序幕。1994 年 4 月,中关村地区教育与科研示范网络(NCFC)通过美国 Sprint 公司接入Internet 的 64K 国际专线开通,实现了与 Internet 的全功能连接,从此我国正式成为有

Internet 的国家。此后经过十余年的发展,中国建成了四个互联网络主干网,其中有中国公用计算机互联网 CHINANET、中国教育科研网 CERNET、中国科学技术网 CSTNET 和中国金桥信息网 CHINAGBN。

进入 21 世纪后,许多通信公司纷纷加入计算机互联网的行列,例如中国联通互联网 UNINET、中国网通公用互联网 CNCNET、中国移动互联网 CMNET、中国国际经济贸易互联网 CIETNET、中国长城互联网 CGWNET 和中国卫星集团互联网 CSNET 等都提供互联网接入服务。

根据 CNNIC 发布的第 22 次中国互联网络发展状况统计报告,截至 2008 年 6 月 30 日,我国的网民人数达到了 2.53 亿,首次大幅度超过美国跃居世界第一位。中国大陆地区的 IPv4 地址数达到了 1.58 亿,世界排名第二。大陆地区的域名总数为 1485 万;网站总数为 191.9 万;网络国际出口带宽为 493,729Mbps,连接美国、俄罗斯、法国、英国、德国、日本、韩国和新加坡等国。经过几十年的发展,互联网的功能已经拓展到许多方面,成为人们获取信息、沟通交流和在线娱乐的工具,也是人们日常生活中不可或缺的助手。

1.2 计算机网络的基本概念

本书中,计算机网络这一术语是指由通信线路互相连接的许多自主工作的计算机构成的集合体。通信线路并不专指铜导线,还可以是激光、微波或红外线等。这里强调构成网络的计算机是可以自主工作的,这是为了和多终端分时系统相区别。在后一种系统中,终端(无论是本地的还是远程的)只是主机和用户之间的接口,它本身并不拥有计算资源,全部资源集中在主机中,主机以自己拥有的资源分时地为各终端用户服务。在计算机网络中的各个计算机(工作站)本身拥有计算资源,它能独立工作,完成一定的计算任务,同时,用户还可以通过本地计算机或工作站使用网络中的其他计算资源(CPU、大容量外存或信息等)。

与计算机网络类似的概念是计算机通信网。正如后者的名字所暗示的那样,计算机通信网以传输信息为主要目的。人们对计算机通信网的研究主要集中在网络中的信息如何高效、可靠地传输;为实现网络中的计算机之间的通信应遵从什么样的传输协议;对网络中的通信设备如何控制和管理等。至于网络中传送的信息有什么含义则是无关紧要的。

在计算机网络中,人们关心的是如何共享网络中的资源,这正是人们当初把计算机互连成网的主要目的。网络中的资源(主机、大容量硬盘、高速打印机以及数据等)由网络操作系统统一管理,网络操作系统为用户提供了操纵网络、共享资源的统一接口。当然,网络操作系统是在计算机通信网上运行的,它不可避免地也要管理计算机之间的通信,因而比单机应用环境中的操作系统要复杂得多。然而,与当初人们建立计算机网络的初衷不一致的是,在现今的计算机网络中,通信方面的应用多于共享硬件资源方面的应用,而且网络操作系统关于资源共享方面的功能往往不完善。特别是市场上各种网络操作系统差别很大,其标准化程度比通信方面的标准化低得多,而这方面的改进和完善还需假以时日。

　　比计算机网络更高级的系统是分布式系统。分布式系统在计算机网络基础上为用户提供了透明的集成应用环境。用户可以用名字或命令调用网络中的任何资源或进行远程的数据处理,不必考虑这些资源或数据的地理位置。对计算机网络往往不要求这种透明性,甲地的用户要利用乙地的计算资源必须通过自己的终端显式地指定地点和设备名。20世纪80年代以来,人们对高级形态的分布处理环境投入了极大的热情,随着分布式计算技术的进展,分布式数据库已经面市,分布式控制的优点也已深入人心,而近年来出现的网格计算则是针对复杂科学计算任务的新型计算技术。

　　网格计算利用了互联网,把分散在不同地理位置的PC和具有剩余计算能力的服务器组织起来,形成一个"虚拟的超级计算机",这样的虚拟计算环境被称为"网格"(Grid),每一台参与的计算机就是一个"结点"(Knot)。这种计算模式首先把要计算用的数据分割成若干小块数据包,计算这些数据包的软件通常是预先编制好的一段程序,占用系统资源极少,不同结点的计算机可以根据处理能力下载一个数据包进行计算。只要计算机的计算能力出现闲置,程序就会自动工作。与超级计算机动辄数千万美元的造价相比,网格计算有两大优势:第一是它的数据处理能力极强;第二是它能充分利用网上的闲置计算资源。网格计算主要被各大学和研究实验室用于高性能计算的项目,面向高能物理计算、宇宙信息分析、破解基因排序等大型科学计算问题,网格计算几乎是唯一的低成本途径。我国SARS肆虐之时,一个名为"D2OL"的网格计算计划受到了公众的关注。该计划是专门利用全球PC的闲余工作能力,从事SARS病毒数据的计算,此外还研究炭疽、天花、鼠疫、细菌毒素等多种致命病毒。

　　和计算机网络类似的另一种系统是多机系统。多机系统专指同一机房中的许多大型主机互连组成的功能强大、能高速并行处理的计算机系统。对这种系统互连的要求是高带宽和多样的连通性。所谓高带宽就是要求计算机之间的通信速度能够达到访问主存的速度,这在当今的计算机网络(即使是局域网)中是达不到的,而且按照计算机网络通信协议的方式处理多机系统中的通信是不合适的。由于考虑了远距离传输的特点(要进行差错、流量的控制,运行复杂的路由选择算法等),计算机网络中的信息传输往往开销很大,因而实际上的有效数据速率比通信线路能够提供的带宽要小得多,而在近距离的多机互连中这些开销实际上都是不必要的。在多机系统中对互联网络的另一要求是多样灵活的连通性,即使做不到完全直接相连,也要求能够快速地变换互连模式以适应并行计算的要求。由于距离的原因,在计算机网络中的互连是相当有限的。为弥补这一缺陷发展了各种交换技术。这种有限互连的交换方式不能适应高速并行计算的要求,所以计算机网络和多机系统中的互联网络在理论和方法上是完全不同的两个学科。

1.3　计算机网络的组成

　　计算机网络的组成元素可以分为两大类,即网络结点和通信链路。网络结点又分为端结点和转发结点。端结点指通信的源结点和宿结点,例如用户主机和用户终端;转发结点指网络通信过程中起控制和转发信息作用的结点,例如交换机、集中器、接口信息处理机等。通信链路是指传输信息的信道,可以是电话线、同轴电缆、无线电线路、卫星线路、微波中继线路、光纤缆线等。网络结点通过通信链路连接成的计算机网络如图 1-3 所示。

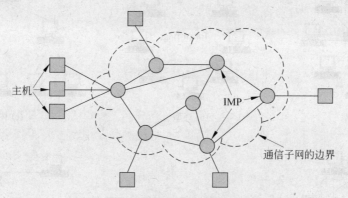

图 1-3　通信子网与资源子网

在图 1-3 中，虚线框外的部分称为资源子网。资源子网中主要包括拥有资源的用户主机和请求资源的用户终端，它们都是端结点。虚线框内的部分叫做通信子网。通信子网的任务是在端结点之间传送由信息组成的报文，它主要由转发结点和通信链路组成。在图 1-3 中，我们按照 ARPA 网络的术语把转发结点通称为接口信息处理机 IMP（Interface Message Processor）。IMP 是一种专用于通信的计算机，有些 IMP 之间直接相连，有些 IMP 之间必须经过其他 IMP 才能相连。当 IMP 收到一个报文后要根据报文的目标地址决定把该报文提交给与它相连的主机还是转发到下一个 IMP。一个报文从源结点到宿结点的旅行路程上可能要经过多个 IMP 的转发，这种通信方式叫做存储—转发通信。在广域网中的通信一般都采用这种方式。另外一种通信方式是所谓的广播通信方式，主要用于局域网中。局域网中的 IMP 简化为一个微处理器芯片，每台主机（或工作站）中都设置一个 IMP。而在广域网中，一个 IMP 可以连接多台主机。在广播通信系统中，唯一的信道为所有主机所共享，任何主机发出的信息所有主机都能收到。信息包中的目标地址则指明特定的接收站，每个站都可以根据目标地址判断哪个信息包是发送给自己的，并且根据信息包中的源地址判断是谁发来的。当然，在需要时可以用一个特殊的目标地址（例如全 1 地址）表示该信息包是发给所有站的，这叫做多目标发送。

通信子网中转发结点的互联模式叫做子网的拓扑结构。图 1-4 所示为可能有的几种拓扑结构，其中全连接型对于点到点的通信是最理想的，但由于连接数接近结点数的平方倍，所以实际上是行不通的。在广域网中常见的互联拓扑是树型和不规则型，而在局域网中则常用规则型拓扑结构（星型、环型、总线型）。

星型网络中有一个唯一的转发结点，而树型网络中除了叶子结点之外的所有根结点和子树结点都是转发结点，这两种网络都是具有一定集中控制功能的通信网络。以程控交换机为中心的电话网络可以看作是星型网络的代表，连接在程控交换机上的用户终端和主机之间的通信都受程控交换机的控制。程控交换机和其他的通信控制处理机进一步互联就形成了复杂的树型结构或不规则连接。

总线型网络是属于共享信道的广播式网络。由于只有单一的信道，所以任一时刻只

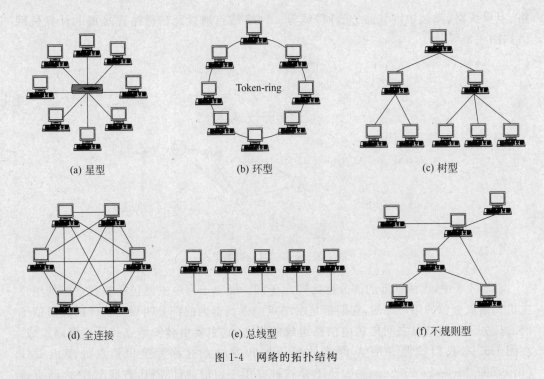

(a) 星型   (b) 环型   (c) 树型

(d) 全连接   (e) 总线型   (f) 不规则型

图 1-4 网络的拓扑结构

能有一个站发送信息。所有要发送信息的站通过某种仲裁协议分时地使用共享信道。各种仲裁协议将是以后要讲述的重点之一。

在环型网络中信息流向只能是单方向的。每个收到信息包的站都向它的下游站转发该信息包。信息包在环网中旅行一圈,最后由发送站进行回收。当信息包经过目标站时,目标站根据信息包中的目标地址判断出自己是接收站,并把该信息包复制到自己的接收缓冲区中。为了决定环上的哪个站可以发送信息,平时在环上流通着一个叫做令牌的特殊信息包,只有得到令牌的站可以发送信息。当一个站发送完信息后就把令牌向下传送,以便下游的站可以得到发送的机会。当没有信息传送时,环网上只有令牌流通。

1.4 计算机网络的分类

可以按照不同的方法对计算机网络进行分类。按照互联规模和通信方式,可以把网络分为局域网、城域网和广域网,这 3 种网络的比较如表 1-1 所示。

按照使用方式可以把计算机网络分为校园网(Campus Network)和企业网(Enterprise Network),前者用于学校内部的教学科研信息的交换和共享,后者用于企业管理和办公自动化;按照连接范围可以把计算机网络分为内联网(Intranet)和外联网(Extranet)。内联网是采用 Internet 技术建立的企业网,用防火墙限制与外部的信息交换,以确保内部的信息安全。外联网则指校园网或企业网与 Internet 连接的通道,内部网络正是通过外联网与外界通信的;按照网络服务的范围又可以分为公用网与专用网。公用网是由通信公司建立和经营的网络,向社会提供有偿的通信和信息服务。专用网一般是

表 1-1 LAN、MAN 和 WAN 的比较

	局域网（LAN）	城域网（MAN）	广域网（WAN）
地理范围	室内，园区内部	建筑物之间，城市区域内	国内，国际
所有者和运营者	由单位所有和运营	几个单位共有或公用	通信运营公司所有
互联和通信方式	共享介质，分组广播	共享介质，分组广播	共享介质，分组交换
数据速率	每秒几十兆位至每秒几百兆位	每秒几兆位至每秒几十兆位	每秒几十千位
误码率	最小	中	较大
拓扑结构	规则结构：总线型、星型和环型	规则结构：总线型，星型和环型	不规则的网状结构
主要应用	分布处理，办公自动化	LAN 互联，综合声音、视频和数据业务	远程数据传输

建立在公用网上的虚拟网络，仅限于一定范围内的人群之间的通信，或者对一定范围的通信设备实施特殊的管理；按照网络提供的服务可以分为通信网和信息网。通信网提供远程联网服务，各种校园网和企业网通过远程连接形成了互联网，提供互联服务的供应商叫做 ISP（Internet Service Provider）。信息网提供 Web 信息浏览、文件下载和电子邮件传送等信息服务，提供网络信息服务的供应商叫做 ICP（Internet Content Provider）。

1.5 计算机网络的应用

计算机网络的应用涉及社会生活的各个方面。除了传统的网络新闻、文件下载和电子邮件之外，当前对人们的社会生活影响最大的网络应用可以列举如下。

1. 办公自动化

网络化办公系统的主要功能是实现信息共享和公文流转，其功能包括领导办公、电子签名、公文处理、日程安排、会议管理、档案管理、财务报销、信访管理、信息发布、全文检索等模块，以解决各种类型的无纸化办公问题。这种系统应该简单、可靠、安全、易用、容易安装和普遍适用。在目前大力推广政府和企业上网的情况下，办公软件具有越来越广阔的应用前景。

2. 电子数据交换

电子数据交换（Electronic Data Interchange，EDI）是一种新型的电子贸易工具，是计算机、通信和现代管理技术相结合的产物。它通过计算机通信网络将贸易、运输、保险、银行和海关等行业信息表现为国际公认的标准格式，实现公司之间的数据交换和处理，并完成以贸易为中心的整个交易过程。由于使用 EDI 可以减少甚至消除贸易过程中的纸质文件，因此又被通俗地称为"无纸贸易"。EDI 传输的文件具有跟踪、确认、防篡改、防冒领等一系列安全保密功能，并具有法律效力。

3. 远程教育

远程网络教学是利用因特网技术,与教育资源相结合,在计算机网络上进行的教学模式。通过网络进行教育最明显的优势是可以使有限的教育资源成为近乎无限的、不受时空和资金限制的、人人可以享受的全民教育资源,因而网络教育能产生巨大的规模效应。网络教学利用现代通信技术实施远程交互作用,学习者可以与远地的教师通过电子邮件、BBS 等建立交互联系,学员之间也可进行类似的交流和互助学习,以便及时得到教师和其他学生的帮助。

4. 电子银行

电子银行是一种在线服务系统。它以因特网为媒介,为客户提供银行账户信息查询、转账付款、在线支付、代理业务等自助金融服务。这种系统需要采用高强度加密算法,客户的资料和信用卡信息才不会被外界获取。电子银行的出现标志着人类的交换方式已经从物物交换、货币交换发展到了信息交换的新阶段。很多商业银行都开办了个人网上银行,为拥有个人信用卡、贷记卡或综合账户卡的客户提供各种个人理财服务。

5. 证券和期货交易

证券和期货交易是一种高利润、高风险的投资方式。由于行情变化很快,所以投资者更加依赖于及时准确的交易信息。证券和期货市场通过计算机网络提供行情分析和预测、资金管理和投资计划等服务。还可以通过无线网络将各种交易平台相连,利用手持设备输入交易信息,并迅速传递到计算机、报价服务系统和交易大厅的显示板。管理员、经纪人和交易者可以迅速利用手持设备进行交易,避免了由于手势、送话器、人工录入等方式而产生的不准确信息和时间延误所造成的损失。

6. 娱乐和在线游戏

随着宽带通信与视频演播的快速发展,网络在线游戏正在逐步成为互联网娱乐的重要组成部分,也是互联网最富群众性和最有潜力的赢利点。电脑游戏可以分为四类:完全不具备联网能力的单机游戏、具备局域网联网功能的多人联网游戏、基于因特网的多用户小型游戏和基于因特网的大型多用户游戏。最后这一种游戏一般有大型的客户端软件和复杂的后台服务器系统。目前世界各地一大批网络游戏有如雨后春笋般涌现出来,已经在全球形成了一种极有前景的产业。我国的在线游戏市场已经完成了酝酿和培育的过程,迎来了一个大发展的时期,为陷入低迷的网络经济开辟了新的财源,甚至有望带动整个网络经济的全面复苏。

习   题

1. 计算机网络的发展经过了哪几个阶段?试举出几个典型的网络系统,说明每个阶段的特点。

2. 在早期的网络中有哪些技术对以后的网络发展产生了深远的影响？试描述这些技术的要点。

3. 现代计算机网络是以什么系统为代表的？这种系统有哪些特点？

4. 主要的商用网络体系结构有哪些？网络的国际标准有哪些？

5. 计算机网络与计算机通信网有什么区别和联系？

6. 计算机网络与多终端分时系统、分布式系统、多机系统之间的主要区别是什么？

7. 计算机网络分为哪两个子网？各有什么作用？

8. 计算机网络的拓扑结构有哪几种？不同拓扑结构对通信进行控制的方法有什么不同？

9. 计算机网络可分为哪些类型？这样分类的标准是什么？

10. 试列举你熟悉的网络应用，并说明这种应用的原理和操作。

第2章

数据通信基础

计算机网络采用数据通信方式传输数据。数据通信和电话网络中的语音通信不同，也和无线电广播通信不同，它有其自身的规律和特点。数据通信技术的发展与计算机技术的发展密切相关，又互相影响，已经形成了一门独立的学科。这门学科主要研究对计算机中的二进制数据进行传输、交换和处理的理论、方法以及实现技术。本章主要讲述数据通信的基本原理和基础知识，为学习以后各章的内容作好准备。

2.1 数据通信的基本概念

通信的目的就是传递信息。通信中产生和发送信息的一端叫做信源，接收信息的一端叫做信宿，信源和信宿之间的通信线路称为信道。信息在进入信道时要变换为适合信道传输的形式，在进入信宿时又要变换为适合信宿接受的形式。信道的物理性质不同，对通信的速率和传输质量的影响也不同。另外信息在传输过程中可能会受到外界的干扰，我们把这种干扰称为噪声。不同的物理信道受各种干扰的影响不同，例如，如果信道上传输的是电信号，就会受到外界电磁场的干扰，光纤信道则基本不接受外界的电磁干扰。以上描述的通信方式忽略了具体通信中的物理过程和技术细节，于是形成了如图 2-1 所示的通信系统模型。

作为一般的通信系统，信源产生的信息可能是模拟数据，也可能是数字数据。模拟

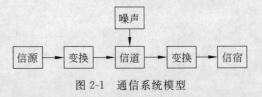

图 2-1　通信系统模型

数据取连续值，而数字数据取离散值。在数据进入信道之前要变成适合传输的电磁信号，这些信号也可以是模拟的或数字的。模拟信号是随时间连续变化的信号，这种信号的某种参量（例如幅度、相位、频率等）可以表示要传送的信息。电话机送话器输出的话音信号，电视摄像机产生的图像信号等都是模拟信号。数字信号只取有限个离散值，而且数字信号之间的转换几乎是瞬时的，数字信号以某一瞬间的状态表示它们传送的信息。

如果信源产生的是模拟数据并以模拟信道传输则叫做模拟通信；如果信源发出的是模拟数据而以数字信号的形式传输，那么这种通信方式叫数字通信。如果信源发出的是数字数据，当然也可以有两种传输方式，这时无论是用模拟信号传输或是用数字信号传输都叫做数据通信。可见数据通信是指信源和信宿中数据的形式是数字的，在信道中传输

时则可以根据需要采用模拟传输方式或数字传输方式。

在模拟传输方式中,数据进入信道之前要经过调制,变换为模拟的调制信号。由于调制信号的频谱较窄,因此信道的利用率较高。模拟信号在传输过程中会衰减,还会受到噪声的干扰,如果用放大器将信号放大,混入的噪声也将被放大,这是模拟传输的缺点。在数字传输方式中,可以直接传输二进制数据或经过二进制编码的数据,也可以传输数字化了的模拟信号。因为数字信号只取有限个离散值,在传输过程中即使受到噪声的干扰,只要没有畸变到不可辨认的程度,就可以用信号再生的方法进行恢复,对某些数码的差错也可以用差错控制技术加以消除。所以数字传输对于信号不失真地传送是有好处的。另外数字设备可以大规模集成,比复杂的模拟设备便宜得多。然而传输数字信号比传输模拟信号所要求的频带要宽得多,因而信道利用率较低。

2.2 信道特性

1. 信道带宽

模拟信道的带宽如图 2-2 所示。信道带宽 $W = f_2 - f_1$,其中 f_1 是信道能通过的最低频率,f_2 是信道能通过的最高频率,两者都是由信道的物理特性决定的。当组成信道的电路制成了,信道的带宽就决定了。为了使信号传输中的失真小些,信道要有足够的带宽。

数字信道是一种离散信道,它只能传送取离散值的数字信号。信道的带宽决定了信道中能不失真地传输的脉冲序列的最高速率。一个数字脉冲称为一个码元,我们用码元速率表示单位时间内信号波形的变换次数,即单位时间内通过信道传输的码元个数。若信号码元宽度为 T 秒,则码

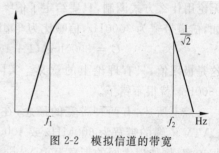

图 2-2 模拟信道的带宽

元速率 $B = 1/T$。码元速率的单位叫波特(Baud),所以码元速率也叫波特率。早在 1924 年,贝尔实验室的研究员亨利·奈奎斯特(Harry Nyquist)就推导出了有限带宽无噪声信道的极限波特率,称为奈奎斯特定理。若信道带宽为 W,则奈奎斯特定理指出最大码元速率为

$$B = 2W(\text{Baud})$$

奈奎斯特定理指定的信道容量也叫做奈奎斯特极限,这是由信道的物理特性决定的。超过奈奎斯特极限传送脉冲信号是不可能的,所以要进一步提高波特率必须改善信道带宽。

码元携带的信息量由码元取的离散值个数决定。若码元取两个离散值,则一个码元携带 1b(比特)信息。若码元可取 4 种离散值,则一个码元携带 2b 信息。总之一个码元携带的信息量 n(比特)与码元的种类数 N 有如下关系

$$n = \log_2 N$$

单位时间内在信道上传送的信息量(比特数)称为数据速率。在一定的波特率下提高

速率的途径是用一个码元表示更多的比特数。如果把两比特编码为一个码元,则数据速率可成倍提高。我们有公式

$$R = B\log_2 N = 2W\log_2 N(\text{bps})$$

其中 R 表示数据速率,单位是每秒比特(bits per second),简写为 bps。

数据速率和波特率是两个不同的概念。仅当码元取两个离散值时两者才相等。对于普通电话线路,带宽为 3000Hz,最高波特率为 6000Baud。而最高数据速率可随编码方式的不同而取不同的值。这些都是在无噪声的理想情况下的极限值。实际信道会受到各种噪声的干扰,因而远远达不到按奈奎斯特定理计算出的数据传送速率。香农(Shannon)的研究表明,有噪声信道的极限数据速率可由下面的公式计算

$$C = W\log_2\left(1 + \frac{S}{N}\right)$$

这个公式叫做香农定理,其中,W 为信道带宽,S 为信号的平均功率,N 为噪声平均功率,S/N 叫做信噪比。由于在实际使用中 S 与 N 的比值太大,故常取其分贝数(dB)。分贝与信噪比的关系为

$$\text{dB} = 10\log_{10}\frac{S}{N}$$

例如当 $S/N = 1000$ 时,信噪比为 30dB。这个公式与信号取的离散值个数无关,也就是说无论用什么方式调制,只要给定了信噪比,则单位时间内最大的信息传输量就确定了。例如,信道带宽为 3000Hz,信噪比为 30dB,则最大数据速率为

$$C = 3000\log_2(1 + 1000) \approx 3000 \times 9.97 \approx 30000\text{bps}$$

这是极限值,只有理论上的意义。实际上在 3000Hz 带宽的电话线上数据速率能达到 9600bps 就很不错了。

综上所述,有两种带宽的概念,在模拟信道,带宽按照公式 $W = f_2 - f_1$ 计算,例如 CATV 电缆的带宽为 600MHz 或 1000MHz;数字信道的带宽为信道能够达到的最大数据速率,例如以太网的带宽为 10Mbps 或 100Mbps,两者可通过 Shannon 定理互相转换。

2. 误码率

在有噪声的信道中,数据速率的增加意味着传输中出现差错的概率增加。我们用误码率来表示传输二进制位时出现差错的概率。误码率可用下式表示

$$P_c = \frac{N_e(\text{出错的位数})}{N(\text{传送的总位数})}$$

在计算机通信网络中,误码率一般要求低于 10^{-6},即平均每传送 1 兆位才允许错 1 位。在误码率低于一定的数值时,可以用差错控制的办法进行检查和纠正。

3. 信道延迟

信号在信道中传播,从源端到达宿端需要一定的时间。这个时间与源端和宿端的距离有关,也与具体信道中的信号传播速度有关。我们以后考虑的信号主要是电信号(虽然在某些情况下可能会用到红外或激光),这种信号一般以接近光速的速度(300m/μs)传播,但随传输介质的不同而略有差别。例如在电缆中的传播速度一般为光速的 77%,即

200 m/μs 左右。

一般来说,考虑信号从源端到达宿端的时间是没有意义的,但对于一种具体的网络,我们经常对该网络中相距最远的两个站之间的传播时延感兴趣。这时除了要计算信号传播速度外,还要知道网络通信线路的最大长度。例如 500m 同轴电缆的时延大约是 2.5μs,而卫星信道的时延大约是 270ms。时延的大小对有些网络应用有很大影响。

2.3　传输介质

计算机网络中可以使用各种传输介质来组成物理信道。这些传输介质的特性不同,因而使用的网络技术不同,应用的场合也不同。下面简要介绍各种常用传输介质的特点。

1. 双绞线

双绞线由粗约 1mm 的互相绝缘的一对铜导线绞扭在一起组成,对称均匀的绞扭可以减少线对之间的电磁干扰。这种双绞线被大量使用在传统的电话系统中,适用于短距离传输,超过几公里,就要加入中继器。在局域网中可以使用双绞线作为传输介质,如果选用高质量的芯线,采用适当的驱动和接收技术,安装时避开噪声源,在几百米之内数据传输速率可达每秒几十兆比特。

双绞线分为屏蔽双绞线和无屏蔽双绞线。无屏蔽双绞线电缆(Unshielded Twisted Pair, UTP)由不同颜色的(橙/绿/蓝/棕)4 对双绞线组成,如图 2-3 所示。屏蔽双绞线 (Shielded Twisted Pair, STP)电缆的外层由铝箔包裹着,价格相对高一些,并且需要支持屏蔽功能的特殊连接器和适当的安装技术,但是传输速率比无屏蔽双绞线高。国际电气工业协会(EIA)定义了双绞线电缆各种不同的型号,计算机综合布线使用的双绞线种类如表 2-1 所示。

表 2-1　计算机综合布线使用的双绞线

	类型	带宽 Mbps
屏蔽双绞线	3 类	16
	5 类	100
无屏蔽双绞线	3 类	16
	4 类	20
	5 类	100
	超 5 类	155
	6 类	200

图 2-3　无屏蔽双绞线电缆

由于双绞线价格便宜,安装容易,适用于结构化综合布线,所以得到了广泛的使用。通常在局域网中使用的无屏蔽双绞线的传送速率是 10Mbps 或 100Mbps,随着网卡技术的发展,短距离甚至可以达到 1000Mbps。

2. 同轴电缆

同轴电缆的芯线为铜导线,外包一层绝缘材料,再外面是由细铜丝组成的网状导体,最外面加一层塑料保护膜,如图 2-4 所示。芯线与网状导体同轴,故名同轴电缆。同轴电缆的这种结构,使它具有高带宽和极好的噪声抑制特性。

图 2-4　同轴电缆

在局域网中常用的同轴电缆有两种,一种是特性阻抗为 50Ω 的同轴电缆,用于传输数字信号,例如 RG-8 或 RG-11 粗缆和 RG-58 细缆。粗同轴电缆适用于大型局域网,它的传输距离长,可靠性高,安装时不需要切断电缆,用夹板装置夹在计算机需要连接的位置。但粗缆必须安装外收发器,安装难度大,总体造价高。细缆则容易安装,造价低,但安装时要切断电缆,装上 BNC 接头,然后连接在 T 形连接器两端,所以容易产生接触不良或接头短路的隐患,这是以太网运行中常见的故障。

通常把表示数字信号的方波所固有的频带称为基带,所以这种电缆也叫基带同轴电缆,直接传输方波信号称为基带传输。由于计算机产生的数字信号不适合于长距离传输,所以在信号进入信道前要经过编码器进行编码,变成适合于传输的电磁代码。经过编码的数字信号到达接收端再经译码器恢复为原来的二进制数字数据。基带系统的优点是安装简单而且价格便宜,但由于在传输过程中基带信号容易发生畸变和衰减,所以传输距离不能很长。一般在 1km 以内,典型的数据速率是 10Mbps 或 100Mbps。

常用的另一种同轴电缆是特性阻抗为 75Ω 的 CATV 电缆(RG-59),用于传输模拟信号,这种电缆也叫宽带同轴电缆。所谓宽带在电话行业中是指比 4kHz 更宽的频带,而这里是泛指模拟传输的电缆网络。要把计算机产生的比特流变成模拟信号在 CATV 电缆上传输,在发送端和接收端要分别加入调制器和解调器。对于带宽为 400MHz 的 CATV 电缆,典型的数据速率为 100~150Mbps。也可以采用频分多路技术(FDM),把整个带宽划分为多个独立的信道,分别传输数据、声音和视频信号,实现多种通信业务。这种传输方式称为综合传输,适合于在办公自动化环境中应用。

宽带系统与基带系统的主要区别是模拟信号经过放大器后只能单向传输。为了实现网络结点间的相互连通,有时要把整个 400MHz 的带宽划分两个频段,分别在两个方向上传送信号,这叫分裂配置。有时用两根电缆,这叫双缆配置。虽然两根电缆比单根电缆价格要贵一些,但信道容量却提高一倍多。无论是分裂配置还是双缆配置都要使用一个叫做端头(Headend)的设备。该设备安装在网络的一端,它从一个频率(或一根电缆)接收所有站发出的信号,然后用另一个频率(或电缆)发送出去。

宽带系统的优点是传输距离远,可达数十公里,而且可同时提供多个信道。然而和基带系统相比,它的技术更复杂,需要专门的射频技术人员安装和维护,宽带系统的接口设备也更昂贵。

3. 光纤

光纤由能传送光波的超细玻璃纤维制成,外包一层比玻璃折射率低的材料。进入光纤的光波在两种材料的界面上形成全反射，从而不断地向前传播，如图 2-5 所示。

光纤信道中的光源可以是发光二极管 LED (Light Emitting Diode)，或注入式激光二极管 ILD (Injection Laser Diode)。这两种器件在有电流通过时都能发出光脉冲，光脉冲通过光导纤维传播到达接收端。接收端有一个光检测器——光电二极管，它遇光时产生电信号，这样就形成了一个单向的光传输系

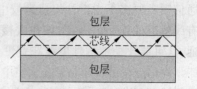

图 2-5 光纤的传输原理

统，类似于单向传输模拟信号的宽带系统。如果我们采用另外的互连方式，把所有的通信结点通过光缆连接成一个环，环上的信号虽然是单向传播，但任一结点发出的信息其他结点都能收到，从而也达到了互相通信的目的，如图 2-6 所示。

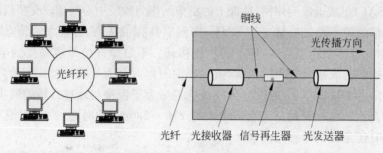

图 2-6 光纤环网

光波在光导纤维中以多种模式传播，不同的传播模式有不同的电磁场分布和不同的传播路径，这样的光纤叫多模光纤（见图2-7(a)）。光波在光纤中以什么模式传播，这与芯线和包层的相对折射率、芯线的直径以及工作波长有关。如果芯线的直径小到光波波长大小，则光纤就成为波导，光在其中无反射地沿直线传播，这种光纤叫单模光纤（见图2-7(b)）。单模光纤比多模光纤价格更贵。通常在远距离传输中使用多模光纤。

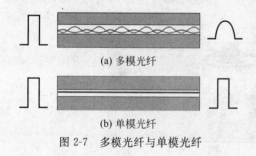

(a) 多模光纤

(b) 单模光纤

图 2-7 多模光纤与单模光纤

光导纤维作为传输介质，其优点是很多的。首先是它具有很高的数据速率、极宽的频带、低误码率和低延迟。典型数据传输速率是 1000Mbps，而误码率比同轴电缆可低两个数量级，只有 10^{-9}。其次是光传输不受电磁干扰，不可能被偷听，因而安全和保密性能好。最后，光纤重量轻、体积小、铺设容易。

4. 无线信道

前面提到的由双绞线、同轴电缆和光纤等传输介质组成的信道可统称为有线信道。这里要讲到的信道都是通过空间传播信号，我们称之为无线信道。无线信道包括微波、红外和短波信道，下面简略介绍这 3 种信道的特点。

微波通信系统可分为地面微波系统和卫星微波系统，两者的功能相似，但通信能力有

很大差别。地面微波系统由视距范围内的两个互相对准方向的抛物面天线组成,长距离通信则需要多个中继站组成微波中继链路。在计算机网络中使用地面微波系统可以扩展有线信道的连通范围,例如在大楼顶上安装微波天线,使得两个大楼中的局域网互相连通,这可能比挖地沟埋电缆花费更少。

通信卫星可看作是悬在太空中的微波中继站。卫星上的转发器把波束对准地球上的一定区域,在此区域中的卫星地面站之间就可互相通信。地面站以一定的频率段向卫星发送信息(称为上行频段),卫星上的转发器将接收到的信号放大并变换到另一个频段上(称下行频段)发回地面接收站。这样的卫星通信系统可以在一定的区域内组成广播式通信网络,特别适合于海上、空中、矿山、油田等经常移动的工作环境。卫星传输供应商可以将卫星信道划分成许多子信道出租给商业用户,用户安装甚小孔径终端系统(Vary Small Aperture Terminal,VSAT)组成卫星专用网,地面上的集中站作为收发中心与用户交换信息。

微波通信的频率段一般是 1～11GHz,因而它具有带宽高、容量大的特点。由于使用了高频率,因此可使用小型天线,便于安装和移动。不过微波信号容易受到电磁干扰,地面微波通信也会造成相互之间的干扰,大气层中的雨雪会大量吸收微波信号,当长距离传输时会使得信号衰减以至无法接收;另外通信卫星为了保持与地球自转的同步,一般停在36000km 的高空。这样长的距离会造成大约 240～280ms 的时延,在利用卫星信道组网时这样长的时延是必须考虑的因素。

最新采用的无线传输介质恐怕要算红外线了(见图 2-8)。红外传输系统利用墙壁或屋顶反射红外线从而形成整个房间内的广播通信系统。这种系统所用的红外光发射器和接收器与光纤通信中使用的类似,也常见于电视机的遥控装置中。红外通信的设备相对便宜,可获得高的带宽,这是这种通信方式的优点。其缺点是传输距离有限,而且易受室内空气状态(例如有烟雾等)的影响。

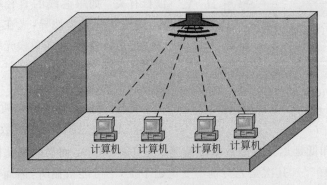

图 2-8　红外传输

无线电短波通信早已用在计算机网络中了,已经建成的无线通信局域网使用了特高频 UHF(300～3000MHz)和超高频(3～30GHz)的无线广播频段,这个频段的电磁波是以直线方式在视距范围内传播的,所以用作局部地区的通信是很适宜的。早期的无线电局域网(例如 ALOHA 系统)是中心式结构,有一个类似于通信卫星那样的中心站,每一个结点机都把天线对准中心站,并以频率 f_1 向中心站发送信息,这是上行线路,中心站向各结点机发送信息时采用另外一个频率 f_2 进行广播,这叫下行线路。采用这种网络通信方式要解决好上行线路中由于两个以上的站同时发送信息而发生冲突的问题。后来的无线电局域网采用分布式结构——没有中心站,结点机的天线是没有方向的,每个结点机都可以发送或接收信息。这种通信方式适合于由微机工作站组成的资源分布系统,在不便于建设有线通信线路的地方可以快速建成计算机网络。短波通信设备比较便宜,便于移动,没有像地面微波站那样的方向性,加上中继站可以传送很远的距离。但是也容易受到电磁干扰和地形地貌的影响,而且带宽比微波通信要小。

2.4 数据编码

二进制数字信息在传输过程中可以采用不同的代码,各种代码的抗噪声传性和定时能力各不相同,实现费用也不一样。下面介绍几种常用的编码方案(见图 2-9)的特点。

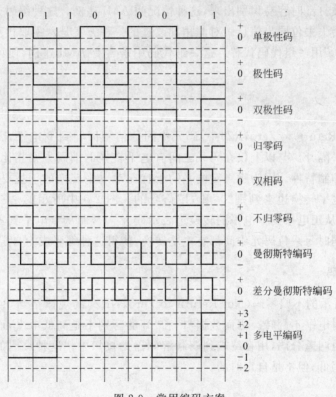

图 2-9 常用编码方案

1. 单极性码

在这种编码方案中,只用正的(或负的)电压表示数据。例如,在图 2-9 中我们用 +3V 表示二进制数字"0",而用 0 V 表示二进制数字"1"。单极性码用在电传打字机(TTY)接口以及 PC 和 TTY 兼容的接口中,这种代码需要单独的时钟信号配合定时,否则当传送一长串"0"或"1"时,发送机和接收机的时钟将无法定时,单极性码的抗噪声特性也不好。

2. 极性码

在这种编码方案中,分别用正、负电压表示二进制数"0"和"1",例如在图 2-9 中我们用+3V 表示二进制数据"0",而用-3V 表示二进制数据"1",这种代码的电平差比单极码大,因而抗干扰特性好,但仍然需要另外的时钟信号。

3. 双极性码

在双极性编码方案中,信号在三个电平(正、负、零)之间变化。一种典型的双极性码是信号交替反转编码(Alternate Mark Inversion,AMI)。在 AMI 信号中,数据流中遇到"1"时使电平在正和负之间交替翻转,而遇到"0"时则保持零电平。双极性是三进制信号编码方法,它与二进制相比抗噪声特性更好。AMI 有其内在的检错能力,当正负脉冲交替出现的规律被打乱时容易识别出来,这种情况叫 AMI 违例。这种编码方案的缺点是当传送长串 0 时会失去位同步信息。对此稍加改进的一种方案是六零取代双极性码 B6ZS,即把连续 6 个"0"用一组代码代替。这一组代码中若含有 AMI 违例,便可以被接收机识别出来。

4. 归零码

在归零码(Return to Zero,RZ)中,码元中间的信号回归到 0 电平,因此任意两个码元之间被 0 电平隔开。与以上仅在码元之间有电平转换的编码方案相比,这种编码方案有更好的噪声抑制特性。因为噪声对电平的干扰比对电平转换的干扰要强,而这种编码方案是以识别电平转换边来判别"0"和"1"信号的。图 2-9 中所示的是一种双极性归零码。可以看出,从正电平到零电平的转换边表示码元"0",而从负电平到零电平的转换边表示码元"1",同时每一位码元中间都有电平转换,使得这种编码成为自定时的编码。

5. 不归零码

图 2-9 中所示的不归零码(Not Return to Zero,NRZ)的规律是当"1"出现时电平翻转,当"0"出现时电平不翻转。因而数据"1"和"0"的区别不是高低电平,而是电平是否转换。这种代码也叫差分码,用在终端到调制解调器的接口中。这种编码的特点是实现起来简单而且费用低,但不是自定时的。

6. 双相码

双相码要求每一位中都要有一个电平转换。因而这种代码的最大优点是自定时,同时双相码也有检测错误的功能,如果某一位中间缺少了电平翻转,则被认为是违例代码。

7. 曼彻斯特码

曼彻斯特编码(Manchester Code)是一种双相码。在图 2-9 中,我们用高电平到低电平的转换边表示"0",而用低电平到高电平的转换边表示"1",位中间的电平转换边既表示了数据代码,也作为定时信号使用。曼彻斯特编码用在以太网中。

8. 差分曼彻斯特码

这种编码也是一种双相码,和曼彻斯特编码不同的是,这种编码的码元中间的电平转换边只作为定时信号,而不表示数据。数据的表示在于每一位开始处是否有电平转换:有电平转换表示"0",无电平转换表示"1",差分曼彻斯特编码用在令牌环网中。

由曼彻斯特和差分曼彻斯特码的图形可以看出,这两种双相码的每一个码元都要调制为两个不同的电平,因而调制速率是码元速率的两倍。这无疑对信道的带宽提出了更高的要求,所以实现起来更困难也更昂贵,但由于其良好的抗噪声特性和自定时能力,所以在局域网中仍被广泛使用。

9. 多电平码

这种编码的码元可取多个电平之一,每个码元可代表几个二进制位。例如,令 $N=2^n$,设 $N=4$,则 $n=2$。若表示码元的脉冲取 4 个电平之一,则一个码元可表示两个二进制位。与双相码相反,多电平码的数据速率大于波特率,因而可提高频带的利用率,但是这种代码的抗噪声特性不好,传输过程中信号容易畸变到无法区分。

10. 4B/5B 编码

在曼彻斯特和差分曼彻斯特编码中,每比特中间都有一次电平跳变,因此波特率是数据速率的两倍。对于高速网络,如果也采用这类编码方法,就需要 200Mbps,频率如此之高的硬件成本是 100Mbps 硬件的 5～10 倍。

为了提高编码的效率,降低电路成本,可以采用一种叫做 4B/5B 的编码法。这种编码方法的原理如图 2-10 所示。

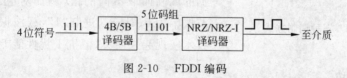

图 2-10　FDDI 编码

这实际上是一种两级编码方案。系统中一般使用不归零码(NRZ),在发送到传输介质上之前要变成见 1 就翻不归零码(NRZ-I)。NRZ-I 代码序列中 1 的个数越多,越能提供同步定时信息,但如果遇到长串的 0,则不能提供同步信息。所以在发送到介质上去之前还需经过一次 4B/5B 编码,发送器扫描要发送的比特序列,4 位分为一组,然后按照表 2-2 所示的对应规则变换成 5 位的代码。

5 位二进制代码的状态共有 32 种,在表 2-2 选用的 5 位代码中 1 的个数都不小于 2 个。这就保证了在介质上传输的代码能提供足够多的同步信息。另外,还有 8B/10B 等编码方法,其原理是类似。

在数据通信中,选择什么样的数据编码要根据传输的速度、信道的带宽、线路的质量以及实现的价格等因素综合考虑。

表 2-2　4B/5B 编码规则

十六进制数	4 位二进制数	4B/5B 码	十六进制数	4 位二进制数	4B/5B 码
0	0000	11110	8	1000	10010
1	0001	01001	9	1001	10011
2	0010	10100	A	1010	10110
3	0011	10101	B	1011	10111
4	0100	01010	C	1100	11010
5	0101	01011	D	1101	11011
6	0110	01110	E	1110	11100
7	0111	01111	F	1111	11101

2.5　数字调制技术

数字数据在传输中不仅可以用方波脉冲表示,也可以用模拟信号表示。用数字数据调制模拟信号叫做数字调制。这一节讲述最简单的数字调制技术。

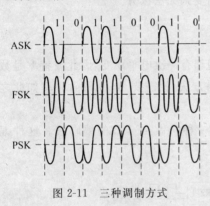

图 2-11　三种调制方式

可以调制模拟载波信号的 3 个参数(幅度、频率和相位)来表示数字数据。由电话系统组成的数据通信网络就是传输这种经过调制的模拟载波信号的。3 种基本模拟调制方式如图 2-11 所示。

1. 幅度键控

按照这种调制方式,载波的幅度受到数字数据的调制而取不同的值,例如对应二进制"0",载波振幅为 0;对应二进制"1",载波振幅取 1。调幅技术实现起来简单,但抗干扰性能差。

2. 频移键控

频移键控是按照数字数据的值调制载波的频率。例如对应二进制"0"的载波频率为 f_1,而对应二进制"1"的载波频率为 f_2,这种调制技术抗干扰性能好,但占用带宽较大。在有些低速的调制解调器中,用这种调制技术把数字数据变成模拟音频信号传送。

3. 相移键控

数字数据的值调制载波相位,这就是相移键控,例如用 180 相移表示"1";用 0 相移表示"0"。这种调制方式抗干扰性能最好,而且相位的变化也可以作为定时信息来同步发送机和接收机的时钟。码元只取两个相位值叫 2 相调制,码元可取 4 个相位值叫 4 相调制。4 相调制时,一个码元代表两位二进制数(见表 2-3),采用 4 相或更多相的调制能提供较高的数据速率,但实现技术更复杂。

表 2-3 4 相调制方案

表 2-3 4 相调制方案

位 AB	方案 1	方案 2	位 AB	方案 1	方案 2
00	0°	45°	10	180°	225°
01	90°	135°	11	270°	315°

可见数字调制的结果是模拟信号的某个参量（幅度、频率或相位）取离散值。而这些值与传输的数字数据是对应的，这正是数字调制与传统的模拟调制不同的地方。以上调制技术可以组合起来得到性能更好、更复杂的调制信号，例如 ASK 和 PSK 结合起来，形成幅度相位复合调制，每一个码元表示 4 位二进制数，如表 2-4 所示。

表 2-4 幅度相位复合调制

二进制数	码元幅度	码元相位	二进制数	码元幅度	码元相位
0000	$\sqrt{2}$	45°	1000	$3\sqrt{2}$	45°
0001	3	0°	1001	5	0°
0010	3	90°	1010	5	90°
0011	$\sqrt{2}$	135°	1011	$3\sqrt{2}$	135°
0100	3	270°	1100	5	270°
0101	$\sqrt{2}$	315°	1101	$3\sqrt{2}$	315°
1010	$\sqrt{2}$	225°	1110	$3\sqrt{2}$	225°
0111	3	180°	1111	5	180°

2.6 脉冲编码调制

模拟数据通过数字信道传输具有效率高、失真小的优点，而且可以开发新的通信业务，例如数字电话系统可提供语音信箱的功能。把模拟数据转化成数字信号，要使用叫做编码解码器（Codec）的设备。这种设备的作用和调制解调器的作用相反，它的作用是把模拟数据（例如，声音、图像等）变换成数字信号，经传输到达接收端再解码还原为模拟数据。用编码解码器把模拟数据变换为数字信号的过程叫模拟数据的数字化。常用的数字化技术就是脉冲编码调制技术（Pulse Code Modulation，PCM），简称脉码调制。PCM 的原理如下所述。

1. 取样

每隔一定时间间隔，取模拟信号的当前值作为样本，该样本代表了模拟信号在某一时刻的瞬时值。一系列连续的样本可用来代表模拟信号在某一区间随时间变化的值。以什么样的频率取样，才能得到近似于原信号的样本空间呢？奈奎斯特（Nyquist）取样定理表明：如果取样速率大于模拟信号最高频率的两倍，则可以用得到的样本空间恢复原来的模拟信号，即

$$f = \frac{1}{T} \geqslant 2f_{max}$$

其中 f 为取样频率,T 为取样周期,f_{max} 为信号的最高频率。

2. 量化

取样后得到的样本是连续值,这些样本必须量化为离散值,离散值的个数决定了量化的精度。图 2-12 中我们把量化的等级分为 16 级,用 0000～1111 共 16 个二进制数分别代表0.1～1.6之间的 16 个不同的电平幅度。

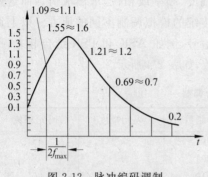

图 2-12 脉冲编码调制

3. 编码

把量化后的样本值变成相应的二进制代码,可以得到相应的二进制代码序列,其中每个二进制代码都可用一个脉冲串(4 位)来表示,这 4 位一组的脉冲序列就代表了经 PCM 编码的原模拟信号。

由上述脉码调制的原理看出,取样的速率是由模拟信号的最高频率决定的,而量化级的多少则决定了取样的精度。在实际使用中,取样的速率不要太高,以免编码解码器的工作频率太快;量化的等级也不要太多,能满足需要就行了,以免得到的数据量太大,所以这些参数都取下限值。例如,对声音数字化时,由于话音的最高频率是 4kHz,所以取样速率是 8kHz。对话音样本的量化则用 128 个等级,因而每个样本用 7 位二进制数字表示。在数字信道上传输这种数字化了的话音信号的速率是 $7 \times 8000 = 56$Kbps。如果对电视信号数字化,由于视频信号的带宽更大(6MHz),取样速率就要求更高,假若量化等级更多的话,对数据速率的要求也就更高了。

2.7 扩频通信

扩展频谱通信技术起源于军事通信网络,其主要想法是将信号散布到更宽的带宽上以减少发生阻塞和干扰的机会。早期的扩频方式是频率跳动扩展频谱(Frequency-Hopping Spread Spectrum,FHSS),更新的版本是直接序列扩展频谱(Direct Sequence Spread Spectrum,DSSS),这两种技术在无线局域网中有应用,这一节简要介绍扩频通信的关键技术。

图 2-13 所示为各种扩展频谱系统的共同特点。输入数据首先进入信道编码器,产生一个接近某中央频谱的较窄带宽的模拟信号。再用一个伪随机序列对这个信号进行调制。调制的结果是大大拓宽了信号的带宽,即扩展了频谱。在接收端,使用同样的伪随机序列来恢复原来的信号,最后再进入信道解码器来恢复数据。

图 2-13 扩展频谱通信系统的模型

伪随机序列由一个使用初值(称为种子 Seed)的算法产生。算法是确定的,因此产生的数字序列并不是随机统计的。但如果算法设计得好,得到的序列还是能够通过各种随机性测试,这就是被叫做伪随机序列的原因。重要的是除非你知道算法与种子,否则预测序列是不可能的。因此只有与发送器共享一个伪随机序列的接收器才能成功地对信号进行解码。

1. 频率跳动扩频

在这种扩频方案中,信号按照看似随机的无线电频谱发送,每一个分组都采用不同的频率传输。在所谓的快跳频系统中,每一跳只传送很短的分组。甚至在军事上使用的快跳频系统中,传输 1 比特信息要用到很多比特。接收器与发送器同步地跳动,因而可以正确地接收信息。监听的入侵者只能收到一些无法理解的信号,干扰信号也只能破坏一部分传输的信息。图 2-14 所示是用跳频模式传输分组的例子。10 个分组分别用 f_3、f_4、f_6、f_2、f_1、f_4、f_8、f_2、f_9、f_3 十个不同的频点发送。

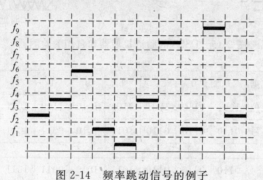

图 2-14 频率跳动信号的例子

在定义无线局域网的 IEEE 802.11 标准中,每一跳的最长时间规定为 400ms,分组的最大长度为 30ms。如果一个分组受到窄带干扰的破坏,可以在 400ms 后的下一跳以不同的频率重新发送。与分组的最大长度相比,400ms 是一个合理的延迟。802.11 标准还规定,FHSS 使用的频点间隔为 1MHz,如果一个频点由于信号衰落而传输出错时,400ms 后以不同频率重发的数据将会成功地传送。这就是 FHSS 这种通信方式抗干扰和抗信号衰落的优点。

2. 直接序列扩频

在这种扩频方案中,信号源中的每一比特用称为码片的 N 个比特来传输,这个过程在扩展器中进行。然后把所有的码片用传统的数字调制器发送出去。在接收端,收到的码片解调后被送到一个相关器,自相关函数的尖峰用于检测发送的比特。好的随机码相关函数具有非常高的尖峰/旁瓣比,如图 2-15 所示。数字系统的带宽与其所采用的脉冲信号的持续时间成反比。在 DSSS 系统中,由于发射的码片只占数据比特的 $1/N$,所以 DSSS 信号的带宽是原来数据带宽的 N 倍。

图 2-16 所示的直接序列扩展频谱技术是将信息流和伪随机位流相异或。如果信息位是 1,它将把伪随机码置反后传输;如果信息位是 0,伪随机码不变,照原样传输。经过异或的码与原来伪随机码有相同的频谱,所以它比原来的信息流有更宽的带宽。在本例中,每位输入数据被变成 4 位信号位。

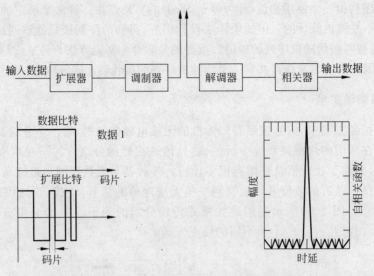

图 2-15　DSSS 的频谱扩展器和自相关检测器

输入数据	1	0	1	1	0	1	0	0
伪随机位	1001	0110	1001	0100	1010	1100	1011	0110
传输信号	0110	0110	0110	1011	1010	0011	1011	0110

接收信号	0110	0110	0110	1011	1010	0011	1011	0110
伪随机位	1001	0110	1001	0100	1010	1100	1011	0110
接收数据	1	0	1	1	0	1	0	0

图 2-16　直接序列扩展频谱的例子

在美国,有 3 条微波频带用于免许可证的扩展频谱系统:902～928MHz(915MHz 频带)、2.4～2.44835GHz(2.4GHz 频带)、5.725～5.875GHz(5.8GHz 频带)。频谱越高,潜在的带宽也越大。另外,还要考虑可能出现的干扰。有些设备(例如无绳电话、无线麦克、业余电台等)的工作频率为 900MHz。还有些设备运行在 2.4GHz 上,典型的例子就是微波炉,它使用久了会泄漏更多的射线。目前看来,在 5.8GHz 频带上还没有什么竞争。但是频谱越高,设备的价格就越贵。

2.8　通信方式

1. 工作方式

按数据传输的方向分,可以有下面 3 种不同的通信方式。

(1) 单工通信

在单工信道上信息只能往一个方向传送。发送方不能接收,接收方也不能发送。信道的全部带宽都用于由发送方到接收方的数据传送。无线电广播和电视广播都是单工通信的例子。

（2）半双工通信

在半双工信道上，通信的双方可交替发送和接收信息，但不能同时发送和接收。在一段时间内，信道的全部带宽用于往一个方向上传送信息，航空和航海无线电台以及对讲机等都是以这种方式通信的。这种方式要求通信双方都有发送和接收能力，又有双向传送信息的能力，因而比单工通信设备昂贵，但比全双工设备便宜。在要求不很高的场合，多采用这种通信方式，虽然转换传送方向会带来额外的开销。

（3）全双工通信

这是一种可同时进行双向信息传送的通信方式，例如现代的电话通信就是这样的。这不但要求通信双方都有发送和接收设备，而且要求信道能提供双向传输的双倍带宽，所以全双工通信设备最昂贵。

2. 同步方式

在通信过程中，发送方和接收方必须在时间上保持同步，才能准确地传送信息。前面曾提到过信号编码的同步作用，这叫码元同步。另外在传送由多个码元组成的字符以及由许多字符组成的数据块时，通信双方也要就信息的起止时间取得一致，这种同步作用有两种不同的方式。

（1）异步传输

即把各个字符分开传输，字符之间插入同步信息。这种方式也叫起止式，即在字符的前后分别插入起始位"0"和停止位"1"，如图 2-17 所示。起始位对接收方的时钟起置位作用。接收方时钟置位后只要在 8～11 位的传送时间内准确，就能正确接收一个字符。最后的停止位告诉接收方该字符传送结束，然后接收方就可以检测后续字符的起始位了。当没有字符传送时，连续传送停止位。

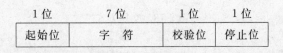

1 位	7 位	1 位	1 位
起始位	字　符	校验位	停止位

图 2-17　异步传输

加入校验位的目的是检查传输中的错误，一般使用奇偶校验。异步传输的优点是简单，但是由于起止位和检验位的加入会引入 20%～30%的开销，传输的速率也不会很高。

（2）同步传输

异步制不适合于传送大的数据块（例如磁盘文件）。同步传输在传送连续的数据块时比异步传输更有效。按照这种传输方式，发送方在发送数据之前先发送一串同步字符 SYNC。接收方只要检测到连续两个以上 SYNC 字符就确认已进入同步状态，准备接收信息。随后的传送过程中双方以同一频率工作（信号编码的定时作用也表现在这里），直到传送完指示数据结束的控制字符。这种同步方式仅在数据块的前后加入控制字符 SYNC，所以效率更高。在短距离高速数据传输中，多采用同步传输方式。

2.9　交换方式

　　一个通信网络由许多交换结点互连而成。信息在这样的网络中传输就像火车在铁路网络中运行一样,经过一系列交换结点(车站),从一条线路交换到另一条线路,最后才能到达目的地。交换结点转发信息的方式可分为电路交换、报文交换和分组交换3种,如图2-18所示。

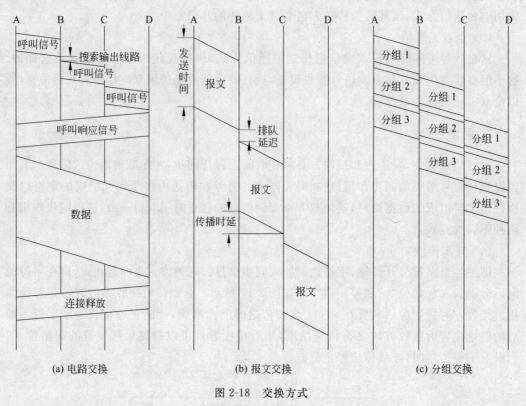

(a) 电路交换　　　　　　　(b) 报文交换　　　　　　　(c) 分组交换

图 2-18　交换方式

1. 电路交换

　　这种交换方式把发送方和接收方用一系列链路直接连通(见图2-19)。电话交换系统就是采用这种交换方式。当交换机收到一个呼叫后就在网络中寻找一条临时通路供两

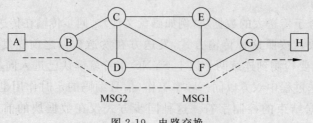

图 2-19　电路交换

端的用户通话,这条临时通路可能要经过若干个交换局的转接,并且一旦建立连接就成为这一对用户之间的临时专用通路,别的用户不能打断,直到通话结束才拆除连接。

早期的电路交换机采用空分交换技术。图 2-20 所示为由 n 条全双工输入/输出线路组成的纵横交换矩阵,在输入线路和输出线路的交叉点处有触发开关。每个站点分别与一条输入线路和一条输出线路相连,只要适当控制这些交叉触点的通断,就可以控制任意两个站点之间的数据交换。这种交换机的开关数量与站点数的平方成正比,成本高,可靠性差,现在已经被更先进的时分交换技术取代了。

时分交换是时分多路复用技术在交换机中的应用。图 2-21 所示为常见的 TDM 总线交换,每个站点都通过全双工线路与交换机相连,当交换机中某个控制开关接通时该线路获得一个时槽,线路上的数据被输出到总线上。在数字总线的另一端按照同样的方法接收各个时槽上的数据。

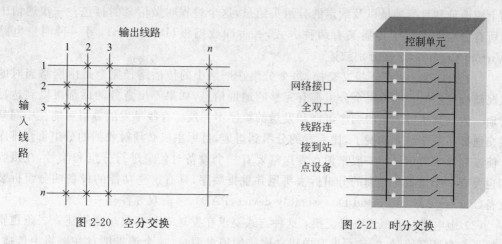

图 2-20 空分交换　　　　　图 2-21 时分交换

电路交换的特点是建立连接需要等待较长的时间。由于连接建立后通路是专用的,因而不会有别的用户干扰,不再有等待延迟。这种交换方式适合于传输大量的数据,传输少量信息时效率不高。

2. 报文交换

这种方式不要求在两个通信结点之间建立专用通路。结点把要发送的信息组织成一个数据包——报文,该报文中含有目标结点的地址,完整的报文在网络中一站一站地向前传送。每一个结点接收整个报文,检查目标结点地址,然后根据网络中的交通情况在适当的时候转到下一个结点。经过多次的存储—转发,最后到达目标结点(见图 2-22),因而这样的网络叫存储—转发网络。其中的交换结点要有足够大的存储空间(一般是磁盘),用以缓冲收到的长报文。交换结点对各个方向上收到的报文排队,寻找下一个转发结点,然后再转发出去,这些都带来了排队等待延迟。报文交换的优点是不建立专用链路,线路利用率较高,这是由通信中的等待时延换来的。电子邮件系统(例如 E-mail)适合于采用报文交换方式。

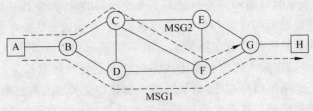

图 2-22　报文交换

3. 分组交换

在这种交换方式中数据包有固定的长度,因而交换结点只要在内存中开辟一个小的缓冲区就可以了。进行分组交换时,发送结点先要对传送的信息分组,对各个分组编号,加上源地址和目标地址以及约定的分组头信息,这个过程叫做信息的打包。一次通信中的所有分组在网络中传播又有两种方式,一种叫数据报(Datagram),另一种叫虚电路(Virtual Circuit),下面分别叙述。

(1) 数据报。类似于报文交换,每个分组在网络中的传播路径完全是由网络当时的状况随机决定的。因为每个分组都有完整的地址信息,如果不出意外的话都可以到达目的地。但是到达目的地的顺序可能和发送的顺序不一致。有些早发的分组可能在中间某段交通拥挤的链路上耽搁了,比后发的分组到得迟,目标主机必须对收到的分组重新排序才能恢复原来的信息。一般来说在发送端要有一个设备对信息进行分组和编号,在接收端也要有一个设备对收到的分组拆去头尾并重排顺序,具有这些功能的设备叫分组拆装设备(Packet Assembly and Disassembly device,PAD),通信双方各有一个。

(2) 虚电路。类似于电路交换,这种方式要求在发送端和接收端之间建立一条逻辑连接。在会话开始时,发送端先发送建立连接的请求消息,这个请求消息在网络中传播,途中的各个交换结点根据当时的交通状况决定取哪条线路来响应这一请求,最后到达目的端。如果目的端给予肯定的回答,则逻辑连接就建立了。以后发送端发出的一系列分组都走这同一条通路,直到会话结束,拆除连接。与电路交换不同的是,逻辑连接的建立并不意味着别的通信不能使用这条线路,它仍然具有链路共享的优点。

按虚电路方式通信,接收方要对正确收到的分组给予回答确认,通信双方要进行流量控制和差错控制,以保证按顺序正确接收,所以虚电路意味着可靠的通信。当然它涉及更多的技术,需要更大的开销。这就是说它没有数据报方式灵活,效率不如数据报方式高。

虚电路可以是暂时的,即会话开始建立,会话结束拆除,这叫做虚呼叫;也可以是永久的,即通信双方一开机就自动建立连接,直到一方请求释放才断开连接,这叫做永久虚电路。

虚电路适合于交互式通信,这是它从电路交换那里继承来的优点。数据报方式更适合于单向地传送短消息,采用固定的、短的分组相对于报文交换是一个重要的优点。除了交换结点的存储缓冲区可以小些外,也带来了传播时延的减小。分组交换也意味着按分组纠错,发现错误只需重发出错的分组,使通信效率提高。广域网络一般都采用分组交换方式,按交换的分组数收费,而不是像电话网那样按通话时间收费,这当然更适合计算机通信的突发式特点。有些网络同时提供数据报和虚电路两种服务,用户可根据需要选用。

2.10　多路复用技术

多路复用技术是把多个低速信道组合成一个高速信道的技术。这种技术要用到两个设备:多路复用器(Multiplexer)——在发送端根据某种约定的规则把多个低带宽的信号复合成一个高带宽的信号;多路分配器(Demultiplexer)——在接收端根据同一规则把高带宽信号分解成多个低带宽信号。多路复用器和多路分配器统称多路器,简写为 MUX,如图 2-23 所示。

图 2-23　多路复用

只要带宽允许,在已有的高速线路上采用多路复用技术,可以省去安装新线路的大笔费用,因而现今的公共交换电话网(PSTN)都使用这种技术,有效地利用了高速干线的通信能力。

也可以相反地使用多路复用技术,即把一个高带宽的信号分解到几个低速线路上同时传输,然后在接收端再合成为原来的高带宽信号。例如两个主机可以通过若干条低速线路连接,以满足主机间高速通信的要求。

1.　频分多路复用

频分多路复用(Frequency Division Multiplexing,FDM)是在一条传输介质上使用多个频率不同的模拟载波信号进行多路传输,这些载波可以进行任何方式的调制:ASK、FSK、PSK 以及它们的组合。每一个载波信号形成了一个子信道,各个子信道的中心频率不相重合,子信道之间留有一定宽度的隔离频带(见图 2-24)。

频分多路技术早已用在无线电广播系统中。在有线电视系统(CATV)中也使用频分多路技术。一根带宽为 500 MHz 的 CATV 电缆可传送 80 个频道的电视节目,每个频道 6 MHz 的带宽中又进一步划分为声音子通道、视频子通道以及彩色子通道。每个频道两边都留有一定的警戒频带,防止相互串扰。

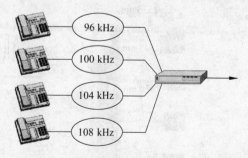

图 2-24　频分多路复用

FDM 也用在宽带局域网中。电缆带宽至少要划分为不同方向上的两个子频带,甚至还可以分出一定带宽用于某些工作站之间的专用连接。

2. 时分多路复用

时分多路复用(Time Division Multiplexing,TDM)要求各个子通道按时间片轮流地占用整个带宽(见图 2-25)。时间片的大小可以按一次传送一个比特、一个字节或一个固定大小的数据块所需的时间来确定。

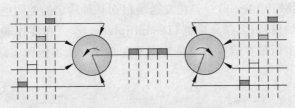

图 2-25　时分多路复用

时分多路技术可以用在宽带系统中,也可以用在频分制下的某个子通道上。时分制按照子通道动态利用情况又可再分为两种:同步时分和统计时分。在同步时分制下,整个传输时间划分为固定大小的周期。每个周期内,各子通道都在固定位置占有一个时槽。这样,在接收端可以按约定的时间关系恢复各子通道的信息流。当某个子通道的时槽来到时如果没有信息要传送,这一部分带宽就浪费了。统计时分制是对同步时分制的改进,我们特别把统计时分制下的多路复用器称为集中器,以强调它的工作特点。在发送端,集中器依次循环扫描各个子通道。若某个子通道有信息要发送则为它分配一个时槽,若没有就跳过,这样就没有空槽在线路上传播了。然而需要在每个时槽加入一个控制域,以便接收端可以确定该时槽是属于哪个子通道的。

3. 波分多路复用

波分多路复用(Wave Division Multiplexing,WDM)使用在光纤通信中,不同的子信道用不同的波长的光波承载,多路复用信道同时传送所有子信道的波长。这种网络中要使用能够对光波进行分解和合成的多路器,如图 2-26 所示。

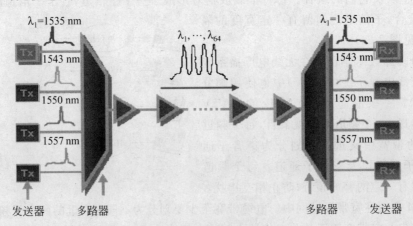

图 2-26　波分多路复用

4. 数字传输系统

在介绍脉码调制时曾提到,对 4kHz 的话音信道按 8 kHz 的速率采样,128 级量化,则每个话音信道的比特率是 56 Kbps。为每一个这样的低速信道安装一条通信线路太不划算了,所以在实际中要利用多路复用技术建立更高效的通信线路。在美国和日本使用很广的一种通信标准是贝尔系统的 T_1 载波(见图 2-27)。

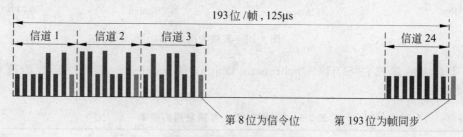

图 2-27 贝尔系统的 T_1 载波

T_1 载波也叫一次群,它把 24 路话音信道按时分多路的原理复合在一条 1.544Mbps 的高速信道上。该系统的工作是这样的,用一个编码解码器轮流对 24 路话音信道取样、量化和编码,一个取样周期中(125μs)得到的 7 位一组的数字合成一串,共 7×24 位长。这样的数字串在送入高速信道前要在每一个 7 位组的后面插入一个信令位,于是变成了 8×24＝192 位长的数字串。这 192 位数字组成一帧,最后再加入一个帧同步位,故帧长为 193 位。每 125μs 传送一帧,其中包含了各路话音信道的一组数字,还包含总共 24 位的控制信息,以及 1 位帧同步信息。这样,我们不难算出 T_1 载波的各项比特率。对每一路话音信道来说,传输数据的比特率为 7b/125μs＝56Kbps,传输控制信息的比特率为 1b/125μs＝8Kbps,总的比特率为 193 b/125μs＝1.544Mbps。

CCITT 有一个类似于 1.544Mbps 的标准。它把分配给每一个话音信道的 8 位全部作为数据位,这样模拟信号被量化为 256 个离散电平。每一个奇数帧的附加位按这样的数字串取值:10101010…,这个模式用于帧同步;每一个偶数帧的附加位存放所有信道的控制信息(而且附加位都放在帧头的位置)。对每个话音子信道来说比特率为 64Kbps。

CCITT 还有一个 2.048Mbps 脉码调制载波标准。这种载波把 32 个 8 位一组的数据样本组装成 125μs 的基本帧,其中 30 个子信道用于传送数据,2 个子信道用于传送控制信令,每 4 帧能提供 64 个控制位。除了北美和日本,2.048Mbps 的载波在其他地区得到广泛使用。

T_1 载波还可以多路复用到更高级的载波上,如图 2-28 所示。4 个 1.544Mbps 的 T_1 信道结合成 1 个 6.312Mbps 的 T_2 信道,多增加的位(6.312－1.544×4＝0.136M)是为了成帧和差错恢复。与此类似,7 个 T_2 信道组合成 1 个 T_3 信道,6 个 T_3 信道组合成 1 个 T_4 信道。这些组合方法是 BELL 系统的标准,只适用于美国。CCITT 的标准是 4 个 1 组,即 32、128、512、2048 和 8192 个基本信道分别组成 2.048、8.848、34.304、139.264 和 565.148 Mbps 的信道。

美国制定的光纤多路复用标准叫做 SONET(Synchronous Optical Network),

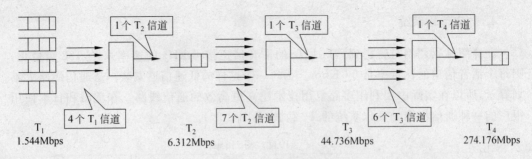

图 2-28　多路复用

CCITT 对应的建议是 SDH(Synchronous Digital Hierarchy)。这两种标准的速率如表 2-5 所示。

表 2-5　SONET/SDH 多路复用的速率

Optical Level	Electrical Level	Line Rate /Mbps	Payload Rate /Mbps	Overhead Rate /Mbps	SDH Equivalent
OC-1	STS-1	51.840	50.112	1.728	—
OC-3	STS-3	155.520	150.336	5.184	STM-1
OC-9	STS-9	466.560	451.008	15.552	STM-3
OC-12	STS-12	622.080	601.344	20.736	STM-4
OC-18	STS-18	933.120	902.016	31.104	STM-6
OC-24	STS-24	1244.160	1202.688	41.472	STM-8
OC-36	STS-36	1866.240	1804.032	62.208	STM-13
OC-48	STS-48	2488.320	2405.376	82.944	STM-16
OC-96	STS-96	4976.640	4810.752	165.888	STM-32
OC-192	STS-192	9953.280	9621.504	331.776	STM-64

2.11　差错控制

无论通信系统如何可靠,都不能做到完美无缺。因此必须考虑如何发现和纠正信号传输中的差错。这一节从实用的角度介绍差错控制的基本原理和方法。

通信过程中出现的差错可大致分为两类:一类是由热噪声引起的随机错误;另一类是由冲击噪声引起的突发错误。通信线路中的热噪声是由电子的热运动产生的,香农关于有噪声信道传输速率的结论就是针对这种噪声的。热噪声时刻存在,具有很宽的频谱,且幅度较小。通信线路的信噪比越高,热噪声引起的差错越少。这种差错具有随机性,影响个别位。

冲击噪声源是外界的电磁干扰,例如打雷闪电时产生的电磁干扰,电焊机引起的电压波动等。冲击噪声持续时间长而幅度大,往往引起一个位串出错。根据它的特点,我们称其为突发性差错。

此外,由于信号幅度和传播速率与相位、频率有关而引起信号失真,以及相邻线路之间发生串音等都会产生差错,这些差错也具有突发性的特点。

突发性差错影响局部,而随机性差错总是断续存在,影响全局。所以我们要尽量提高通信设备的信噪比,以满足要求的差错率。此外还要进一步提高传输质量,采用有效的差错控制办法。这一节要介绍的检错码和纠错码就被广泛地使用在数据通信中。

1. 检错码

奇偶校验是最常用的检错方法。其原理是在 7 位的 ASCII 代码后增加一位,使码字中"1"的个数成奇数(奇校验)或偶数(偶校验)。经过传输后,如果其中一位(甚至奇数个位)出错,则接收端按同样的规则就能发现错误。这种方法简单实用,但只能对付少量的随机性错误。

为了能检测突发性的位串出错,可以使用检查和的办法。这种方法把数据块中的每个字节当作一个二进制整数,在发送过程中按模 256 相加。数据块发送完后,把得到的和作为校验字节发送出去。接收端在接收过程中进行同样的加法,数据块加完后用自己得到的校验和与接收到的校验和比较,从而发现是否出错。实现时可以用更简单的办法,例如在校验字节发送前,对累加器中的数取 2 的补码。这样,如果不出错的话,接收端在加完整个数据块以及校验和后累加器中是 0。这种办法的好处是,由于进位的关系,一个错误可以影响到更高的位,从而使出错位对校验字节的影响扩大了。可以粗略地认为,随机的突发性错误对校验和的影响也是随机的。出现突发错误而得到正确的校验字节的概率是 1/256。于是我们就有 255:1 的机会能检查出任何错误。

2. 汉明码

20 世纪 50 年代,汉明(Hamming)研究了用冗余数据位来检测和纠正代码差错的理论和方法。按照汉明的理论,可以在数据代码上添加若干冗余位组成码字。码字之间的汉明距离是一个码字要变成另一个码字时必须改变的最小位数。例如 7 单位 ASCII 码增加一位奇偶位成为 8 位的码字,这 128 个 8 位的码字之间的汉明距离是 2。所以当其中 1 位出错便能检测出来。两位出错时就变成另一个码字了。

汉明用数学分析的方法说明了汉明距离的几何意义,n 位的码字可以用 n 维空间的超立方体的一个顶点来表示。两个码字之间的汉明距离就是超立方体的两个对应顶点之间的一条边,而且这是两顶点(从而两个码字)之间的最短距离,出错的位数小于这个距离都可以被判断为就近的码字。这就是汉明码纠错的原理,它用码位的增加(因而通信量的增加)来换取正确率的提高。

按照汉明的理论,纠错码的编码就是要把所有合法的码字尽量安排在 n 维超立方体的顶点上。使得任一对码字之间的距离尽可能大。如果任意两个码字之间的汉明距离是 d,则所有少于等于 $d-1$ 位的错误都可以检查出来,所有少于 $d/2$ 位的错误都可以纠正。一个自然的推论是,对某种长度的错误串,要纠正它就要用比仅仅检测它多一倍的冗余位。

如果对于 m 位的数据,增加 k 位冗余位,则组成 $n=m+k$ 位的纠错码。对于 2^m 个有效码字中的每一个,都有 n 个无效但可以纠错的码字。这些可纠错的码字与有效码字的距离是 1,含单个错。这样,对于一个有效的消息总共有 $n+1$ 个可识别的码字。这 $n+1$ 个码字相对于其他 2^m-1 个有效消息的距离都大于 1。这意味着总共有 $2^m(n+1)$ 个有效的

或是可纠错的码字。显然这个数应小于等于码字的所有可能的个数，即 2^n。于是，我们有

$$2^m(n-1) \leqslant 2^n$$

因为 $n=m+k$，我们得出

$$m+k+1 \leqslant 2^k$$

对于给定的数据位 m，上式给出了 k 的下界，即要纠正单个错误，k 必须取的最小值。汉明建议了一种方案，可以达到这个下界，并能直接指出错在哪一位。首先把码字的位从 1 到 n 编号，并把这个编号表示成二进制数，即 2 的幂之和。然后对 2 的每一个幂设置一个奇偶位。例如，对于 6 号位，由于 $6=110$（二进制），所以 6 号位参加第 2 位和第 4 位的奇偶校验，而不参加第 1 位的奇偶校验。类似地，9 号位参加第 1 位和第 8 位的校验而不参加第 2 位或第 4 位的校验。汉明把奇偶校验分配在 1、2、4、8 等位置上，其他位放置数据。下面根据图 2-29，举例说明编码的方法。

		校验位			
		8	4	2	1
数据位	3	0	0	1	1
	5	0	1	0	1
	6	0	1	1	0
	7	0	1	1	1
	9	1	0	0	1
	10	1	0	1	0
	11	1	0	1	1

图 2-29　汉明编码的例子

例：假设传送的信息为"1001011"，我们把各个数据放在 3、5、6、7、9、10、11 位置上，1、2、4、8 位留做校验位

1	0	0		1	0	1		1		
11	10	9	8	7	6	5	4	3	2	1

根据图 2-29，3、5、7、9、11 的二进制编码的第一位为 1，所以 3、5、7、9、11 号位参加第一位校验，若按偶校验计算，1 号位应为 0

1	0	0		1	0	1		1		0
11	10	9	8	7	6	5	4	3	2	1

类似的，3、6、7、10、11 号位参加 2 号位校验，5、6、7 号位参加 4 号位校验，9、10 和 11 号位参加 8 号位校验，全部按偶校验计算，最终得到

1	0	0	1	1	0	1	0	1	1	0
11	10	9	8	7	6	5	4	3	2	1

如果这个码字传输中出错，比如说 6 号位出错。即变成

			√		×		×	√		
1	0	0	1	1	1	1	0	1	1	0
11	10	9	8	7	6	5	4	3	2	1

当接收端按照同样规则计算奇偶位时，发现 1 和 8 号位的奇偶性正确。而 2 和 4 号位的奇偶性不对，于是 $2+4=6$，立即可确认错在 6 号位。

在上例中 $k=4$，因而 $m \leqslant 2^4-4-1=11$，即数据位可用到 11 位，共组成 15 位的码字，可检测出单个位置的错误。

3. 循环冗余校验码

所谓循环码是这样一组代码,其中任一有效码字经过循环移位后得到的码字仍然是有效码字,不论是右移或左移,也不论移多少位。例如,若$(a_{n-1}a_{n-2}\cdots a_1a_0)$是有效码字,则$(a_{n-2}\ a_{n-3}\cdots a_0\ a_{n-1})$,$(a_{n-3}\ a_{n-4}\cdots a_{n-1}\ a_{n-2})$,$\cdots$都是有效码字。循环冗余校验码 CRC(Cyclic Redundancy Check)是一种循环码,它有很强的检错能力,而且容易用硬件实现,在局域网中有广泛的应用。

首先我们介绍 CRC 怎样实现,然后再对它进行一些数学分析,最后说明 CRC 的检错能力。CRC 可以用图 2-30 所示的移位寄存器实现。移位寄存器由 k 位组成,还有几个异或门和一条反馈回路。图 2-30 所示的移位寄存器可以按 CCITT—CRC 标准生成 16 位的校验和。寄存器被初始化为零,数据字从右向左逐位输入。当一位从最左边移出寄存器时就通过反馈回路进入异或门和后续进来的位或左移的位进行异或运算。当所有 m 位数据从右边输入完后再输入 k 个零(本例中 $k=16$)。最后,当这一过程结束时,移位寄存器中就形成了校验和。k 位的校验和随在数据位后边发送,接收端可以按同样的过程计算校验和并与接收到的校验和比较,以检测传输中的差错。

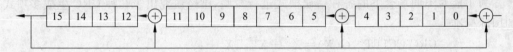

图 2-30　CRC 的实现

以上描述的计算校验和方法可以用一种特殊的多项式除法进行分析。m 个数据位可以看作 $m-1$ 阶多项式的系数。例如,数据码字 00101011 可以组成的多项式是 x^5+x^3+x+1。图 2-29 中所示的反馈回路可表示成另外一个多项式 $x^{16}+x^{12}+x^5+1$,这就是所谓的生成多项式。所有的运算都按模 2 进行。即

$$1x^a+1x^a=0x^a,\quad 0x^a+1x^a=1x^a,\quad x^a+0x^a=1x^a,$$
$$0x^a+0x^a=0x^a,\quad -1x^a=1x^a$$

显然,在这种代数系统中,加法和减法一样,都是异或运算。用 X 乘一个多项式等于把多项式的系数左移一位。可以看出按图 2-29 所示的反馈回路把一个向左移出寄存器的数据位反馈回去与寄存器中的数据进行异或等同于在数据多项式上加上生成多项式,因而也等同于从数据多项式中减去生成多项式。我们以上给出的例子,对应于下面的长除法

```
     0010  1011  0000  0000  0000  0000
   − 10  0010  0000  0100  001
   ─────────────────────────────────
     00  1001  0000  0100  0010  0000
   −     1000  1000  0001  0000  1
   ─────────────────────────────────
         0001  1000  0101  0010  1000
   −        1  0001  0000  0010  0001
   ─────────────────────────────────
            0  1001  0101  0000  1001(余数)
```

得到的校验和是 9509H。于是我们看到,移位寄存器中的过程和上面所示的长除法在原理上是相同的,因而可以用多项式理论来分析 CRC 代码。这就使得这种检错码有了严格的数学基础。

我们把数据码字形成的多项式叫数据多项式 $D(X)$,按照一定的要求可给出生成多项式 $G(X)$。用 $G(X)$ 除 $X^k D(X)$ 可得到商多项式 $Q(X)$ 和余多项式 $R(X)$,实际传送的码字多项式是

$$F(X) = X^k D(X) + R(X)$$

由于我们使用了模 2 算术,$+R(X) = -R(X)$,于是接收端对 $F(X)$ 计算的校验和应为 0。如果有差错,则接收到的码字多项式包含某些出错位 E,可表示成

$$H(X) = F(X) + E(X)$$

由于 $F(X)$ 可以被 $G(X)$ 整除,如果 $H(X)$ 不能被 $G(X)$ 整除,则说明 $E(X) \neq 0$,即有错误出现;然而,若 $E(X)$ 也能被 $G(X)$ 整除,则有差错而检测不到。数学分析表明,$G(X)$ 应该有某些简单的特性,才能检测出各种错误。例如,若 $G(X)$ 包含的项数大于 1,则可以检测单个错,若 $G(X)$ 含有因子 $X+1$,则可检测出所有奇数个错。最后,也是最重要的结论是,具有 r 个校验位的多项式能检测出所有长度小于等于 r 的突发性差错。

为了能对不同场合下的各种错误模式进行校验,已经研究出了几种 CRC 生成多项式的国际标准

CRC-CCITT　　$G(X) = X^{16} + X^{12} + X^5 + 1$

CRC-16　　　 $G(X) = X^{16} + X^{15} + X^2 + 1$

CRC-12　　　 $G(X) = X^{12} + X^{11} + X^3 + X^2 + X + 1$

CRC-32　　　 $G(X) = X^{32} + X^{26} + X^{23} + X^{22} + X^{16} + X^{12} + X^{11}$
$$+ X^{10} + X^8 + X^7 + X^5 + X^4 + X^2 + X + 1$$

其中 CRC-32 用在许多局域网中。

习　　题

1. 什么是数字通信? 什么是数据通信? 在数据通信中采用模拟传输和数字传输各有什么优缺点?

2. 电视频道的带宽为 6MHz,假定没有热噪声,如果数字信号取 4 种离散值,那么可获得的最大数据速率是多少?

3. 设信道带宽为 3kHz,信噪比为 20dB,若传送二进制信号则可达到的最大数据速率是多少?

4. 在相隔 1000km 的两地间用以下两种方式传送 3Kb 数据:一种是通过电缆以 4800bps 的速率传送,另一种是通过卫星信道以 50Kbps 的速率传送,问哪种方式需要的时间较短?

5. 画出比特流 0001110101 的 Manchester 编码的波形图和差分 Manchester 编码的波形图。

6. 分别写出下面波形所表示的数据。

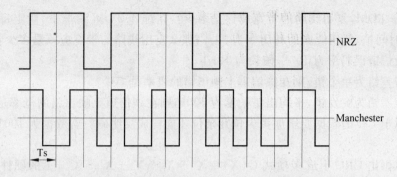

7. 设码元速率为 1600 Baud,采用 8 相 PSK 调制,其数据速率是多少?

8. 所谓二相相对相移键控(2DPSK)是利用前后码元之间的相对相位变化来表示二进制数据的。例如传送"1"时载波相位相对于前一码元的相移为 π;传送"0"时载波相位相对于前一码元的相移为 0。假设载波频率为 2400 Hz,码元速率为 1200 Baud。试画出数据序列"1010011100"的 2DPSK 波形图。

9. 在异步通信中每个字符包含 1 位起始位,7 位 ASCII 码,1 位奇偶校验位和 2 位终止位,数据传输速率为 100 字符/秒,如果采用 4 相相位调制,则传输线路的码元速率为多少 Baud? 有效数据速率是多少?

10. 假设两个用户之间的传输线路由 3 段组成(两个转接结点),每段的传输延迟为 1/1000 s,呼叫建立时间(电路交换或虚电路)为 0.2s,在这样的线路上传送 3200b 的报文,分组的大小为 1024b,另外报头的开销为 16b,线路的数据速率是 9600bps。试分别计算在下列各种交换方式下端到端的延迟时间:

(1) 电路交换;

(2) 报文交换;

(3) 虚电路;

(4) 数据报。

11. 信源的输出是 7 位的 ASCII 字符串,设线路的数据速率为 B(bps),对以下 3 种情况分别推导出求有效数据速率的公式:

(1) 异步串行通信,起始位 1b,校验位 1b,停止位 1.5b;

(2) 同步串行通信,每帧含 48 个控制位和 128 个数据位,并且在用户数据中每个字符含一个奇偶校验位;

(3) 同步串行通信,每帧含 9 个控制字符和 128 个数据字符,每个字符长为 1 字节。

12. 设采用异步传输,1 位起始位,2 位终止位,1 位奇偶位,每一信号码元 2 位,对于下述码元速率,分别求出相应的有效数据速率:

(1) 300Baud;

(2) 600Baud;

(3) 1200Baud;

(4) 4800Baud。

13. 在 T_1 载波中,由非用户数据引入的开销占的百分比是多少?

14. 10 个 9600bps 的信道按时分多路复用在一条线路上传输,如果忽略控制开销,那么对于同步 TDM,复用线路的带宽应该是多少? 在统计 TDM 情况下,假定每个子信道有 50% 的时间忙,复用线路的利用率为 80%,那么复用线路的带宽应该是多少?

15. 设信道误码率为 10^{-5},帧长为 10Kb,

(1) 若差错为单个错,则在该信道上帧出错的概率是多少?

(2) 若差错为突发错,平均出错长度为 100b,则在该信道上帧出错的概率是多少?

16. 对于 7 位的数据要增加多少位冗余位才能构成汉明码? 若数据为 1001000,写出其冗余位。

17. 试画出 CRC 生成多项式 $G(X) = X^9 + X^6 + X^5 + X^4 + X^3 + 1$ 的硬件实现电路框图。

18. 利用上题的生成多项式检验收到的报文 101010001101 是否正确。

19. 已知 CRC 生成多项式为 $G(X) = X^4 + X + 1$,设要传送的码字为 10110,试计算检验码。

20. 利用生成多项式 $X^4 + X^3 + X + 1$ 计算报文 11001010101 的校验码。

第3章

计算机网络体系结构

计算机网络发展到今天,已经演变成了一种复杂而庞大的系统。对于计算机专业人员来说,对付这种复杂系统的常规方法就是把系统组织成分层的体系结构,即把很多相关的功能分解开来,逐个予以解释和实现。在分层的体系结构中,每一层都是一些明确定义的相互作用的集合,这叫做对等协议;层之间的界限是另外一些相互作用的集合,叫做接口协议。这一章介绍国际标准化组织定义的计算机网络体系结构的基本概念。

3.1　计算机网络的功能特性

研究计算机网络的基本方法是全面地深入地了解计算机网络的功能特性,即计算机网络是怎样在两个端用户之间提供访问通路的。理解了计算机网络的功能特性才能够掌握各种网络的特点,才能了解网络运行的原理。

首先,计算机网络应该在源结点和目标结点之间提供传输线路,这种传输线路可能要经过一些中间结点。如果是远程联网,则要通过电信公司提供的公用通信线路,这些通信线路可能是地面链路,也可能是卫星链路。如果电信公司提供的通信线路是模拟的,还必须用 Modem 进行信号变换,因而网络应该提供与 Modem 的物理的和电气的接口。

计算机通信有一个特点,即间歇性或突发性。人们打电话时信息流是平稳而连续的,速率也不太高。然而计算机之间的通信不是这样。当用户坐在终端前思考时,线路中没有信息流过。当用户发出文件传输命令时,突然来到的数据需要迅速地发送,然后又沉默一段时间。因而计算机之间的通信链路要有较高的带宽,同时由许多对结点共享高速线路,以获得合理经济的使用效率。计算机网络的设计者发明了一些新的交换技术来满足这种特殊的通信要求,例如报文交换和分组交换技术。计算机网络的功能之一是对传输的信息流进行分组,加入控制信息,并把分组正确地传送到目的地。

加入分组的控制信息主要有两种:一种是接收端用于验证是否正确接收的差错控制信息;另一种是指明数据包的发送端和接收端的地址信息。因而网络必须具有差错控制功能和寻址功能。另外当多个结点同时要求发送分组时,网络还必须通过某种冲突仲裁过程决定谁先发送,谁后发送。所有这些带有控制信息的数据包在网络中通过一个个结点正确向前传送的功能叫做数据链路控制功能(Data Link Control,DLC)。

关于寻址功能,还有更复杂的一面。如果网络有多个转发结点,则当转发结点收到数据包时必须确定下一个转发的对象,因此每一个转发结点都要有根据网络配置和交通情况决定路由的能力。

复杂网络中的通信类似于道路系统中的交通情况,弄得不好会导致交通拥挤、阻塞,甚至完全瘫痪,所以计算机网络要有流量控制和拥塞控制功能。当网络中的通信量达到一定程度时必须限制进入网络中的分组数,以免造成死锁。万一交通完全阻塞,也要有解除阻塞的办法。

两个用户通过计算机网络会话时,不仅开始时要有会话建立的过程,结束时还要有会话终止的过程。同时他们之间的双向通信也需要进行管理,以确定什么时候该谁说,什么时候该谁听,一旦发生差错,该从哪儿说起。

最后,通信双方可能各有一些特殊性需要统一,才能彼此理解。例如用户使用的终端不同,字符集和数据格式各异,甚至他们之间还可能使用某种安全保密措施,这些都需要规定统一的协议,以消除不同系统之间的差别。这样,才能保证用户使用计算机网络进行正常的通信。

由上面的介绍可知,网络中的通信是相当复杂的,涉及一系列相互作用的功能过程。用户与远地应用程序通信的过程如图 3-1 所示,以上提到的主要功能过程按顺序列在图中。用户键入的字符流按标准协议进行转换,然后加入各种控制位和顺序号用以进行会话管理,再进行分组,加入地址字段和校验字段等。上述信息经过 Modem 的变换,送入公共载波线路传送。在接收端进行相反的处理,就可得到发送的信息。值得注意的是,整个通信过程经过这样的功能分解后,得到的功能元素总是成对地出现。例如,一对 Modem,一对数据链路控制元素等。每一对功能元素互相通信,它们之间的协议不涉及相邻层次的功能。例如,一对 Modem 之间的对话不涉及传输线路的细节,也不必了解它们传输的比特流的意义。而数据链路控制功能则与 Modem 的调制与解调功能无关,也与数据帧中信息字段的内容无关,DLC 元素的作用只是把数据帧从发送结点正确地传送到接收结点。这样,把一对功能元素从整个功能过程中孤立出来,就形成了分层的体系结构。

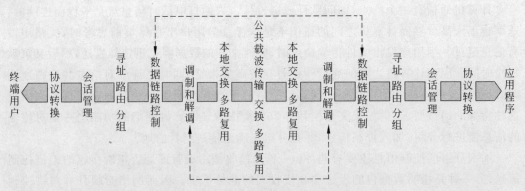

图 3-1　用户与应用程序通信的过程

我们可以把这些功能层按作用范围分类。Modem 和数据链路控制功能是相邻结点间的作用,与同一线路上的其他结点无关;协议转换、会话管理和打包/拆包功能涉及一对端结点,与端结点之间的转发结点无关。然而,寻址和路由功能则涉及多个结点,完成这样的功能要考虑到网络中有关的所有结点,以便数据包可以沿着一条最佳线路一个结点一个结点地向前传送,最后到达目的地。

也可以从另一个角度看待这种分层结构,寻址——路由——数据分组功能以上的层次对端用户隐藏了通信网络的细节,因而这些功能层次叫做高层功能,它们下边的功能层次叫做低层功能。这样的功能分解与把整个计算机网络划分为资源子网和通信子网是一致的。

以上功能分解描绘出一幅规整的图画。事实上,情况远不是如此简单。首先,有些功能会出现在一个以上的层次。例如,多路复用功能,即几个信息流交叉地通过同一线路的功能,会出现在数据链路控制过程中,也会出现在公共载波传输系统中。其次,几个端用户可能会多路访问同一通路,当一个用户的数据包从端结点出发进入更下面的功能层次时,就存在选择在哪一层与其他用户的信息流合并的问题。

问题的复杂性还在于同一结点中的层次之间还有控制信息的通信。例如在一个中间结点上,路由功能必须给 DLC 功能提供地址,以便 DLC 能把数据包转发到适当的中间结点上。还需指出的是,有些功能层可能很简单,甚至完全没有。例如,在局域网中,就不需要路由功能;对于租用线路,则没有物理层。

我们用"接口"来描述相邻层之间的相互作用。在两个相邻层之间,下层为上层提供服务,上层利用下层提供的服务实现规定给自己的功能,这种服务和被服务的关系就是我们所说的接口关系。例如,Modem 和 DLC 之间必须按规定的电气接口相互作用;用户程序和网络之间也应规定统一的接口关系,以便于程序的移植。

至此,已引入了功能层次的概念。对等层之间按规定的协议通信,相邻层之间按接口关系提供服务和接受服务。把实现复杂的网络通信过程的各种功能划分成这样的层次结构,就是网络的分层体系结构。

3.2　开放系统互连参考模型的基本概念

所谓开放系统是指遵从国际标准的、能够通过互连而相互作用的系统。显然系统之间的相互作用只涉及系统的外部行为,而与系统内部的结构和功能无关。因而关于互连系统的任何标准都只是关于系统外部特性的规定。1979 年,ISO 公布了开放系统互连参考模型 OSI/RM(Open System Interconnection/Reference Model)。同时,CCITT 认可并采纳了这一国际标准的建议文本(称为 X.200)。OSI/RM 为开放系统互连提供了一种功能结构的框架,ISO 7498 文件对它作了详细的规定和描述。

OSI/RM 是一种分层的体系结构。从逻辑功能看,每一个开放系统都是由一些连续的子系统组成,这些子系统处于各个开放系统和分层的交叉点上,一个层次由所有互连系统的同一行上的子系统组成(见图 3-2)。例如,每一个互连系统逻辑上是由物理电路控制子系统、分组交换子系统、传输控制子系统等组成,而所有互连系统中的传输控制子系统共同形成了传输层。

开放系统的每一个层次由一些实体组成。实体是软件元素(如进程等)或硬件元素

物理传输介质

图 3-2　开放系统的分层体系结构

(如智能 I/O 芯片等)的抽象。处于同一层中的实体叫对等实体,一个层次由多个实体组成,这一点正说明了层次的分布处理特征。另一方面,处于同一开放系统中各个层次的实体则代表了系统的协议处理能力,亦即由其他开放系统所看到的外部功能特性。

为了叙述上的方便,任何层都可以称为(N)层,它的上下邻层分别称为(N+1)层和(N-1)层。同样的提法可以应用于所有和层次有关的概念,例如,(N)层的实体称(N)实体,等等。

分层的基本思想是每一层都在它的下层提供的服务基础上提供更高级的增值服务,而最高层提供能运行分布式应用程序的服务。这样,分层的方法就把复杂问题分解开了。分层的另外一个目的是保持层次之间的独立性。其方法就是用原语操作定义每一层为上层提供的服务,而不考虑这些服务是如何实现的。即允许一个层次或层次的集合改变其运行的方式,只要它能为上层提供同样服务就行。除最高层外,在互连的各个开放系统中分布的所有(N)实体协同工作,为所有(N+1)实体提供服务。也可以说,所有(N)实体在(N-1)层提供的服务的基础上向(N+1)层提供增值服务,如图 3-3 所示。例如,网络层在数据链路层提供的点到点通信服务的基础上增加了中继功能。类似地,传输层在网络层服务的基础上增加了端到端的控制功能。

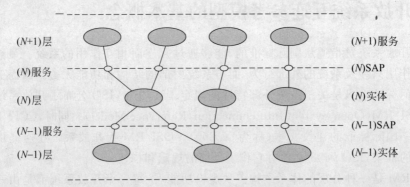

图 3-3　实体、服务访问点和协议

(N)实体之间的通信只使用(N-1)服务。最低层实体之间通过 OSI 规定的物理介质通信,物理介质形成了 OSI 体系结构中的(0)层。(N)实体之间的合作关系由(N)协议来规范。(N)协议是由公式和规则组成的集合,它精确地定义了(N)实体如何协同工作,利用$(N-1)$服务去完成(N)功能,以便向$(N+1)$实体提供服务。例如,传输层协议定义了传输站如何协同工作,利用网络服务向会话实体提供传输服务。同一个开放系统中的(N)实体之间的直接通信对外部是不可见的,因而不包含在 OSI 体系结构中。

$(N+1)$实体从(N)服务访问点(Service Access Point,SAP)获得(N)服务。(N)SAP 表示(N)实体与$(N+1)$实体之间的逻辑接口。一个(N)SAP 只能由一个(N)实体提供,也只能为一个$(N+1)$实体所使用。然而一个(N)实体可以提供几个(N)SAP,一个$(N+1)$实体也可能利用几个(N)SAP 为其服务。事实上(N)SAP 只是代表了(N)实体和$(N+1)$实体建立服务关系的手段。

OSI/RM 用抽象的服务原语说明一个层次提供的服务,这些服务原语采用了过程调用的形式。服务可以看作是层间的接口,然而和实际的接口定义不同,OSI 只为特定层协议的运行定义了所需的原语和参数。例如,互连系统内部层次之间的局部流控所需的原语和参数以及层次之间交换状态信息的原语和参数都不包括在 OSI 服务定义中。

服务分为面向连接的服务和无连接的服务。对于面向连接的服务,有 4 种形式的服务原语,即请求原语、指示原语、响应原语和确认原语(见图 3-4)。(N)层提供(N)SAP之间的连接,这种连接是(N)服务的组成部分。最通常的连接是点到点的连接。但是也可以在多个端点之间建立连接,多点连接和实际网络中的广播通信相对应。(N)连接的两端叫做(N)连接端点(Connection End Point,CEP),(N)实体用本地的 CEP 来标识它建立的各个连接。另外在网络服务中还有一种叫做数据报的无连接的通信,它对面向事务处理的应用很重要,后来也增添到 OSI/RM 中。下面说明几个与连接有关的概念。

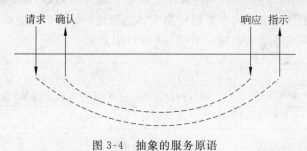

图 3-4 抽象的服务原语

1. 连接的建立和释放

当某个$(N+1)$实体要求建立与远方的$(N+1)$实体的连接时,它必须给当地的(N)SAP提供远方(N)SAP 的地址。(N)连接建立后,$(N+1)$实体就可以用它们自己一端的(N)CEP 来引用该连接。例如,会话实体 A 要求和远方的会话实体 B 连接,则它必须知道 B 的传输地址 TA(B)。为了建立这个连接,会话实体 A 请求传输层建立地址为TA(A)的 SAP 和远方的地址为 TA(B)的 SAP 的连接。该连接建立后,会话实体 A 和 B都可以用它们自己一端的传输层 CEP 标识符来引用它。

(N)连接的建立和释放是在$(N-1)$连接之上动态地进行的。(N)连接的建立意味着两个实体间的$(N-1)$连接可以利用,如果$(N-1)$连接不存在,则必须先建立或同时建立$(N-1)$连接,而这又要求$(N-2)$连接可用。依次类推,直到下层连接的可用。显然最底层的物理线路连接必须存在,所有上层连接的建立才有物质基础。

2. 多路复用和分流

在$(N-1)$连接之上可以构造出三种具体的(N)连接。

(1) 一一对应式:每一个(N)连接建立在一个$(N-1)$连接之上。

(2) 多路复用式:几个(N)连接多路访问一个$(N-1)$连接。

(3) 多路分流式:一个(N)连接建立在几个$(N-1)$连接之上。这样,(N)连接上的通信被分配到几个$(N-1)$连接上进行传输。

邻层连接之间的 3 种对应关系在实际应用中都是可能的。例如,单独一个终端连接到 X.25 公共数据网上,则在一个网络连接(虚电路)上只实现一个传输连接。如果使用了终端集中器,则各个终端上的传输连接被多路复用到一个网络连接上,这样就降低了通信费用。相反,把一个传输连接分流到几个网络连接上传输,可以得到更高的吞吐率并提高传输的可靠性。

3. 数据传输

各个实体之间的信息传输是由各种数据单元实现的。这些数据单元如图 3-5 所示。(N)协议控制信息通过$(N-1)$连接在两个(N)实体之间交换,用以协调(N)实体之间的合作。例如,HDLC 的帧头和帧尾。(N)用户数据来自上层的$(N+1)$实体。这种数据也在两个(N)实体之间传送,但(N)实体并不了解也不解释其内容。例如,网络实体的数据被包装在 HDLC 信息帧中由两个数据链路实体透明地传输。(N)协议数据单元包含(N)协议控制信息,也可能包含(N)用户数据,例如 HDLC 帧。

	控制	数据	结合
$(N)-(N)$ 对等实体	(N) 协议控制信息	(N)用户数据	(N) 协议数据单元
$(N)-(N+1)$ 邻层实体	(N) 接口控制信息	(N)接口数据	(N) 接口数据单元

图 3-5　各种数据单元

(N)接口控制信息是在$(N+1)$实体和(N)实体之间交换的信息,用以协调两个实体间的合作。例如,在网络实体和数据链路实体间交换的系统专用控制信息:缓冲区地址和长度、最大等待时间等。(N)接口数据是$(N+1)$实体交给(N)实体发往远端的信息,或者由远端$(N+1)$实体发来的信息。例如,由数据链路实体透明传输的一段文字。(N)接口数据单元是$(N+1)$实体和(N)实体在一次交互作用中通过服务访问点传送的信息单位,由(N)接口控制信息和(N)接口数据组成。一个(N)连接两端传送的(N)接口数据单元的大小可以不同,例如,网络实体和为之服务的数据链路实体可以在一次交互作用中传送一个数据块。

(N)服务数据单元是通过(N)连接从一端传送到另一端的数据的集合,这个集合在传送期间保持其标识不变。(N)服务数据单元可能通过一个或多个(N)协议数据单元传送,并在到达接收端后,完整地交给上层的$(N+1)$实体。

3.3　OSI/RM 七层协议的主要功能

OSI/RM 的网络体系结构如图 3-6 所示,下面简要说明 OSI/RM 七层协议的主要功能。

1. 应用层

这是 OSI 的最高层。这一层的协议直接为端用户服务,提供分布式处理环境。应用层管理开放系统的互连,包括系统的启动、维持和终止,并保持应用进程间建立连接所需的数据记录,其他层都是为支持这一层的功能而存在的。

一个应用是由一些合作的应用进程组成的,这些应用进程根据应用层协议互相通信。应用进程是数据交换的源和宿,也可以被看作是应用层的实体。应用进程可以是任何形式的操作过程,例如,手工的、计算机化的或工业和物理过程等。这一层协议的例子有:在不同系统间传输文件的协议、电子邮件协议、远程作业录入协议等。

2. 表示层

表示层的用途是提供一个可供应用层选择的服务的集合,使得应用层可以根据这些服务功能解释数据的含义。表示层以下各层只关心如何可靠地传输数据,而表示层关心的是数据的表现方式,它的语法和语义。表示服务的例子有:统一的数据编码、数据压缩格式、加密技术等。

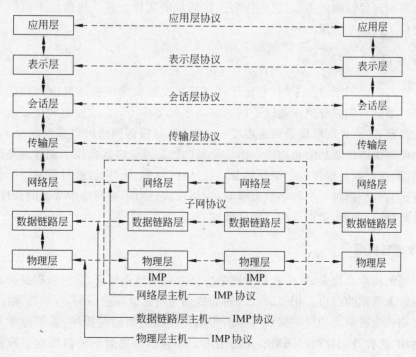

图 3-6　OSI 模型的网络体系结构

3. 会话层

会话层支持两个表示层实体之间的交互作用。它提供的会话服务可分为两类,一类叫做会话管理,即把两个表示实体结合在一起,或者把它们分开。另一类是对话服务,即控制两个表示实体间的数据交换过程,例如分段、同步等。通过计算机网络进行对话和人们打电话不一样,更和人们当面谈话的情况不一样。对话的管理包括决定该谁说、该谁听。长的对话(例如传输一个长文件)需要分段,一段一段地进行,如果一段传错了,可以回到分界限的地方重新传输。所有这些功能都需要专门的协议支持。

4. 传输层

这一层在低层服务的基础上提供一种通用的传输服务。会话实体利用这种透明的数据传输服务而不必考虑下层通信网络的工作细节,并使数据传输能高效地进行。传输层用多路复用或分流的方式优化网络的传输效率。当会话实体要求建立一条传输连接时,传输层就为其建一个对应的网络连接。如果要求较高的吞吐率,传输层可能为其建立多个网络连接。如果要求的传输速率不很高,单独创建和维持一个网络连接不合算,则传输层就可考虑把几个传输连接多路复用到一个网络连接上。这样的多路复用和多路分流对传输层以上的实体是透明的。

传输层的服务可能是提供一条无差错按顺序的端到端连接,也可能提供不保证顺序的独立报文传输,或者多目标报文广播。这些服务可由会话实体根据具体情况选用。传输连接在其两端进行流量控制,以免高速主机发送的信息流淹没低速主机。传输层协议是真正的源端到目标端的协议,它由传输连接两端的实体处理。传输层下面的功能层协议都是通信子网中的协议。

5. 网络层

这一层的功能属于通信子网,它通过网络连接交换传输层实体发出的数据。网络层把上层来的数据组织成分组在通信子网的结点之间交换传送。交换过程中要解决的关键问题是选择路径,路径既可以是固定不变的,也可以是根据网络的负载情况动态变化的。另外一个要解决的问题是防止网络中出现局部的拥挤或全面的阻塞。此外网络层还应有记账功能,以便根据通信过程中交换的分组数(或字符数、比特数)进行收费。

当传送的分组跨越一个网络的边界时,网络层应该对不同网络中分组的长度、寻址方式、通信协议进行变换,使得异构型网络能够互联。

6. 数据链路层

这一层的功能是建立、维持和释放网络实体之间的数据链路,这种数据链路在网络层表现为一条无差错的信道。相邻结点之间的数据交换是分帧进行的,各帧按顺序传送,并通过接收端的校验检查和应答保证可靠的传输。数据链路层对损坏、丢失和重复的帧应能进行处理,这种处理过程对网络层是透明的。相邻结点之间的数据传输也有流量控制的问题,数据链路层把流量控制和差错控制合在一起进行。两个结点之间传输数据帧和发回应答帧的双向通信问题要有特殊的解决办法。有时由反向传输的数据帧"捎带"应答信息,这是一种极巧妙而高效率的控制机制。

7. 物理层

这一层规定通信设备的机械的、电气的、功能的和过程的特性,用以建立、维持和释放数据链路实体间的连接。具体地说,这一层的规程都与电路上传输的原始比特有关,它涉及什么信号代表"1",什么信号代表"0";一个比特持续多少时间;传输是双向的还是单向的;一次通信中发送方和接收方如何应答;设备之间连接件的尺寸和接头数以及每根连线的用途等。

3.4 几种商用网络的体系结构

本节介绍几种商用网络的体系结构。这些网络体系结构严格定义了对等层之间的协议、它们的语法(命令和响应的格式)和相应的语义(对协议的解释),而把相邻层之间的接口留给实现者决定。

3.4.1 SNA

1974年IBM公司推出了系统网络体系结构(System Network Architecture,SNA),这是一种以大型主机为中心的集中式网络。在SNA中,主机运行ACF/VTAM(Advanced Communication Facility/Virtual Telecommunication Access Method)服务,所有的系统资源都是由ACF/VTAM定义的。SNA协议分为7层,如图3-7所示,各层的功能简述如下。

(1) 物理层:这一层与物理传输介质的机械、电气、功能和过程特性有关,提供了传输介质的接口。SNA没有定义这一层的专门协议,准备采用其他国际标准。

(2) 数据链路控制层(DLC):这一层的功能是把原始的比特流组织成帧,使之无损伤地沿着噪音信道从主站传送到次站。SNA定义了SDLC,同时也支持IBM令牌环网或其他局域网协议。

(3) 路径控制层(PC):这一层的功能主要是在源结点和目标结点之间建立 条逻辑通路。PC层也对数据报进行分段和重装配,以便提高传输效率。在一对结点之间可以提供8条虚电路,每一条虚电路都有流控功能。

(4) 传输控制层(TC):提供端到端的面向连接的服务,不支持无连接的通信,可以为上层提供一条无差错的信道。TC也完成加密和解密的功能。

(5) 数据流控制层(DFC):这一层根据用户的请求和响应对会话方式和会话过程进行管理,决定数据通信的方向、数据通信方式、数据流的中断和恢复等。

(6) 表示服务层(PS):这一层定义数据编码和数据格式,也负责资源的共享和操作的同步,使得网络的入口处的多个用户可以并发地操作。

(7) 事务处理服务层(TS):这一层以特权程序的形式为用户提供应用服务。例如SNA/DS(SNA Distribution Service)就是SNA提供的一种异步分布处理系统。

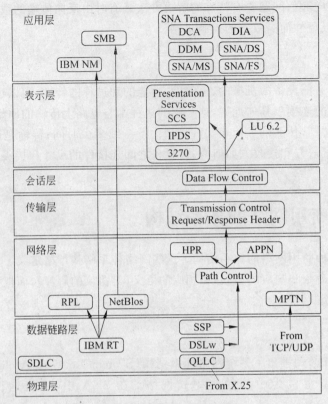

图 3-7　SNA 的体系结构

随着微机局域网的广泛应用,IBM 推出了第二代的高级点对点网络(Advanced Peer-to-Peer Networking,APPN),使得 SNA 由集中式网络演变成点对点的网络环境。在 APPN 网络环境中有下面 3 类结点。

(1) 低级入口结点(Low-Entry Node,LEN):这种结点只能利用与其相连的网络结点(NN)提供的服务进行会话。

(2) 端结点(End Node,EN):这种结点包含 APPN 的部分功能,具有路由能力,能够通过网络结点与其他端结点建立会话。

(3) 网络结点(Network Node,NN):这种结点包含 APPN 的全部功能,其中的控制点(Control Point,CP)功能管理着 NN 的全部资源,能够建立 CP-to-CP 会话,维护网络的拓扑结构,并提供目录服务。

图 3-8 所示为由这几种结点组成的 APPN 网络的拓扑结构。

3.4.2　X.25

X.25 协议如图 3-9 所示,它是 CCITT 在 1976 年公布的公用数据网 PDN(Public Data Network)标准,后来又经过了两次修订。X.25 包括了通信子网最下边的 3 个逻辑功能层,即物理层、链路层和网络层,与 SNA 下面 3 层是对应的。

最低层用 X.21 作为用户结点(DTE)和通信子网之间建立电气连接的对等协议。在

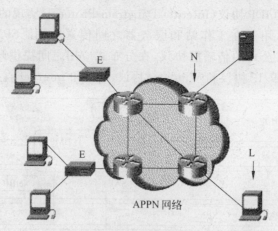

图 3-8 APPN 网络的拓扑结构

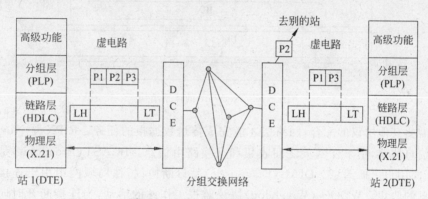

图 3-9 X.25 的分层协议和虚电路

图 3-9 中,数据分组 P1 和 P3 是送往站 2 的,而分组 P2 是送往其他站的。链路层协议使用 HDLC 的全双工异步平衡方式进行通信,管理分组序列的无差错传输。

分组层协议建立虚电路(VC),多个虚电路可以复用到一条线路上。虚电路可以是永久性的(在初始预订时建立并随时可用),也可以是交换性的(需要时建立)。虚电路的建立和释放既关系到端对端的功能特性,也关系到端结点对网络的功能特性。例如,建立 VC 时,一端的用户必须知道另一端用户的地址,这显然是端对端的功能特性。然而,VC 建立后的寻址功能是针对网络中的每一个结点的,而不是在两端结点中寻址。

3.4.3 Novell NetWare

Novell 公司的 NetWare 3.11 在 20 世纪 80 年代曾风靡一时,后来随着 Internet 的兴起和 Windows NT 的出现而衰落了。但是它并没有完全退出市场,2003 年,Novell 公司又推出了 NetWare 6.5,全面支持"开放源代码"和一系列新技术。Netware 的优点是安全可靠而管理成本低,新版本仍然获得了广泛的应用。

目前市场上流行的版本是 NetWare 4.2,这个系统的体系结构如图 3-10 所示。Novell 公司的专用通信协议是 IPX/SPX。IPX(Internet Protocol Exchange)是 Novell 公

司按照 Xerox 公司的 IDP 协议(Internet Datagram Protocol)实现的网络层协议,提供无连接的数据报服务,用于在工作站和服务器之间传送数据。SPX(Sequential Packet EXchange)是 Novell 公司的传输层协议,在分布式应用之间提供顺序提交服务。另外 NetWare 也支持 TCP/IP 协议和 Windows 协议,可以和 Internet 直接相连。

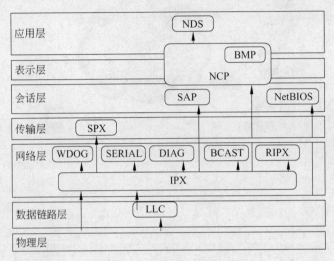

图 3-10   NetWare 的体系结构

还需要其他协议的配合,网络层才能完成传送数据报的任务。RIPX 是 Novell 公司的路由信息协议,用于在网关之间收集和交换路由信息。BCAST(Broadcast)是广播协议,用于向用户广播消息。DIAG(Diagnostic)是诊断协议,在局域网中用于连接测试和配置信息的收集。WDOG(Watchdog)协议监视工作站的活动,当连接断开时向服务器发出通知。

NetWare 中有两个会话层协议。服务公告协议(Service Advertising Protocol,SAP)把网络中所有服务器的信息发送给客户机,这样客户机才能向特定的服务器发送消息。通常网络中有多种服务器,包括文件服务器、打印服务器、访问服务器、远程控制服务器等。另外 Novell 还重新实现了 NetBIOS,作为会话层编程平台。

NetWare 核心协议(NetWare Core Protocol,NCP)管理服务器资源,它向服务器发出过程调用来使用文件和打印资源。突发模式协议(Burst Mode Protocol,BMP)是为提高文件传输的效率而设计的。用突发模式通信,允许对一个请求发回多个响应包。NetWare 目录服务(NetWare Directory Services,NDS)是一个分布式网络数据库。在基于 NDS 的网络中,仅需一次登录就可以访问所有的服务器,而以前基于装订库(Bindery)的网络则需要在不同的服务器之间不断切换。

3.4.4   TCP/IP 协议簇

TCP/IP 协议是在 ARPAnet 和 Internet 发展过程中自然形成的通信体系,是由多个厂商不断协商共同遵循的事实上的网络标准。这个网络体系还在发展之中,不断有新的改进出现,不断有新的协议加入。事实上,从 20 世纪 90 年代开始,TCP/IP 协议已经确立了它在计算机网络中的主导地位,主要的网络设备制造商都开始支持 TCP/IP 协议,原来各个网络公司私有的网络体系结构都向 TCP/IP 靠拢,这使得以 TCP/IP 协议簇支持的 Internet 成为如今遍及全世界的通信网络,而且还在向传统的话音通信网络渗透。

TCP/IP 协议的研究者认为,网络通信的任务太复杂,根本无法用一个完整的模型来规范。所以在 TCP/IP 网络中,通信系统被划分成多个程序模块,通过程序模块之间的互相调用来完成特定的通信任务。

与 OSI/RM 分层的原则不同,TCP/IP 协议簇允许同层的协议实体间互相调用,从而完成复杂的控制功能,也允许上层过程直接调用不相邻的下层过程。在有些高层协议中,控制信息和数据分别传输,而不是共享同一协议数据单元。图 3-11 所示为 TCP/IP 主要协议与 OSI/RM 之间的对应关系。

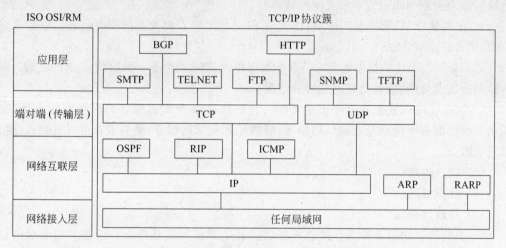

图 3-11 TCP/IP 协议簇与 OSI/RM 的比较

在图 3-11 中,TCP/IP 协议簇被划分为四个层次,其应用层相当于 OSI/RM 的应用层、表示层和会话层的功能,OSI/RM 的传输层在 TCP/IP 中叫做端系统对端系统层,OSI/RM 的网络层在 TCP/IP 中叫做网络互连层,TCP/IP 没有规定数据链路层和物理层标准,它可以采用任何局域网作为基础网络。与 OSI/RM 相比,层次的减少使得通信的开销减少,通信效率更高。

值得强调的是,对于 TCP/IP 中的某个协议时,不能按照它的封装关系来划分功能层,例如边界网关协议 BGP 的功能是在网关之间传递路由信息,虽然 BGP 利用 TCP 连接传送其协议数据单元,但它的功能应属于网络层,而不是应用层。还有 RIP 也是一种路由信息协议,它的数据虽然封装在 IP 数据报中传送,但它并不是传输层协议,其功能还是属于网络层协议。事实上,在 TCP/IP 网络中,网络层的功能最复杂,需要多个协议协同工作才能完成。

习　题

1. 把复杂的系统划分为一些相关的功能层次,这种方法有什么好处? 在计算机网络之外的其他学科中有哪些应用了类似的方法,试举几例说明。

2. 有两位哲学家要进行谈话,一位在肯尼亚,说斯瓦希利语(Swahili);另一位在印度尼西亚,说印尼语。由于他们没有共同语言,所以每人聘请了一个翻译。两个翻译之间的通信要通过电信公司进行远程传送,试分析这个谈话过程,并回答下面的问题:

(1) 这个通信系统至少可以划分为几个功能层次?

(2) 邻层之间下层为上层提供哪些服务? 对等层之间的协议是什么?

(3) 两个翻译之间用英语或法语进行交谈,两个电信公司之间用电报、电话或电传进行通信是否会影响两个哲学家之间的谈话?

3. 在调频(FM)无线电广播中,什么是 SAP 地址? 在邮政系统和电话通信中什么是 SAP,什么是 SAP 地址?

4. 如果(N)协议数据单元与(N)服务数据单元之间大小不一致时怎么办? 设想一种合段和分段的规则,能够处理这些特殊情况。

5. OSI 层间的服务是用什么定义的? 有确认的服务和无确认的服务有什么区别? 说出下面的服务中哪些是有确认的服务,哪些是无确认的服务,哪些服务可以有确认也可以没有确认:

(1) 建立连接;

(2) 数据传送;

(3) 释放连接。

6. 面向连接的服务和无连接的服务之间最主要的区别是什么? 通常人们通过电信网络通信时哪种通信是面向连接的,哪种通信是无连接的? 试举例说明。

7. 是否可以说协议是服务的实现,或者说服务是协议的实现? 把服务和协议分开有什么好处?

8. 在两个计算机之间传送一个文件,可以采用两种确认策略:

第一种策略是把文件截成分组,接收端分别确认分组;第二种策略是当文件全部到达接收端后对整个文件给予确认。讨论一下这两种确认策略各有什么优缺点。

9. OSI 的第几层分别处理下面的问题?

(1) 把比特流划分为帧;

(2) 决策使用哪条路径到达目的端;

(3) 提供同步信息。

10. 试对 OSI/RM 的 7 个功能层次进行总结,把每一层次的最主要的功能归纳成一句或两句话。

第4章

广域通信网

广域网是通信公司建立和运营的网络,它地理范围大,可以跨越国界,覆盖世界上任何地方。通信公司把它的网络分次(拨号线路)或分块(租用专线)地出租给用户以收取服务费用。计算机联网时,如果距离遥远,就需要通过广域网的转接。最早出现的因而也是普及面最广的通信网是公共交换电话网,后来出现了各种公用数据网。这些网络在互联网中都起着重要作用,本章讲述主要的广域网技术。

4.1 公共交换电话网

公共交换电话网(Public Switched Telephone Network,PSTN)是为了话音通信而建立的网络,从 20 世纪 60 年代开始又被用于数据传输。虽然各种专用的计算机网络和公用数据网近年来得到很大发展,能够提供更好的服务质量和更多种多样的通信业务,但是 PSTN 的覆盖面更广,联网费用更低廉,因而许多用户仍然通过电话线拨号上网。

4.1.1 电话系统的结构

电话系统是一个高度冗余的分级网络。图 4-1 所示的是一个简化了的电话网。用户电话通过一对铜线连接到最近的端局,这个距离通常是 1~10km,并且只能传送模拟信号。虽然局间干线是传输数字信号的光纤,但是在用电话线联网时需要在发送端把数字信号变换为模拟信号,在接收端再把模拟信号变换为数字信号。由电话公司提供的公共载体典型的带宽是 4000Hz,即话音频段信道。这种信道的电气特性并不完全适合数据通信的要求,在线路质量太差时还需采取一定的均衡措施,方能减小传输过程中的失真。

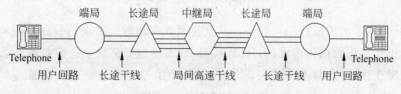

图 4-1 电话系统示意图

公用电话网由本地网和长途网组成,本地网覆盖市内电话、市郊电话以及周围城镇和农村的电话用户,形成属于同一长途区号的局部公共网络。长途网提供各个本地网之间的长话业务,包括国际和国内的长途电话服务。我国的固定电话网采用 4 级汇接辐射式结构。最高一级共有 8 个大区中心局,包括北京、上海、广州、南京、沈阳、西安、武汉和成都。这些中心局互相连接,形成网状结构。第二级共有 22 个省中心局,包括各个省会城市。第三级共有 300 多个地区中心局。第四级是县中心局。大区中心局之间都有直达线路,以下各级汇接至上一级中心局,并辅助一定数量的直达线路,形成如图 4-2 所示的 4 级汇接辐射式长话网。

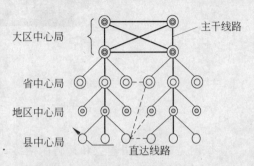

图 4-2　4 级辐射长话结构示意图

4.1.2　本地回路

用户把计算机连接到电话网上就可以进行通信。按照 CCITT 的术语,用户计算机叫做数据终端设备 DTE(Data Terminal Equipment),因为这种设备代表通信链路的端点。在通信网络一边,有一个设备用于管理网络的接口,这个设备叫数据电路设备 DCE(Data Circuit Equipment)。DCE 通常指调制解调器、数传机、基带传输器、信号变换器、自动呼叫和应答设备等。它们提供波形变换和编码功能,以及建立、维持和释放连接的功能。物理层协议与设备之间(DTE/DCE)的物理接口以及传送比特的规则有关。物理介质的各种机械的、电磁的特性由物理层和物理介质之间的界线确定。可以把实际设备和 OSI 概念之间的关系表示在图 4-3 中。

图 4-3　实际设备和 OSI 逻辑表示之间的关系

图 4-3(a)所示的传输线路可以是公共交换网或专用线。在通信线路采用公共交换网的情况下,正式进行数据传输之前,DTE 和 DCE 之间先要交换一些控制信号以建立数据通路(即逻辑连接)。在数据传输完成之后,也要交换控制信号断开数据通路。交换控制信号的过程就是所谓的“握手”过程,这个过程和 DTE/DCE 之间的接插方式、引线分配、电气特性和应答信号等有关。在数据传输过程中,DTE 和 DCE 之间要以一定速率和同

步方式识别每一个信号元素（1 或 0）。关于这些与设备之间通信有关的技术细节，CCITT 和 ISO 用 4 个技术特性来描述，并给出了适应不同情况的各种标准和规范。这 4 个技术特性是机械特性、电气特性、功能特性和过程特性。下面以 EIA（Electronic Industries Association）制定的 RS-232-C 接口为例说明这 4 个技术特性。

1. 机械特性

机械特性描述 DTE 和 DCE 之间物理上的分界线，规定连接器的几何形状、尺寸、引线数、引线排列方式以及锁定装置等。RS-232-C 没有正式规定连接器的标准，只是在其附录中建议使用 25 针的 D 型连接器（见图 4-4），也有很多 RS-232-C 设备使用其他形式的连接器，特别是在微机的 RS-232-C 串行接口上，大多使用 9 针连接器。

图 4-4　D 型连接器

2. 电气特性

DTE 与 DCE 之间有多条信号线，除了地线之外，每根信号线都有其驱动器和接收器。电气特性规定这些信号的连接方式，以及驱动器和接收器的电气参数，并给出有关互连电缆方面的技术指导。

图 4-5(a)给出了 RS-232-C 采用的 V.28 标准电路。V.28 的驱动器是单端信号源，所有信号共用一根公共地线。信号源产生 3～15 V 的信号，正负 3 V 之间是信号电平过渡区，如图 4-6 所示。接口点的电平处于过渡区时，信号的状态是不确定的；接口点的电平处于正负信号区间时，对于不同的信号线代表的意义不一样（见表 4-1）。

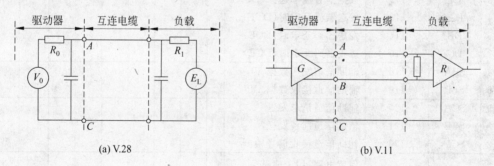

(a) V.28　　　　　　　　　　　　　　　　(b) V.11

图 4-5　CCITT 建议的接口电路

另外两种常用的电气特性标准是 V.10 和 V.11。V.11 是一种平衡接口，每个接口电路都用一对平衡电缆，构成各自的信号回路（见图 4-5(b)）。这种连接方式减小了信号线之间的串音。

V.10 的发送端是非平衡输出，接收端则是平衡输入，有关这 3 种技术标准的电气参数和技术指导如表 4-2 所示。

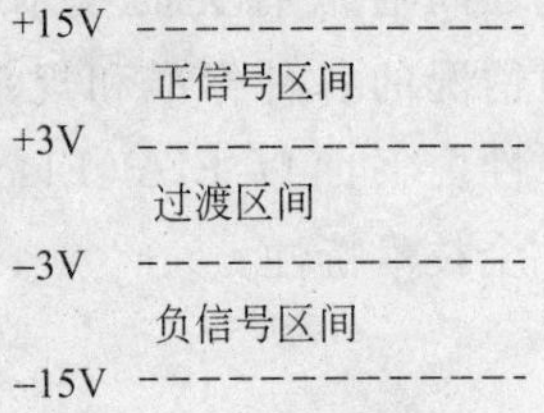

```
+15V ---------------
     正信号区间
 +3V ---------------
     过渡区间
 -3V ---------------
     负信号区间
-15V ---------------
```

图 4-6　接口电路的信号区间

表 4-1　接口电平的含义

	−3～−15V	+3～+15V
数据线	"1"	"0"
控制线和定时线	OFF	ON

表 4-2　RS-232-C 的互换电路功能

管脚	RS-232-C电路	V.24等价电路	描述	地	数据 DTE	数据 DCE	控制 DTE	控制 DCE	定时 DTE	定时 DCE	测试 DTE	测试 DCE
1	AA	101	保护地	×								
7	AB	103/2	信号地	×								
2	BA	103	发送数据			×						
3	BB	104	接收数据		×							
4	CA	105	请求发送					×				
5	CB	106	允许发送				×					
6	CC	107	数传机就绪				×					
20	CD	108/2	数据终端就绪					×				
22	CE	125	振铃指示				×					
8	CF	109	接收线路信号检测				×					
21	CG	110	信号质量检测				×					
23	CH	111	数据信号速率选择(DTE)					×				
23	CI	112	数据信号速率选择(DCE)				×					
24	DA	113	发送器码元定时(DTE)						×			
15	DB	114	发送器码元定时(DCE)							×		
17	DC	115	接收器码元定时(DCE)							×		
14	SBA	118	辅助信道发送数据			×						
16	SBB	119	辅助信道接收数据		×							
19	SCA	120	辅助信道请求发送					×				
13	SCB	121	辅助信道准备发送				×					
12	SCF	122	辅助信道接收信号检测				×					
8			保留电路,用于测试									×
9			保留电路,用于测试								×	
18	(LL)	(RS-232-D)	(本地回路)									×
25	(TM)	(RS-232-D)	(测试模式)								×	

3. 功能特性

功能特性对接口连线的功能给出确切的定义。从大的方面分,接口线的功能可分为数据线、控制线、定时线和地线。有的接口可能需要两个信道,因而接口线又可分为主信道线和辅助信道线。

RS-232-C 采用的标准是 V.24。V.24 为 DTE/DCE 接口定义了 44 条连线,为 DTE/ACE 定义了 12 条连线。ACE 为自动呼叫设备,有时和 Modem 做在一起。按照 V.24 的命名方法,DTE/DCE 连线用"1"开头的三位数字命名,例如 103、115 等,称 100 系列接口线。DTE/ACE 连线用"2"开头的三位数字命名,例如 201、202 等,称 200 系列接口线。

RS-232-C 定义了 21 根接口连线的功能,按照 RS-232-C 的术语,接口连线叫做互换电路。表 4-2 给出 RS-232-C 的互换电路的功能定义,同时也列出了 V.24 对应的线号。表中对每一条互换电路的功能进行了简要的描述,也说明了电路的信号方向。关于这些互换电路的使用方法则属于我们下面要讨论的过程特性。

图 4-7 所示为计算机(异步终端设备)和异步 Modem 连接的方法,这里只需要 9 根连线,保护接地和信号地线只用一根连线同时接在 1 和 7 两个管脚上。

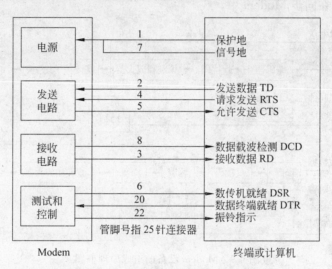

图 4-7 异步通信时 DTE/DCE 的连接

4. 过程特性

物理层接口的过程特性规定了使用接口线实现数据传输的操作过程,这些操作过程可能涉及高层的功能,因而对于物理层操作过程和高层功能过程之间的划分是有争议的。另一方面,对于不同的网络,不同的通信设备,不同的通信方式,不同的应用,各有不同的操作过程。下面举例说明利用 RS-232-C 进行异步通信的操作过程。

RS-232-C 控制信号之间的相互关系是根据互连设备的操作特性随时间而变化的。图 4-8 所示为计算机端口和 Modem 之间控制

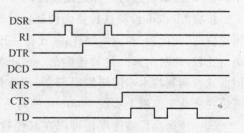

图 4-8 异步通信时控制信号的定时关系

信号的定时关系。假定 Modem 打开电源后升起 DSR 信号,随后从线路上传来两次振铃信号 RI,计算机在响应第一次振铃信号后;升起它的数据终端就绪信号 DTR。DTR 信号和第二次振铃信号 RI 配合,使得 Modem 回答呼叫并升起载波检测信号 DCD。如果计算机中的进程需要发送信息,就会升起请求发送信号 RTS,Modem 通过升起允许发送信号 CTS 予以响应,之后计算机端口就可以开始传送数据。

4.1.3 调制解调器

调制解调器(Modulation and Demodulation,Modem)通常由电源、发送电路和接收电路组成。电源提供 Modem 工作所需要的电压;发送电路中包括调制器、放大器、滤波、整形和信号控制电路,它的功能是把计算机产生的数字脉冲转换为已调制的模拟信号;接收电路包括解调器以及有关的电路,它的作用是把模拟信号变成计算机能接收的数字脉冲。Modem 的组成原理如图 4-9 所示,图中上半部分是发送电路,下半部分是接收电路。图中的虚线框用在同步 Modem 中。

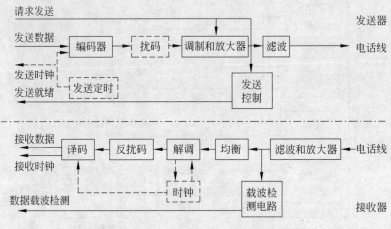

图 4-9　Modem 设备的组成原理框图

现代的高速 Modem 采用格码调制(Trellis Coded Modulation,TCM)技术。这种技术在编码过程中插入一个冗余比特进行纠错,从而减小了误码率。按照 CCITT 的 V.32 建议,调制器的输入数据流被分成 4 位的比特组,4 位比特组经过卷积编码产生了第 5 个冗余校验位。包括冗余位的 5 位比特组在复平面上的分布表示在图 4-10 所示的星座图中,每个码点最左边的比特是冗余位。

接收 Modem 检测这种格码调制信号时使用维特比(Viturbi)译码器,这种译码器不像通常的"硬比特"检测器那样,一比特一比特地进行判断,而是对多达 32 位的一组比特进行比较,判断出每一位的正确值。做出判断的过程是按照形似网格的决策树进行的。因而这种调制技术叫网格编码调制,简称格码调制。使用格码调制技术的 V.32Modem 可以在公共交换网上实现 9600bps 的高速传输。

进一步提高传输速度还可以在其他技术方面寻求解决办法,例如,采用数据压缩技术。有一种 V.29Modem,虽然工作在 9600bps,但是由于使用的数据压缩算法可达到

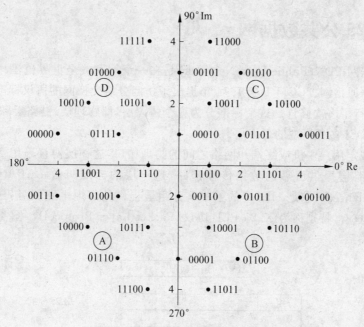

图 4-10   V.32 格码调制的星座图

2∶1 的压缩比,所以数据发送速率理论上可达到 19200bps。另外一种高速 Modem 采用了高速微处理器和大约 70000 行指令,由于采用多个音频组成的载波群对数据进行分组传输,因而叫做分组集群式 Modem。这种 Modem 工作过程是这样的:首先原发方 Modem 同时发送 512 个音频载波信号,接收 Modem 对收到的所有载波信号进行评价,向原发 Modem 报告哪些频率可用,哪些频率不能使用。然后原发方 Modem 根据侦察到的线路情况确定最适合的调制方式,可能是 2 比特、4 比特或 6 比特的正交幅度调制(Quadrature Amplitude Modulation,QAM)。例如,若 400 个音频载波可用,调制方案为 6 比特 QAM,则 400×6=2400,即可同时传送 2400b。如果每种载波都是一秒钟变化 4 次,则可得到约 10000bps 的数据速率。

在 20 世纪 90 年代初,出现了 19.2Kbps 和 24.4Kbps 的 Modem,甚至有了达到模拟话音信道理论极限速率 33.6Kbps 的 Modem。终于在 1996 年出现了 56Kbps 的 Modem,并于 1998 年形成了 ITU 的 V.90 建议。这种 Modem 采用非对称的工作方式,从客户端向服务器端发送称为上行信道,其数据速率为 28.8Kbps 或 33.6Kbps,从服务器端向客户端发送称为下行信道,其数据速率可以达到 56Kbps。其所以采用非对称的工作方式是因为客户端发送数据时要采用模数转换,会出现量化噪声,使得 Modem 的数据速率受到限制。而 ISP 一端的服务器采用数字干线连接,无须模数转换,不会出现量化噪声,因而可以用到 PCM 编码调制的最高数据速率 56Kbps。56Kbps 数据速率技术的出现适应了通过电话线实现准高速连接 Internet 的需求,成为互联网用户首选的联网技术。

4.2　X.25 公共数据网

公共数据网 PDN(Public Data Network)是在一个国家或全世界范围内提供公共电信服务的数据通信网。CCITT 于 1974 年提出了访问分组交换网的协议标准,即 X.25 建议,后来又进行了多次修订。这个标准分为 3 个协议层,即物理层、链路层和分组层,分别对应于 ISO/OSI 参考模型的低 3 层。

物理层规定用户主机或终端和网络之间的物理接口,这一层协议采用 X.21 或 X.21 bis 建议。链路层提供可靠的数据传输链路,这一层的标准叫做 LAP-B(Link Access Procedure-Balanced),它是 HDLC 的子集。分组层提供外部虚电路服务,这一层协议是 X.25 建议的核心,特别称为 X.25 PLP 协议(Packet Layer Protocol)。图 4-11 所示为这三层之间的关系。

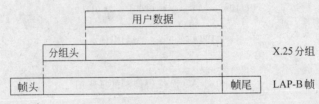

图 4-11　X.25 三层之间的关系

4.2.1　CCITT X.21 接口

CCITT 的 X.21 建议是访问公共数据网的接口标准,X.21 建议分为两部分:一部分是用于公共数据网同步传输的通用 DTE/DCE 接口,这是 X.21 的物理层部分,对电路交换业务或分组交换业务都适用;另一部分是电路交换业务的呼叫控制过程,这一部分有些内容涉及数据链路层和网络层的功能。这里只考虑与建立物理链路有关的操作过程,它的 4 个特性分别叙述如下。

1. 电气特性

X.21 采用 X.26 和 X.27 规定的两种接口电路。X.21 建议指定的数据速率有 5 种,即 600bps、2400bps、4800bps、9600bps 和 48000bps。为了在比 RS-232-C 更大的传输距离上达到这样高的数据速率,并同时提供一定的灵活性,X.21 规定在 DCE 一边只能采用 X.27 规定的平衡电气特性;在 DTE 一边,对于 4 种低速率可选用平衡或不平衡电气特性,对于超过 9600bps 的速率只能采用平衡电气特性,以保证通信性能。

2. 机械特性

X.21 的机械接口采用 15 针连接器。X.21 建议对管脚功能做了精心安排,使得每一互换电路都能利用一对导线操作。特别重要的是,即使 DTE 使用 X.26 的不平衡接口,而 DCE 使用 X.27 的平衡接口时,按照 X.21 赋予管脚的功能,也能使每一互换电路自成回路,这样的互连能提供近似于全使用 X.27 电气特性时的性能指标。

3. 功能特性

X.21 对管脚功能的分配和 RS-232-C 不同,它不是把每个功能指定给一个管脚,而是对功能进行编码,在少量电路上传输代表各种功能的字符代码来建立对公共数据网的连接。这样 X.21 的接口线数比 RS-232-C 大为减少,图 4-12 所示为 X.21 定义的全部互换电路。下面对这些电路的功能分别解释。

(1) 信号地 G 和 Ga 提供零电压参考点。

(2) 数据传输电路 T 和 R 分别代表发送和接收数据。

(3) 控制电路 C 和 I 指示接口的状态。

(4) 定时电路 S 和 B 都由 DCE 控制,用于同步。

图 4-12　X.21 定义的互换电路

4. 过程特性

下面举例说明 DTE 通过 X.21 接口在公共数据网上进行数据传输的动态过程。

(1) 初始状态,DTE 和 DCE 均处于就绪状态。

$$T=1, \quad C=\text{OFF}, \quad R=1, \quad I=\text{OFF}.$$

(2) DTE 发出呼叫请求,$T=0, C=\text{ON}$。

(3) DCE 发出拨号音 $R=+++$(0、1 交替出现)。

(4) DTE 拨号 $T=$ 远端 DTE 地址。

(5) DCE 送回呼叫进行信号(由两位十进制数字组成)。$R=$ 呼叫进行信号。

(6) 若呼叫成功,则 $R=1, I=\text{ON}$。

(7) DTE 发送数据,$T=$ 数据,$C=\text{ON}$。

(8) 发送结束,$T=0, C=\text{OFF}$。

(9) 线路释放,$R=0, I=\text{OFF}$。

(10) 恢复初始状态,$T=1, C=\text{OFF}, R=1, I=\text{OFF}$。

X.21 接口要求使用智能数字设备。为了使 RS-232-C/V.24 设备也能接入公共数据网,CCITT 又制定了与 V 系列建议兼容的公共数据网接口标准 X.21bis,这里的 bis 是拉丁语"第二个"的意思。

4.2.2　流量和差错和控制

流量控制是一种协调发送站和接收站工作步调的技术,其目的是避免发送速度过快,使得接收站来不及处理而丢失数据。通常接收站维持一定大小的接收缓冲区,当接收到的数据进入缓冲区后,接收器要进行简单的处理,然后才能清除缓冲区,再开始接收下一批数据。如果发送得过快,缓冲区就会溢出,从而引起数据的丢失。流控机制可以避免这种情况的发生。

首先讨论没有传输错误的流控技术,即传输过程中不会丢失帧,接收到的帧都是正确的,无须重传,并且所有发出的帧都能按顺序到达接收端。

1. 停等协议

最简单的流控协议是停等协议。它的工作原理是这样的:发送站发出一帧,然后等待应答信号到达后再发送下一帧;接收站每收到一帧后送回一个应答信号(ACK),表示愿意接受下一帧,如果接收站不送回应答,则发送站必须等待。这样,在源和目标之间的数据流动是由接收站控制的。

假设在半双工的点对点链路上,站 S_1 向站 S_2 发送数据帧,S_1 每发出一个帧就等待 S_2 送回应答信号。如图 4-13 所示,发送一帧的时间为

$$T_{FA} = 2t_p + t_f$$

其中 t_p 为传播延迟,t_f 为发送一帧的时间(称为一帧时)。于是线路的利用率为

$$E = \frac{t_f}{2t_p + t_f} \tag{4.1}$$

图 4-13　停等协议的效率

我们定义 $a = t_p/t_f$,则

$$E = \frac{1}{2a + 1} \tag{4.2}$$

这是在停等协议下线路的最高利用率,也可以认为是停等协议的效率。

事实上数据帧中还包含一些控制信息,例如地址信息及校验和等,再加上已忽略的某些时间开销,因而实际的线路利用率更低。

为了更深入理解(4.2)式的含义,我们对 a 进行一些分析。由于 a 是线路传播延迟和一个帧时的比,故在线路长度一定和帧长固定的情况下 a 是常数。又由于线路传播延迟是线路长度 d 和信号传播速度 v 的比值,而一帧时是帧长 L 和数据速率 R 的比,因而有

$$a = \frac{d/v}{L/R} = \frac{Rd/v}{L} \tag{4.3}$$

(4.3)式的分子 Rd/v 的单位为比特,其物理意义是线路上能容纳的最大比特数,亦即线路的比特长度,它是由线路的物理特性决定的。因而 a 可理解为线路比特长和帧长的比,或者说线路的帧计数长度。

我们考虑下面的例子。通常卫星信道的传播延迟是 270ms,假设数据速率是 64Kbps,帧长是 4000b。因而对于卫星链路可得

$$a = 64 \times 270/4000 = 4.32 > 1$$

根据(4.2)式,卫星链路的利用率为

$$E = \frac{1}{2a+1} = \frac{1}{2 \times 4.32 + 1} = \frac{1}{9.64} = 0.104$$

可见卫星链路的利用率仅为 1/10 左右,大量的时间用在等待应答信号上了。

按照最新的传输技术,传送一帧的时间会降到 6ms,甚至 125μs。这样 a 的值将是 45~2160,在应用停等协议的情况下,链路的利用率可能只有 0.0002。

另外一个例子是局域网,线路长度 d 一般为 0.1~10km,传播速度 v=200m/μs。设数据速率 R=10Mbps,帧长 L=500b,则 a 的取值范围为 10^{-5}~1。如果取 a=0.1,则链路利用率为 0.83;如果取 a=0.01,则链路利用率为 0.98。可见在局域网上利用简单的停等协议时效率要高得多。

2. 滑动窗口协议

滑动窗口协议的主要思想是允许连续发送多个帧而无须等待应答。如图 4-14 所示,假设站 S_1 和 S_2 通过全双工链路连接。S_2 维持能容纳 6 个帧的缓冲区($W_{收}$=6)。这样,S_1 就可以连续发送 6 个帧而不必等待应答信号($W_{发}$=6)。为了使 S_2 能够表示哪些帧已被成功地接收,每个帧都给予一个顺序编号。如果帧编号字段为 k 位,则帧以 2^k 为模连续编号。S_2 发出一个应答信号 ACKi,并把窗口滑动到 $i \sim W-i+1$ 的位置,表明 i 之前的帧已正确接收,期望接收后续的 W 个帧。随着数据传送过程的进展窗口向前滑动,因而取名滑动窗口协议。

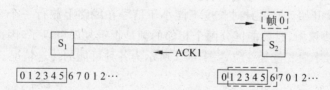

图 4-14 滑动窗口协议的效率

现在考查窗口大小(W)对协议效率的影响。如图 4-14 所示,假设 S_1 向 S_2 发出 0 号帧,S_2 收到 0 号帧后返回应答帧 ACK1,并把窗口滑动到图中虚线的位置。根据前面的分析,从 0 号帧开始发送 ACK1 到达 S_1 的时间是 $2t_p + t_f$。在这段时间内 S_1 可连续发送 W 个帧,它的工作时间是 Wt_f。所以协议的效率为

$$E = \frac{Wt_f}{2t_p + t_f} = \frac{W}{2a+1} \tag{4.4}$$

在以上讨论中,我们都假定发送应答信号的时间可忽略。其实应答信号是用专门的控制

帧传输的,也需要一定的时间来发送和处理。在利用全双工线路进行双向通信的情况下,应答信号可以放在 S_2 到 S_1 方向发送的数据帧中,这种技术叫"捎带应答"。如果应答信号被捎带送回发送站,则应答信号的传送时间可计入反向发送数据帧的时间中,因而上面的假定是符合实际情况的。

3. 差错控制

差错控制是检测和纠正传输错误的机制。前面我们假定没有传输错误,实际情况不是这样。在数据传输过程中有的帧可能丢失。有的帧可能包含错误的比特,这样的帧经接收器校验后会被拒绝。通常应付传输差错的办法如下。

(1) 肯定应答。接收器对收到的帧校验无误后送回肯定应答信号 ACK,发送器收到肯定应答信号后可继续发送后续帧。

(2) 否定应答重发。接收器收到一个帧后经校验发现错误,则送回一个否定应答信号 NAK。发送器必须重新发送出错帧。

(3) 超时重发。发送器发送一个帧时就开始计时。在一定的时间间隔内没有收到关于该帧的应答信号,则认为该帧丢失并重新发送。

这种技术的主要思想是利用差错检测技术自动地对丢失帧和错误帧请求重发,因而叫做 ARQ(Automatic Repeat ReQuest)技术。结合前面讲的流控技术,可以组成 3 种形式的 ARQ 协议。

4. 停等 ARQ 协议

停等 ARQ 协议是停等流控技术和自动请求重发技术的结合。根据停等 ARQ 协议,发送站发出一个帧后必须等待应答信号,收到肯定应答信号 ACK 后继续发送下一帧;收到否定应答信号 NAK 后重发该帧;在一定的时间间隔内没有收到应答信号也必须重发。最后一种情况值得注意,没有收到应答信号的原因可能是帧丢失了,也可能是应答信号丢失了。无论哪一种原因,发送站都必须重新发送原来的帧。发送站必须有一个重发计时器,每发送一帧就开始计时。计时长度不能小于信号在线路上旅行一个来回的时间。另外在停等 ARQ 协议中,只要能区分两个相邻的帧是否重复就可以了,因此只用 0 和 1 两个编号,即帧编号字段长度为 1 位。图 4-15 所示为各种可能的传送情况。

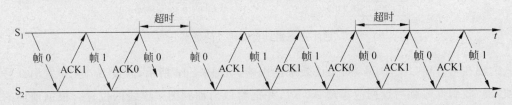

图 4-15　停等 ARQ 协议

5. 选择重发 ARQ 协议

下面介绍的协议都是滑动窗口技术和自动请求重发技术的结合。由于窗口的尺寸开到足够大时,帧在线路上可以连续地流动,因此又称其为连续 ARQ 协议。根据出错帧和丢失帧处理上的不同,连续 ARQ 协议分为选择重发 ARQ 协议和后退 N 帧 ARQ 协议。

图 4-16 所示为两种连续 ARQ 协议的例子,图 4-16(a)所示是在全双工线路上应用选择重发 ARQ 协议时帧的流动情况。其中第 2 帧出错,随后的 3、4、5 被缓存。当发送站接收到 NAK2 时,重发第 2 帧。值得强调的是,虽然在选择重发的情况下接收器可以不按顺序接收,但接收站的链路层向网络层仍是按顺序提交的。

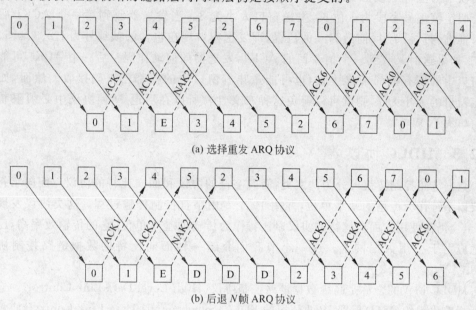

(a) 选择重发 ARQ 协议

(b) 后退 N 帧 ARQ 协议

图 4-16 连续 ARQ 协议的例

对于选择重发 ARQ 协议,窗口的大小有一定的限制。假设帧编号为 3b,发送和接收窗口大小都是 7b,考虑下面的情况:

(1) 发送窗口和接收窗口中的帧编号都是 0 到 6;

(2) 发送站发出 0 到 6 号帧,但尚未得到肯定应答,窗口不能向前滑动;

(3) 接收站正确地接收了 0 至 6 号帧,发出 ACK7,接收窗口向前滑动,新的窗口中的帧编号为 7、0、1、2、3、4、5;

(4) ACK7 丢失,发送站定时器超时,重发 0 号帧;

(5) 接收站收到 0 号帧,看到该帧编号落在接收窗口内,以为是新的 0 号帧而保存起来,这样协议就出错了。

协议失败的原因是由于发送窗口没有向前滑动,接收窗口向前滑动了最大的距离,而新的接收窗口和原来的发送窗口中仍有相同的帧编号,造成了接收器误把重发的帧当作新到帧。避免这种错误的办法就是缩小窗口,使得接收窗口向前滑动最大距离后不再与老的接收窗口重叠。显然当窗口大小为帧编号数的一半时就可达到这个效果,所以采用选择重发 ARQ 协议时窗口的最大值应为帧编号数的一半,即 $W_发 = W_收 \leqslant 2^{k-1}$。

6. 后退 N 帧 ARQ 协议

后退 N 帧 ARQ 就是从出错处重发已发出过的 N 个帧。在图 4-16(b)中接收窗口的大小为 1,因而接收器必须按顺序接收,当第 2 帧出错时,2、3、4、5 号帧都必须重发。

再一次强调在全双工通信中应答信号可以由反方向传送的数据帧"捎带"送回,这种机制进一步减小了通信开销,然而也带来了一定的问题。在很多捎带方案中,反向数据帧中的应答字段总是捎带一个应答信号,这样就可能出现对同一个帧的重复应答。假定帧编号字段为 3 位长,发送窗口大小为 8。当发送器收到第一个 ACK1 后把窗口推进到后沿为 1、前沿为 0 的位置,即发送窗口现在包含的帧编号为 1、2、3、4、5、6、7、0。如果这时又收到一个捎带回的 ACK1,发送器如何动作呢? 后一个 ACK1 可能表示窗口中的所有帧都未曾接收,也可能意味着窗口中的帧都已正确接收。然而,如果规定窗口的大小为 7,则就可以避免这种二义性。所以在后退 N 帧协议中必须限制发送窗口大小 $W \leqslant 2^{k-1}$。

4.2.3　HDLC 协议

数据链路控制协议可分为两大类:面向字符的协议和面向比特的协议。面向字符的协议以字符作为传输的基本单位,并用 10 个专用字符控制传输过程。这类协议发展较早,至今仍在使用。面向比特的协议以比特作为传输的基本单位,它的传输效率高,已广泛地应用于公用数据网上。这一小节我们介绍一种面向比特的数据链路控制协议 HDLC。

HDLC 协议的全称是高级数据链路控制协议(High Level Data Link Control)。它是国际标准化组织(ISO)根据 IBM 公司的 SDLC(Synchronous Data Link Control)协议扩充开发而成的。美国国家标准化协会(ANSI)则根据 SDLC 开发出类似的协议,叫做 ADCCP 协议(Advanced Data Communication Control Procedure)。以下的讨论都基于 HDLC。

1. HDLC 的基本配置

HDLC 定义了 3 种类型的站、两种链路配置和 3 种数据传输方式。

(1) 三种站

① 主站:对链路进行控制,主站发出的帧叫命令帧。

② 从站:在主站控制下进行操作,从站发出的帧叫响应帧。

③ 复合站:具有主站和从站的双重功能。复合站既可发送命令帧也可以发出响应帧。

(2) 两种链路配置

① 不平衡配置:适用于点对点和多点链路。这种链路配置由一个主站和一个或多个从站组成,支持全双工或半双工传输。

② 平衡配置:仅用于点对点链路。这种配置由两个复合站组成,支持全双工或半双工传输。

（3）三种数据传输方式

① 正常响应方式（Normal Response Mode，NRM）：适用于不平衡配置，只有主站能启动数据传输过程，从站收到主站的询问命令时才能发送数据。

② 异步平衡方式（Asynchronous Balanced Mode，ABM）：适用于平衡配置，任何一个复合站都无须取得另一个复合站的允许就可启动数据传输。

③ 异步响应方式（Asynchronous Response Mode，ARM）：适用于不平衡配置，从站无须取得主站的明确指示就可以启动数据传输，主站的责任只是对线路进行管理。

正常响应方式可用于计算机和多个终端相连的多点线路上，计算机对各个终端进行轮询以实现数据输入。正常响应方式也可以用于点对点的链路上，例如计算机和一个外设相连的情况。异步平衡方式能有效地利用点对点全双工链路的带宽，因为这种方式没有轮询的开销。异步响应方式的特点是各个从站轮流询问中心站，这种传输方式很少使用。

2. HDLC 帧结构

HDLC 使用统一结构的帧进行同步传输，图 4-17 所示为 HDLC 的帧结构。由图可以看出，HDLC 帧由 6 个字段组成。以两端的标志字段（F）作为帧的边界，在信息字段（INFO）中包含了要传输的数据。下面对 HDLC 帧的各个字段分别予以解释。

F	A	C	INFO	FCS	F
8	8可扩展	8可扩展	可变长	16或32	8

图 4-17　HDLC 帧结构

（1）帧标志 F

HDLC 用一种特殊的位模式 01111110 作为标志以确定帧的边界。链路上所有的站都在不断地探索标志模式，一旦得到一个标志就开始接收帧。在接收帧的过程中如果发现一个标志，则认为该帧结束了。由于帧中间出现位模式 01111110 时也会被当作标志，从而破坏了帧的同步，所以要使用位填充技术。发送站的数据比特序列中一旦发现 0 后有 5 个 1，则在第 7 位插入一个 0。这样就保证了传输的数据中不会出现与帧标志相同的位模式。接收站则进行相反的操作：在接收的比特序列中如果发现 0 后有 5 个 1，则检查第 7 位，若第 7 位为 0 则删除之；若第 7 位是 1 且第 8 位是 0，则认为是检测到帧尾的标志；若第 7 位和第 8 位都是 1，则认为是发送站的停止信号。有了位填充技术，任意的位模式都可以出现在数据帧中，这个特点叫做透明的数据传输。

（2）地址字段 A

地址字段用于标识从站的地址，用在点对多点链路中。地址通常是 8 位长，然而经过协商之后，也可以采用更长的扩展地址。扩展的地址字段如图 4-18 所示。可以看出它是 8 位组的整数倍。每一个 8 位组的最低位指示该 8 位组是否是地址字段的结尾：若为 1，表示是最后的 8 位组；若为 0，则不是。所有 8 位组的其余 7 位组成了整个扩展地址字段，全为 1 的 8 位组（11111111）表示广播地址。

0	7位地址	0	7位地址	----	1	7位地址

图 4-18　HDLC 扩展地址

（3）控制字段 C

HDLC 定义了 3 种帧,可根据控制字段的格式进行区分。信息帧(I 帧)承载着要传送的数据,此外还捎带着流量控制和差错控制的应答信号。管理帧(S 帧)用于提供实现 ARQ 的控制信息,当不使用捎带机制时要用管理帧控制传输过程。无编号帧提供各种链路控制功能。控制字段第 1 位或前两位用于区别 3 种不同格式的帧,如图 4-19 所示。基本的控制字段是 8 位长,扩展的控制字段为 16 位。

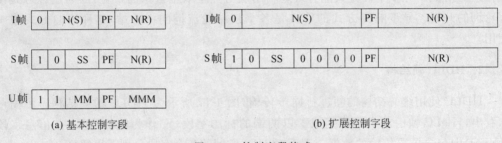

(a) 基本控制字段　　　　　　　　　　(b) 扩展控制字段

图 4-19　控制字段格式

（4）信息字段 INFO

只有 I 帧和某些无编号帧含有信息字段。这个字段可含有表示用户数据的任何比特序列,其长度没有规定,但具体的实现往往限定了最大帧长。

（5）帧校验序列 FCS

FCS 中含有除标志字段之外的所有其他字段的校验和。通常使用 16b 的 CRC-CCITT 标准产生校验序列,有时也使用 CRC-32 产生 32 位的校验序列。

3. HDLC 帧类型

HDLC 的 3 种帧如表 4-3 所示。下面结合 HDLC 的操作介绍这些帧的作用。

（1）信息帧(I 帧)

信息帧除承载用户数据之外还包含有该帧的编号 N(S),以及捎带的肯定应答顺序号 N(R)。I 帧还包含一个 PF 位,在主站发出的命令帧中这一位表示 P,即询问(Polling);在从站发出的响应帧中这一位是 F 位,即终止位(Final)。在正常响应方式(NRM)下,主站发出的 I 格式命令帧中 PF 位置 1,表示该帧是询问帧,允许从站发送数据。从站响应主站的询问,可以发送多个响应帧,其中仅最后一个响应帧的 PF 位置 1,表示一批数据发送完毕。在异步响应方式(ARM)和异步平衡方式(ABM)下,P/F 用于控制 S 帧和 U 帧的交换过程。

（2）管理帧(S 帧)

管理帧用于进行流量和差错控制,当没有足够多的信息帧捎带管理命令/响应时,要

表 4-3 HLDC 协议的帧类型

名　字	功　能	描　　述
信息帧（I）	命令/响应	交换用户数据
管理帧（S）		
接收就绪（RR）	命令/响应	肯定应答,可以接收第 i 帧
接收未就绪（RNR）	命令/响应	肯定应答,不能继续接收
拒绝接收（REJ）	命令/响应	否定应答,后退 N 帧重发
选择性拒绝接收（SREJ）	命令/响应	否定应答,选择重发
无编号帧（U）		
置正常响应方式（SNRM）	命令	置数据传输方式 NRM
置扩展的正常响应方式（SNRME）	命令	置数据传输方式为扩展的 NRM
置异步响应方式（SARM）	命令	置数据传输方式 ARM
置扩展的异步响应方式（SARME）	命令	置数据传输方式为扩展的 ARM
置异步平衡方式（SABM）	命令	置数据传输方式 ABM
置扩展的异步平衡方式（SABME）	命令	置数据传输方式为扩展的 ABM
置初始化方式（SIM）	命令	由接收站启动数据链路控制过程
释放连接（DISC）	命令	释放逻辑连接
无编号应答（UA）	响应	对置方式命令的肯定应答
非连接方式（DM）	响应	从站处于逻辑上断开的状态
请求释放连接（RD）	响应	请求断开逻辑连接
请求初始化方式（RIM）	响应	请求发送 SIM 命令,启动初始化过程
无编号信息（UI）	命令/响应	交换控制信息
无编号询问（UP）	命令	请求发送控制信息
复位（RSET）	命令	用于复位,重置 N(R),N(S)
交换标识（XID）	命令/响应	交换标识和状态
测试（TEST）	命令/响应	交换用于测试的信息字段
帧拒绝（PRMR）	响应	报告接收到不能接受的帧

发送专门的管理帧来实现控制。由表 4-3 看出,有 4 种管理帧,可用控制域中的两个 S 位来区分。RR 帧表示接收就绪,它既是对 N(R) 之前的帧的确认,也是准备接收 N(R) 及其后续帧的肯定应答。RNR 帧表示接收未就绪,在对 N(R) 之前的帧给予肯定应答的同时,拒绝进一步接收后续帧。REJ 帧表示拒绝接收 N(R) 帧,要求重发 N(R) 帧及其后续帧。显然 REJ 用于后退 N 帧 ARQ 流控方案中。类似地,SREJ 帧用于选择重发 ARQ 流控方案中。

　　管理帧中的 PF 位的作用如下所述:主站发送 P 位置 1 的 RR 帧询问从站,是否有数据要发送。如果从站有数据要发送,则以信息帧响应,否则从站以 F 位置 1 的 RR 帧响应,表示没有数据可发送。另外,主站也可以发送 P 位置 1 的 RNR 帧询问从站的状态。如果从站可以接收信息帧,则以 F 位置 1 的 RR 帧响应。反之,如果从站忙,则以 F 位置 1 的 RNR 帧响应。

　　(3) 无编号帧（U 帧）

　　无编号帧用于链路控制。这类帧不包含编号字段,也不改变信息帧流动的顺序。无

编号帧按其控制功能可分为以下几个子类:

　　① 设置数据传输方式的命令和响应帧;

　　② 传输信息的命令和响应帧;

　　③ 用于链路恢复的命令和响应帧;

　　④ 其他命令和响应帧。

设置数据传输方式的命令帧由主站发送给从站,表示设置或改变数据传输方式。SNRM、SARM 和 SABM 分别对应 3 种数据传输方式。SNRME、SARME 和 SABME 也是设置相应的数据传输方式的命令,然而这 3 种传输方式使用两个字节的控制域。从站接受了设置传输方式的命令帧后以无编号应答帧(UA)响应。一种传输方式建立后一直保持有效,直到另外的设置方式命令改变了当前的传输方式。

主站向从站发送置初始化方式命令(SIM),使得接受该命令的从站启动一个建立链路的过程。在初始化方式下,两个站用无编号信息帧(UI)交换数据和命令。释放连接命令(DISC)用于通知对方链路已经释放,对方站以 UA 帧响应,链路随之断开。

除 UA 帧之外,还有几种响应帧与传输方式的设置有关。非连接方式帧(DM)可用于响应所有的置传输方式命令,表示响应的站处于逻辑上断开的状态,即拒绝建立指定的传输方式。请求初始化方式帧(RIM)也可用于响应置传输方式命令,表示响应站没有准备好接受命令,或正在进行初始化。请求释放连接帧(RD)则表示响应站要求断开逻辑连接。信息传输的命令和响应用于两个站之间交换信息。无编号信息帧(UI)既可作为命令帧,也可作为响应帧。UI 帧传送的信息可以是高层的状态、操作中断状态、时间、链路初始化参数等。主站/复合站可发送无编号询问命令(UP)请求接收站送回无编号响应帧,以了解它的状态。

链路恢复命令和响应用于 ARQ 机制不能正常工作的情况下。接收站可用帧拒绝响应(FRMR)表示接收的帧中有错误。例如,控制字段无效、信息字段太长、帧类型不允许携带信息以及捎带的 N(R)无效等。

复位命令(RSET)表示发送站正在重新设置发送顺序号,这时接收站也应该重新设置接收顺序号。

还有两种命令和响应不能归入以上几类。交换标识(XID)帧用于两个站之间交换它们的标识和特征,实际交换的信息依赖于具体的实现。测试命令帧(TEST)用于测试链路和接收站是否正常工作。接收站收到测试命令后要尽快以测试帧响应。

4. HDLC 的操作

下面通过图 4-20 所示的例子说明 HDLC 的操作过程,这些例子并不能囊括实际运作中的所有情况,但是可以帮助理解各种命令和响应的使用方法。由于 HDLC 定义的命令和响应非常多,可以实现各种应用环境的所有要求,所以对任何一种特定的应用,只要实现一个子集就可以了,以下给出的例子都是实际应用中的典型情况。

在图 4-20 中,用 I 表示信息帧。I 后面的两个数字分别表示信息帧中的 N(S)和 N(R)值。管理帧和无编号帧都直接给出帧名字,管理帧后的数字则表示帧中的 N(R)值,P 和 F 表示该帧中的 PF 位置 1,没有 P 和 F 表示这一位置 0。

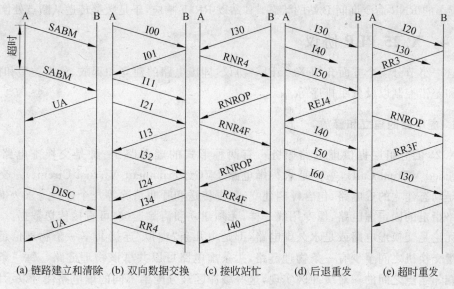

(a) 链路建立和清除　(b) 双向数据交换　(c) 接收站忙　(d) 后退重发　(e) 超时重发

图 4-20　HDLC 操作的例子

图 4-20(a)所示说明了链路建立和释放的过程。A 站发出 SABM 命令并启动定时器,在一定时间内没有得到应答后重发同一命令。B 站以 UA 帧响应,并对本站的局部变量和计数器进行初始化。A 站收到应答后也对本站的局部变量和计数器进行初始化,并停止计时,这时逻辑链路就建立起来了。释放链路的过程由双方交换一对命令 DISC 和响应 UA 完成。实际使用中可能出现链路不能建立的情况,B 站以 DM 响应 A 站的 SABM 命令,或者 A 站重复发送 SABM 命令预定的次数后放弃建立连接,向上层实体报告连接失败。

图 4-20(b)所示说明了全双工交换信息帧的过程。每个信息帧中用 N(S)指明发送顺序号,用 N(R)指明接收顺序号。当一个站连续发送了若干帧而没有收到对方发来的信息帧时,N(R)字段只能简单地重复,例如,A 发给 B 的 I11 和 I21。最后 A 站没有信息帧要发时用一个管理帧 RR4 对 B 站给予应答。图中也表示出了肯定应答的积累效应,例如 A 站发出的 RR4 帧一次应答了 B 站的两个数据帧。

图 4-20(c)所示为接收站忙的情况。出现这种情况的原因可能是接收站数据链路层缓冲区溢出,也可能是接收站上层实体来不及处理接收到的数据。图中 A 站以 RNR4 响应 B 站的 I30 帧,表示 A 站对第 3 帧之前的帧已正确接收,但不能继续接收下一个帧。B 站接收到 RNR4 后每隔一定时间以 P 位置 1 的 RNR 命令询问接收站的状态。接收站 A 如果保持忙则以 F 位置 1 的 RNR 帧响应;如果忙状态解除,则以 F 位置 1 的 RR 帧响应,于是数据传送从 RR 应答中的接收序号恢复发送。

图 4-20(d)描述了使用 REJ 命令的例子。A 站发出了第 3、4、5 等信息帧,其中第 4 帧出错。接收站检出错误帧后发出 REJ 4 命令,发送站返回到出错帧重发。这是使用后退 N 帧 ARQ 技术的典型情况。

图 4-20(e)所示的是超时重发的例子。A 站发出的第 3 帧出错,B 站检测到错误后丢弃了它。但是 B 站不能发出 REJ 命令,因为 B 站无法判断这是一个 I 帧。A 站超时后发出

P 位置 1 的 RNR 命令询问 B 站的状态。B 站以 RR3F 响应,于是数据传送从断点处恢复。

4.2.4　X.25 PLP 协议

这一小节分 4 个方面介绍 X.25PLP 协议,即虚电路的建立和释放、分组类型和格式、流控和差错控制以及分组排序等。

1. 虚电路的建立和释放

X.25 的分组层提供虚电路服务。有两种形式的虚电路:一种是交换虚电路 SVC (Switched Virtual Call),一种是永久虚电路 PVC(Permanent Virtual Circuit)。交换虚电路是动态建立的虚电路,包含呼叫建立、数据传送和呼叫清除等几个过程。永久虚电路是网络指定的固定虚电路,像专用线一样,无须建立和清除连接,可直接传送数据。

无论是交换虚电路或是永久虚电路,都是由几条"虚拟"连接共享一条物理信道。一对分组交换机之间至少有一条物理链路,几条虚电路可以共享该物理链路。每一条虚电路由相邻结点之间的一对缓冲区实现,这些缓冲区被分配给不同的虚电路代号以示区别。建立虚电路的过程就是在沿线各结点上分配缓冲区和虚电路代号的过程。图 4-21 所示是一个简单的例子,用来说明虚电路是如何实现的。图中有 A、B、C、D、E 和 F 共 6 个分组交换机。假定每个交换机可以支持 4 条虚电路,所以需要 4 对缓冲区。在图 4-21 所示的例子中建立了 6 条虚电路,其中一条是"③ 1-BCD-2",它从 B 结点开始,经过 C 结点,到达 D 结点连接的主机。根据图上的表示,对 B 结点连接的主机来说,给它分配的是1 号虚电路,对 D 结点上的那个主机来说,它连接的是 2 号虚电路。可见连接在同一虚电路

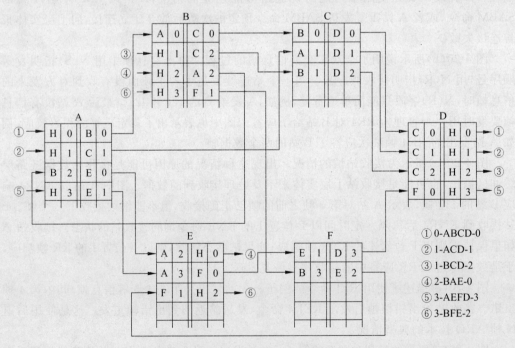

图 4-21　虚电路表的例子

上的一对主机看到的虚电路号不一样,这就是前面讲过的"同一连接的两个连接端点标识不同"。其余的虚电路也是相同的道理。

图 4-22 所示为通过两次握手建立和释放虚电路的例子。联网的两个 DTE 通过交换 CallRequest、IncomingCall、CallAccepted 和 CallConnected 建立连接,并协商连接的参数。释放虚电路则交换 ClearRequest、ClearIndication、ClearResponse 和 ClearConfirm 四个分组。

分组中的虚电路代号用 12 位十进制数字表示(4 位组号和 8 位信道号)。除代号 0 为诊断分组保留之外,建立虚电路时可以使用其余的 4095 个代号,因而理论上说,一个 DTE 最多可建立 4095 条虚电路。这些虚电路多路复用 DTE-DCE 之间的物理链路,进行全双工通信。

虚电路代号的指派按照图 4-23 所示的规则进行。从 1 开始的若干代号分配给永久虚电路,接着的代号区由 DCE 分配给呼入虚电路(由网络来)。DTE 发出呼叫请求时从高区开始依次选择代号,指定给呼出虚电路。中间的双向选择区由 DTE 和 DCE 共享,当呼入代号区或呼出代号区溢出时可指派双向选择区的代号。显然,这种代号分区方法避免了呼叫冲突。

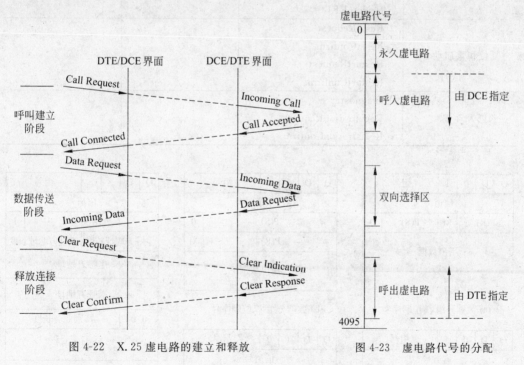

图 4-22 X.25 虚电路的建立和释放　　　图 4-23 虚电路代号的分配

2. 分组类型和格式

X.25 PLP 使用的分组类型列在表 4-4 中。各种分组的格式大同小异,如图 4-24 所示。

表 4-4　X. 25 PLP 分组类型

功　能	分组类型	传 输 方 式	
		DTE-DCE	DCE-DTE
呼叫建立	CallRequest		
	CallAccepted	√	
	IncomingCall	√	√
	CallConnected		√
	ClearRequest		
	ClearResponse	√	
	ClearIndication		√
	ClearConfirm		√
数据和中断	Data	√	√
	Interrupt	√	√
	InterruptConfirm	√	√
流控和差错控制	ReceiveReady(RR)	√	√
	ReceiveNotReady(RNR)	√	√
	Reject(REJ)	√	
复位和重启动	ResetRequest	√	
	ResetConfirm	√	√
	RestartRequest	√	√
	RestartConfirm	√	√
诊断和注册	Diagnostic	√	
	RegistrationRequest	√	
	RegistrationConfirm	√	

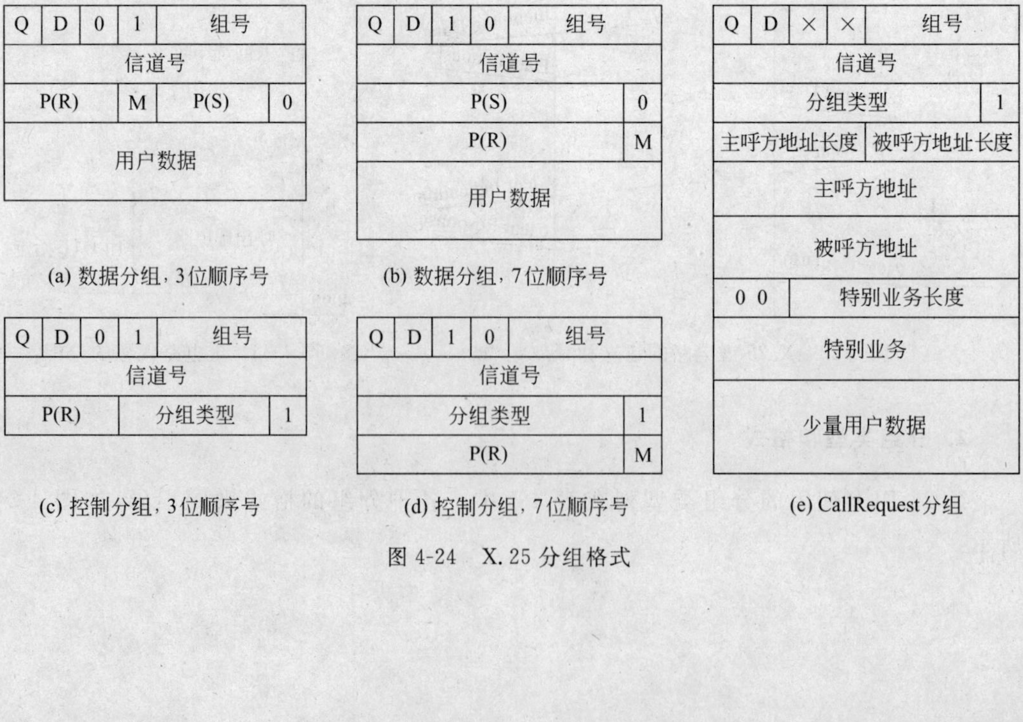

(a) 数据分组，3位顺序号

(b) 数据分组，7位顺序号

(c) 控制分组，3位顺序号

(d) 控制分组，7位顺序号

(e) CallRequest分组

图 4-24　X. 25 分组格式

PLP 协议把用户数据分成一定大小的块(一般为 128B),再加 24 位或 32 位的分组头组成数据分组。分组头中第三个字节的最低位用来区分数据分组和其他的控制分组。对数据分组,这一位为 0,其他分组的这一位为 1。分组头中包含 12 位的虚电路号,这 12 位划分为组号和信道号,不过组号和信道号并没有什么具体的含义。P(R),P(S)字段分别表示接收和发送顺序号,用于支持流控和差错控制,这两个字段可以是 3 位或 7 位长。在分组头第一个字节中有两位用来区分两种不同的格式:3 位顺序号格式对应 01,7 位顺序号格式对应 10。Q 位在标准中没有定义,可由上层软件使用,用来区分不同的数据。M 和 D 位的作用在后面解释。图 4-24(e)所示的是 Call Request 分组的格式。分组类型字段对 Call Request 是 0000101,对其他控制分组可能取别的值。这个字段是区分不同控制分组的依据,也是表示分组功能的信息。主呼方和被呼方地址都是二-十进制编码的数字,这是电话行业的习惯,因而地址长度是以 4 位二进制数组成的十进制数来计数的。

X.25 使用由 CCITT X.121 建议定义的编址系统,这个系统类似于公共交换电话网。DTE 的地址由 3 部分组成,最多可包含 14 位十进制数字。其中有国家代码 3 位,网络代码 1 位,其余 10 位为网内地址代码。如果有的国家中网络多于 10 个,可以分配多个国家代码以弥补网络代码的不足。例如分配给美国的国家代码是 310~329,允许美国最多可建立 200 个国际数据通信网。加拿大的国家代码是 302~307,可建立 60 个网络。每个网络有 10 亿个地址,足够标识每个主机或终端。

CallRequest 分组中的特别业务字段用在呼叫建立阶段请求特别的服务。每一个特别业务由 8 位标识码后加若干个参数组成,请求多少个特别服务由特别业务长度字段指明。各种网络提供的特别业务的种类和数量都不相同,很多是和电话网提供的特别业务类似的。例如被呼方付费服务、虚拟专用网服务等。另外,特别业务字段也可用来协商窗口大小、分组长度、数据传输速率等。通常是呼叫方利用 CallRequest 分组中的特别业务字段对某种通信参数提出不同于标准值的建议,被呼方在 CallAccepted 分组中给出应答,以表明同意或不同意该建议。不同意时要提出反建议,并且反建议只能更接近标准值而不能更远离标准值。

CallRequest 分组中的用户数据字段最多可包含 16B 的数据,这些数据来自上层软件,例如可以承载用户登录的口令等。

其他控制分组可能只有分组头的前三个字节,也可能在三个字节后还附加少量信息,例如,ClearRequest 分组的第四个字节指明清除连接的原因。当 CallRequest 不能建立连接时,网络自动生成 ClearRequest 分组,其中的第四字节说明连接失败的原因,如对方拒绝付费、目标主机关机或是通信繁忙网络发生拥塞等。

表 4-4 列出的其他控制分组的作用如下:Interrupt 分组像数据分组一样可以承载短的用户信息,最多 32B,但这种控制分组比数据分组的优先级高,它可以绕过流控机制尽快到达目的端;DTE 使用这种分组发送紧急消息,例如终端用户按下中断(Break)键;ResetRequest 分组用于错误恢复过程。虚电路中可能发生不可逆转的错误,例如分组丢失、错序、网络拥塞或是连接中断等,DTE 或 DCE 感知到这种情况时可发送 ResetRequest 分组,启动复位过程。这意味着两端的发送和接收顺序号置为 0 并丢弃正

在虚电路上传送的所有数据分组和中断分组。

更严重的错误由重启动(Restart)过程处理。重启动意味着放弃全部连接,所有网络通信重新开始,出故障的 DTE 或 DCE 被排除出去。这等效于每一条虚电路都经历复位过程。网络用诊断分组(Diagnostic)通知用户出现的问题,包括用户分组中的错误,例如非法的分组类型等。这类问题或错误不需要复位或重启动过程。

注册分组(Registration)用于启动网络的特别业务。

3. 流量控制和差错控制

X.25 的流控和差错控制机制与 HDLC 类似。每个数据分组都包含发送顺序号 $P(S)$ 和接收顺序号 $P(R)$,默认的顺序号为 3 位,但是可以在建立虚电路时通过特别业务机制要求使用 7 位顺序号。$P(S)$ 字段由发送 DTE 按递增的次序指定给每个发出的数据分组,$P(R)$ 字段捎带了 DTE 期望从另一端接收的下一个分组的序号。如果一端没有数据分组要发送,则可以用 RR(接收就绪)或 RNR(接收未就绪)控制分组回送应答信息。X.25 默认的窗口大小是 2,但是对于 3 位顺序号窗口最大可设置为 7,对 7 位的顺序号,窗口最大可设置为 127。这也是在建立虚电路时通过协商决定的。

下面介绍分组头中 D 位的作用。DTE 收到的应答信息可能来自网络或是来自另外一端的 DTE,D 位用来区分这两种情况。若 $D=0$,应答来自网络,这种应答用于 DTE 和本地 DCE 之间的流控;若 $D=1$,则应答是来自远端的 DTE,表示远端 DTE 已收到 $P(R)$ 之前的所有分组。

X.25 的差错控制采用后退 N 帧 ARQ 协议。如果结点收到否定应答 REJ,则重传 $P(R)$ 字段指明的分组及其后的所有分组。

4.3 帧中继网

帧中继最初是作为 ISDN 的一种承载业务而定义的。按照 ISDN 的体系结构,用户与网络的接口分成两个平面,其目的是把信令和用户数据分开,如图 4-25 所示。控制平面在用户和网络之间建立和释放逻辑连接,而用户平面在两个端系统之间传送数据。这其中涉及的几个协议将在下面分别介绍。

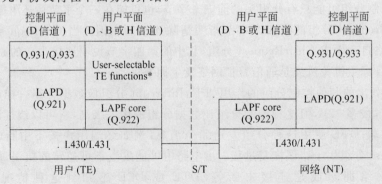

图 4-25 用户与网络接口协议的体系结构

帧中继在第二层建立虚电路,用帧方式承载数据业务,因而第三层就被简化掉了。同时,FR 的帧层也比 HDLC 操作简单,只做检错,不再重传,没有滑动窗口式的流控,只有拥塞控制。

4.3.1　帧中继业务

帧中继网络提供虚电路业务。虚电路是端到端的连接,不同的数据链路连接标识符(Data Link Connection Identifier,DLCI)代表不同的虚电路。在用户—网络(UNI)接口上的 DLCI 用于区分用户建立的不同虚电路,在网络—网络(NNI)接口上 DLCI 用于区分网络之间的不同虚电路。DLCI 的作用范围仅限于本地的链路段,如图 4-26 所示。

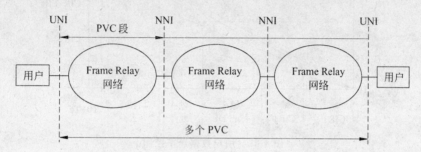

图 4-26　用户—网络接口 UNI 与网络—网络接口 NNI

虚电路分为永久虚电路(PVC)和交换虚电路(SVC)。PVC 是在两个端用户之间建立的固定逻辑连接,为用户提供约定的服务。帧中继交换设备根据预先配置的 DLCI 表把数据帧从一段链路交换到另外一段链路,最终传送到接收的用户。SVC 是使用 ISDN 信令协议 Q.931 临时建立的逻辑连接。它要以呼叫的形式通过信令来建立和释放。有的帧中继网络只提供 PVC 业务,而不提供 SVC 业务。

在帧中继的虚电路上可以提供不同的服务质量,服务质量参数有下面一些。

(1) 接入速率(AR):指 DTE 可以获得的最大数据速率,实际上就是用户—网络接口的物理速率。

(2) 约定突发量(Bc):指在 Tc(时间间隔)内允许用户发送的数据量。

(3) 超突发量(Be):指在 Tc 内超过 Bc 部分的数据量,对这部分数据网络将尽力传送。

(4) 约定数据速率(CIR):指正常状态下的数据速率,取 Tc 内的平均值。

(5) 扩展的数据速率(EIR):指允许用户增加的数据速率。

(6) 约定速率测量时间(Tc):指测量 Bc 和 Be 的时间间隔。

(7) 信息字段最大长度:指每个帧中包含的信息字段的最大字节数,默认为 1600B。

这些参数之间有如下关系:

- Bc = Tc * CIR。
- Be = Tc * EIR。

在用户—网络接口(UNI)上对这些参数进行管理。在两个不同的传输方向上,这些参数可以不同,以适应两个传输方向业务量不同的应用。网络应该可靠地保证用户以等于或低于 CIR 的速率传送数据。对于超过 CIR 的 Bc 部分,在正常情况下也能可靠地传送,但是若出现网络拥塞,则会被优先丢弃。对于 Be 部分的数据,网络将尽量传送,但不保证传送成功。对于超过 Bc+Be 的部分,网络拒绝接收,如图 4-27 所示。这是在保证用户正常通信的前提下防止网络拥塞的重要手段,对各种数据通信业务(流式的和突发的)有很强的适应能力。

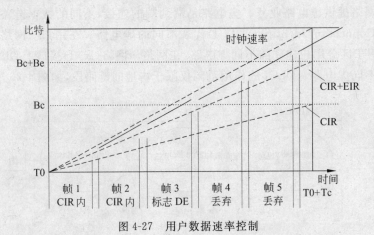

图 4-27　用户数据速率控制

在帧中继网上,用户的数据速率可以在一定的范围内变化,从而既可以适应流式业务,又可以适应突发式业务,这使得帧中继成为远程传输的理想形式,如图 4-28 所示。

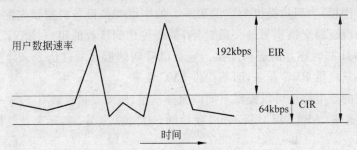

图 4-28　用户数据速率的变化

4.3.2　帧中继协议

与 HDLC 一样,帧中继采用帧作为传输的基本单位。帧中继协议叫做 LAP-D (Q.921),它比 LAP-B 简单,省去了控制字段,帧格式如图 4-29 所示。

从图 4-29(a)中可以看出,帧头和帧尾都是一个字节的帧标志字段,编码为 "01111110",与 HDLC 一样。信息字段长度可变,1600 是默认的最大长度。帧校验序列也与 HDLC 相同。地址字段的格式如图 4-29(b)所示。

(1) EA:地址扩展比特,该比特为 0 时表示地址向后扩展一个字节,为 1 时表示最后一个字节。

(2) C/R:命令/响应比特,协议本身不使用这个比特,用户可以用这个比特区分不同的帧。

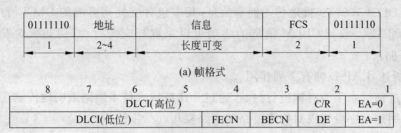

01111110	地址	信息	FCS	01111110
1	2~4	长度可变	2	1

(a) 帧格式

8	7	6	5	4	3	2	1
DLCI(高位)						C/R	EA=0
DLCI(低位)			FECN	BECN	DE	EA=1	

(b) 2字节地址格式

图 4-29　帧中继的帧格式

（3）FECN：向前拥塞比特，若网络设备置该位为1，则表示在帧的传送方向上出现了拥塞，该帧到达接收端后，接收方可据此调整发送方的数据速率。

（4）BECN：向后拥塞比特，若网络设备置该位为1，则表示在与帧传送相反的方向上出现了拥塞，该帧到达发送端后，发送方可据此调整发送数据速率。

（5）DE：优先丢弃比特，当网络发生拥塞时，DE 为1的帧被优先丢弃。

（6）DC：该比特仅在地址字段为3或4字节时使用。一般情况 DC 为0，若 DC 为1，则表示最后一个字节的3~8位不再解释为 DLCI 的低位，而为数据链路核心控制使用。

（7）DLCI：数据链路连接标识符，在3种不同的地址格式中分别是10、16和23位。它们的取值范围和用途如表4-5所示。

表 4-5　DLCI 取值范围及其应用

DLCI 取值范围			用　途
10 位	16 位	23 位	
0	0	0	信令
1~15	1~1023	1~131071	
16~991	1024~63487	131072~8126463	保留
992~1007	63488~64511	8126464~8257535	传送用户数据的虚电路标识符
1008~1022	64512~65534	8257536~8388606	用于第二层强化链路层管理
1023	65535	8388607	保留
			保留作信道内第二层管理

关于 FECN 和 BECN 的用法如图 4-30 所示，这个叫做显式拥塞控制。另外用户终端可以根据 ISDN 上层建立的序列号检测帧丢失的概率，一旦帧的丢失超过一定的程度，用户终端要自动地降低发送的速率，这个叫隐式流控。在这种没有流量控制的网络中，对于拥塞的控制需要用户和网络共同完成。

表 4-5 中所示的强化链路层管理 CLLM（Consolidated Link Layer Management）是另外一种拥塞控制的方法。这种 CLLM 消息通过第二层

图 4-30　向前拥塞和向后拥塞

管理连接(DLCI 1007)成批地传送拥塞信息,其中包含受拥塞影响的 DLCI 清单,以及出现拥塞的原因等。收到 CLLM 消息的终端可以采取相应的行动(例如减少发送的数据量)以缓解拥塞。

综上所述,LAP-D 帧有下列作用。

- 通过帧标志字节对帧进行封装,通过 0 比特插入技术做到透明地传输;
- 利用地址字段实现对物理链路的多路复用;
- 利用帧校验和检查传输错误,丢弃出错的帧;
- 检查帧的长度在 0 比特插入之前或删除之后是否为整数个字节,丢弃长度出错的帧;
- 检查太长(超过约定的长度)和太短(小于 1600B)的帧并丢弃;
- 对网络拥塞进行控制。

4.3.3　固定虚电路

大部分帧中继网络仅提供永久虚电路(PVC)服务,即只能通过网络管理建立永久虚电路,用户终端按照网络管理人员的指示使用预定的 DLCI 进行通信。这一小节介绍对 PVC 的管理。

PVC 管理协议控制端到端的连接,通过属于带外信令的 UI 帧(无编号信息帧)传送,主要有以下 3 项功能:

(1) 周期地检查物理连接的完整性;

(2) 通知给定接口上 PVC 的生成、删除以及是否存在;

(3) 通知 PVC 的状态和可利用性。

PVC 管理消息的格式如图 4-31 所示。可以看出,这种帧与 SVC 信令帧的区别是把 I 帧的控制字段换成了 UI 帧的控制字段,其他均相同。用于 PVC 管理的消息类型只有两种,即 STATUS ENQUIRY 和 STATUS,分别用于查询和应答永久虚电路的状态信息。在消息类型后面的信息单元包含了 PVC 的详细信息。可以有多个信息单元,每个信息单元对应一条 PVC。

0	1	1	1	1	1	1	0	帧标志
0	0	0	0	0	0	0	0	地址字段:DLCI=0,C/R=0,DE=0
0	0	0	0	0	0	0	1	FECN=0,BECN=0
0	0	0	0	0	0	1	1	无编号信息帧,P=0
0	0	0	0	1	0	0	0	协议鉴别信息语单元
0	0	0	0	0	0	0	0	虚呼叫参考信息单元
消息类型								
信息单元 1								
信息单元 2								
…								
…								
FCS								帧校验序列
FCS								
0	1	1	1	1	1	1	0	帧标志

图 4-31　PVC 管理帧格式

PVC 管理协议以轮询方式工作。每隔一段时间进行一次查询和应答,可以使用 3 种应答方式。

(1) 单向信令:这是一种不平衡的信令机制。每隔一段时间(例如轮询定时器 T391＝10s)由用户终端向网络发送 STATUS ENQUIRY 查询消息,网络用包含链路完整性的 STATUS 响应。每经过 6 次(即轮询计数器 N391＝6)询问,网络将包含所有 PVC 状态的消息送给用户终端,如图 4-32 所示。

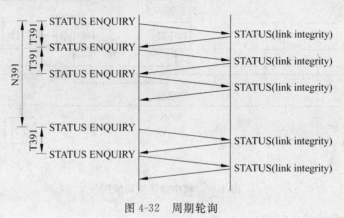

图 4-32　周期轮询

(2) 双向信令:这是一种平衡信令机制,用在网络与网络之间互相询问和应答,如图 4-33 所示。询问周期仍然是 T391s,同时任一方每隔 N391 个周期后都可以请求一个全状态报告。由于双方独立地询问,所以可以各自使用不同的 T391 和 N391 参数。

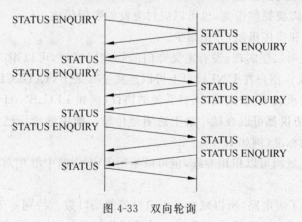

图 4-33　双向轮询

(3) 异步更新信令:即异步发送 PVC STATUS 消息,其中只包含一条 PVC 的状态信息单元。由于这种消息不需要询问,所以不受询问周期的限制,可以及时报告 PVC 状态。

4.3.4　帧中继的应用

帧中继原来是作为 ISDN 的承载业务而定义的。后来许多组织看到了这种协议在广域网中的巨大优势,所以对帧中继技术进行了广泛的研究。这里有产业界成立的帧中继论坛(Frame Relay Forum),也有国际和地区的标准化组织,都在从事非 ISTN 的独立帧中继标准的开发(例如 ITU-T X.36)。这些标准删除了依赖于 ISDN 的成分,提供了通用的帧中继联网功能。同时主要的网络设备制造商(例如 CISCO、3COM 等)都支持帧中继远程网络,它们的路由器都提供了 FR 接口。图 4-34 所示是通过帧中继连接局域网的例子。

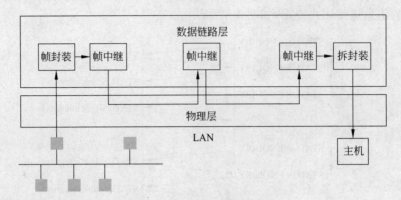

图 4-34　帧中继连接局域网

帧中继远程联网的主要优点如下。

(1) 基于分组(帧)交换的透明传输,可提供面向连接的服务;

(2) 帧长可变,长度可达 1600～4096B,可以承载各种局域网的数据帧;

(3) 可以达到很高数据速率,2～45Mbps;

(4) 既可以按需要提供带宽,也可以应付突发的数据传输;

(5) 没有流控和重传机制,开销很少。

帧中继协议在第二层实现,没有定义专门的物理层接口,可以用 X.21、V.35、G.703 或 G.704 接口协议。用户在 UNI 接口上可以连接 976 条 PVC(DLCI＝16～991)。在帧中继之上不仅可以承载 IP 数据报,而且其他的协议(例如 LLC、SNAP、IPX、ARP、RARP 等)甚至远程网桥协议都可以在帧中继上透明地传输。帧中继论坛已经公布了多种协议通过帧中继传送的标准(例如 IP over RF)。

建立专用的广域网可以租用专线,也可以租用 PVC。帧中继相对于租用专线有如下优点。

(1) 由于使用了虚电路,所以减少了用户设备的端口数。特别对于星型拓扑结构(一个主机连接多个终端),这种优点很重要。对于网状拓扑结构,如果有 N 台机器相连,利用帧中继可以提供 N(N－1)/2 条虚拟连接,而不是 N(N－1)个端口。

(2) 提供备份线路成为运营商的责任,而不需端用户处理。备份连接成为对用户透明的交换功能。

(3) 采用 CIR＋EIR 的形式可以提供很高的峰值速率,同时在正常情况下使用较低的 CIR,可以实现经济的数据传输。

(4) 利用帧中继可以建立全国范围的虚拟专用网,既简化了路由又增加了安全性。

(5) 使用帧中继通过一点连接到 Internet,既经济又安全。

帧中继的缺点如下。

（6）不适合对延迟敏感的应用（例如声音、视频）。

（7）不保证可靠的提交。

（8）数据的丢失依赖于运营商对虚电路的配置。

4.4 ISDN 和 ATM

随着技术的进步，新的通信业务不断涌现，新的通信网络也应运而生。在今天的通信领域有各种各样的网络：用户电报网、模拟电话网、移动电话网、电路交换数据网、分组交换数据网、租用线路网、局域网和城域网等。为了开发一种通用的电信网络，实现全方位的通信服务，电信工程师们提出了综合业务数字网 ISDN。

4.4.1 综合业务数字网

ISDN 分为窄带 ISDN（Narrowband Integrated Service Digital Network，N-ISDN）和宽带 ISDN（Broadband Integrated Service Digital Network，B-ISDN）。N-ISDN 是 20 世纪 70 年代开发的网络技术，它的目的是以数字系统代替模拟电话系统，把音频、视频和数据业务在一个网络上统一传输。从用户的角度看，ISDN 的体系结构如图 4-35 所示。

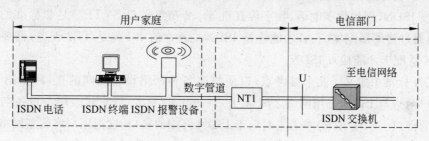

(a) 基本速率接口

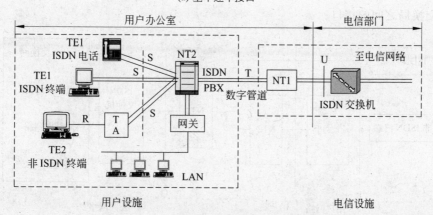

(b) 基群速率接口

图 4-35 ISDN 的体系结构

用户通过本地的接口设备访问 N-ISDN 提供的数字管道(digital pipe)。数字管道以固定的比特速率提供电路交换服务、分组交换服务或其他服务。为了提供不同的服务,ISDN 需要复杂的信令系统来控制各种信息的流动,同时按照用户使用的实际速率进行收费,这与电话系统根据连接时间收费是不同的。

1. ISDN 用户接口

ISDN 系统主要提供两种用户接口,即基本速率 2B+D 和基群速率 30B+D。所谓 B 信道是 64Kbps 的话音或数据信道,而 D 信道是 16Kbps 的信令信道。对于家庭用户,通信公司在用户住所安装一个第一类网络终端设备 NT1。用户可以在连接 NT1 的总线上最多挂接 8 台设备,共享 2B+D 的 144Kbps 信道,如图 4-35(a)所示。NT1 的另一端通过长达数千米的双绞线连接到 ISDN 交换局。通常家庭联网使用这种方式。

大型商业用户则要通过第二类网络终端设备 NT2 连接 ISDN,如图 4-35(b)所示。这种接入方式可以提供 30B+D(接近 2.048Mbps)的接口速率,甚至更高。所谓 NT2 就是一台专用小交换机 PBX(Private Branch EXchange),它结合了数字数据交换和模拟电话交换的功能,可以对数据和话音混合传输,与 ISDN 交换局的交换机功能差不多,只是规模小一些。

用户设备分为两种类型。1 型终端设备(TE1)符合 ISDN 接口标准,可通过数字管道直接连接 ISDN,例如数字电话、数字传真机等。2 型终端设备(TE2)是非标准的用户设备,必须通过终端适配器(TA)才能连接 ISDN。通常的 PC 就是 TE2 设备,需要插入一个 ISDN 适配卡才能接入 ISDN。

ISDN 标准中定义了几个参考点,以便描述各种网络设备之间的接口,如图 4-36 所示。用户网络与 ISDN 公用网络之间是 T(Terminal)参考点,它代表用户设备与网络设备之间的接口。S(System)参考点对应于 ISDN 终端的接口,它把用户终端和网络通信功能分隔开来。R(Rate)参考点是非 ISDN 终端接口,而 U(User line)接口是用户线路与ISDN 交换局之间的接口。

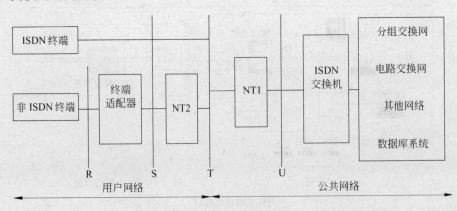

图 4-36 ISDN 网络接口

2．B-ISDN 体系结构

窄带 ISDN 的缺点是数据速率太低，不适合视频信息等需要高带宽的应用，甚至比局域网的 10Mbps 还低。它仍然是一种基于电路交换网的技术。20 世纪 80 年代以来，ITU-T 成立了专门的研究组织，开发宽带 ISDN 技术，后来在 I.321 建议中提出了 B-ISDN 体系结构和基于分组交换的 ATM 技术，如图 4-37 所示。B-ISDN 模型采用了与 OSI 参考模型同样的分层概念，同时还以不同的平面来区分用户信息、控制信息和管理信息。

图 4-37　B-ISDN 参考模型

用户平面提供与用户数据传送有关的流量控制和差错检测功能。控制平面主要用于连接和信令信息的管理。管理平面支持网络管理和维护功能。每一个平面划分为相对独立的协议层，共有 4 个层次，各层又根据需要分为若干子层，其功能如表 4-6 所示，下面将详细讨论每一层的功能。

表 4-6　B-ISDN 各层的功能

层　次	子　层	功　能	与 OSI 的对应
高层		对用户数据的控制	高层
ATM 适配层	汇聚子层	为高层数据提供统一接口	第四层
	拆装子层	分割和合并用户数据	
ATM 层		虚通路和虚信道的管理 信元头的组装和拆分 信元的多路复用 流量控制	第三层
物理层	传输汇聚子层	信元校验和速率控制 数据帧的组装和分拆	第二层
	物理介质子层	比特定时 物理网络接入	第一层

B-ISDN 的关键技术是异步传输模式（ATM），采用 5 类双绞线或光纤传输，数据速率可达 155Mbps，可以传输无压缩的高清晰度电视（HTV）。这种高速网络有广泛的应用领域和广阔的发展前途。下面首先介绍 ATM 的基本概念。

3. 同步传输和异步传输

电路交换网络按照时分多路的原理将信息从一个结点传送到另外一个结点。这种技术叫做同步传输模式 STM（Synchronous Transfer Mode），亦即根据要求的数据速率，为每一逻辑信道分配一个或几个时槽。在连接存在期间，时槽是固定分配的。当连接释放时，时槽就被分配给别的连接。例如在 T_1 载波中，每一话路可以在 T_1 帧中占用一个时槽，每个时槽包含 8 个比特，如图 4-38 所示。

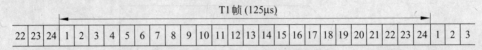

图 4-38　同步传输模式的例子

异步传输模式 ATM(Asynchronous Transfer Mode)与前一种分配时槽的方法不同。它把用户数据组织成 53 字节长的信元(cell)，从各种数据源随机到达的信元没有预定的顺序，而且信元之间可以有间隙。信元只要准备好就可以进入信道。没有数据时，向信道发送空信元，或者发送 OAM(Operation And Maintenance)信元，如图 4-39 所示。图中的信元排列是不固定的，这就是它的异步性，也叫做统计时分复用。所以 ATM 就是以信元为传输单位的统计复用技术。

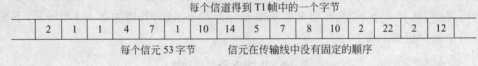

图 4-39　异步传输模式的例子

信元不但是传输的信息单位，而且也是交换的信息单位。在 ATM 交换机中，根据已经建立的逻辑连接，把信元从入端链路交换到出端链路，如图 4-40 所示。由于信元是 53B 的固定长度，所以可以高速地进行处理和交换，这正是 ATM 区别于一般的分组交换的特点，也是它的优点。

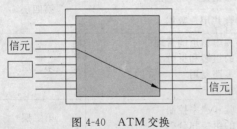

图 4-40　ATM 交换

ATM 的典型数据速率为 150Mbps。通过计算 150M/8/53＝360000，即每秒钟每个信道上有 36 万个信元来到，所以每个信元的处理周期仅为 2.7μs。商用 ATM 交换机可以连接 16～1024 个逻辑信道，于是每个周期要处理 16～1024 个信元。短的、固定长度的信元为使用硬件进行高速交换创造了条件。

由于 ATM 是面向连接的，所以 ATM 交换机在高速交换中要尽量减少信元的丢失，同时保证在同一虚电路上的信元顺序不能改变。这是 ATM 交换机设计中要解决的关键问题。

4.4.2 ATM 物理层

ATM 物理层分为两个子层。物理介质相关子层 PMD(Physical Medium Dependent sublayer)是有关传输介质、信号电平、比特定时等的规定。但是 ATM 没有提供相应的规则,而是准备采用现有的传输标准。例如可以用 5 类双绞线(100m)或光纤传送信元,基本速率为 155.52Mbps,还可以达到 622.08Mbps,或 2488.32Mbps,这就是美国开发的 SONET 标准。当信元在 T_3 信道上传播时速率为 44.736Mbps,在 FDDI 上传播时为 100Mbps。

传输聚合子层 TC(Transmission Convergence):提供与 ATM 层的统一接口。在发送方,它从 ATM 层接收信元,组装成特定形式的帧(例如 SONET 帧或 FDDI 数据帧)。在接收方,它从 PMD 子层提供的比特流中提取信元,验证信元头,并将有效的信元提交给 ATM 层。这一层类似于数据链路层的功能。

4.4.3 ATM 层

1. ATM 虚电路

ATM 层类似于网络层的功能,它以虚电路提供面向连接的服务。ATM 支持两级连接,即虚通路(Virtual Path)和虚信道(Virtual Channel)。虚信道相当于 X.25 的虚电路,一组虚信道捆绑在一起形成虚通路,如图 4-41 所示。这样的两级连接提供了更好的调度性能。

图 4-41 ATM 的虚通路和虚信道

ATM 虚电路有下列特点。

(1) ATM 是面向连接的(提供面向连接的服务,内部操作也是面向连接的),在源和目标之间建立虚电路(即虚信道);

(2) ATM 不提供应答,因为光纤通信是可靠的,只有很少的错误可留给高层处理;

(3) 由于 ATM 的目的是实现实时通信(例如话音和视频),所以偶然的错误信元不必重传。

2. 信元结构

ATM 信元包含 5 个字节的信元头和 48 个字节的数据。信元头的结构如图 4-42 所示。可以看出,在 UNI 接口和 NNI 接口上的信元是不一样的。下面分别介绍各个字段的含义。

(1) GFC(General Flow Control):4 位,主机和网络之间的信元才有这个字段,可用

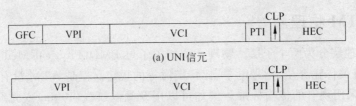

图 4-42 ATM 的信元头结构

于主机和网络之间的流控或优先级控制,经过第一个交换机时被重写为 VPI 的一部分。这个字段不会传送到目标主机。

（2）VPI 虚通路标识符：有 8 位(UNI)和 12 位(NNI)之分。

（3）VCI 虚信道标识符：16 位,理论上每个主机有 256 个虚通路,每个虚通路包含65536 个虚信道,实际上部分虚信道用于控制功能(例如建立虚电路),并不传送用户数据。

（4）PTI(Payload Type)：负载类型(3 位),表 4-7 所示说明了这 3 位的含义,其中的0 型或 1 型信元是用户提供的,用于区分不同的用户信息,而拥塞信息是网络提供的。

表 4-7 负载类型

PTI 值	含　　义	PTI 值	含　　义
000	用户数据,无拥塞,0 型信元	100	相邻交换机之间的维护信息
001	用户数据,无拥塞,1 型信元	101	源和目标交换机之间的维护信息
010	用户数据,有拥塞,0 型信元	110	源管理信元
011	用户数据,有拥塞,1 型信元	111	保留

（5）CLP(Cell Loss Priority)：这一位用于区分信息的优先级,如果出现拥塞,交换机优先丢弃 CLP 被设置为 1 的信元。

（6）HEC(Header Error Check)：8 位的头校验和,将信元比特形成的多项式乘以2^8,然后除以 $X^8 + X^2 + X + 1$,就形成了 8 位的 CRC 校验和。

3. 连接的建立和释放

ATM 连接可以是点到点的连接,也可以是点到多点的连接,分为 PVC 和 SVC 两种虚电路。PVC 是通过网络管理建立的,而 SVC 是通过信令协议建立的,由默认的信令请求(VPI=5,VCI=0)跨越网络传送。

连接建立请求信令中包含源和目标的 ATM 地址,传输特性和 QoS 参数。ATM 没有规定特定的路由协议,由开发商自己决定采用何种路由协议。建立和释放虚电路的过程如图 4-43 和图 4-44 所示。

4. ATM 地址格式

ATM 地址有多种形式,如图 4-45 所示。各个字段的含义解释如下。

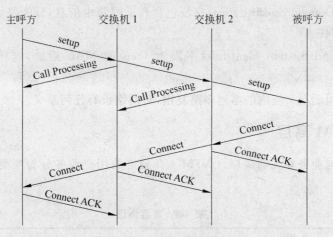

图 4-43 ATM 连接的建立

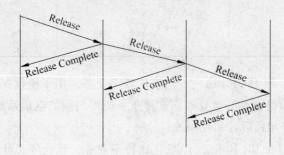

图 4-44 ATM 连接的释放

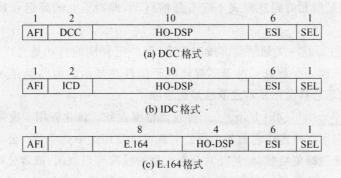

图 4-45 ATM 的三种地址格式

(1) AFI(Authority and Format Identifier)：指明地址的类型和格式；

(2) IDI(Initial Domain Identifier)：该字段指明分配地址的机构，分为 DCC、IDC 和 E.164 3 种地址。

- DCC(Data County Code)地址是由各个国家的 ISO 组织管理的。
- IDC(International Designator Code)地址是由 ISO 6523 登记机构分配的。
- E.164 地址是由 CCITT 规定的 15 位十进制 ISDN 号码。

（3）DSP(Domain Specific Part)字段包含真正的路由信息，分为路由信息域（RD）和地区标识符（AREA）。

（4）ESI(End System Identifier)字段为 48 位的 MAC 地址，这样可以支持 LAN 设备。

（5）SEL 用于端系统内的本地多路复用，对网络没有任何意义。

4.4.4 ATM 高层

这一层是与业务相关的高层。ATM 4.0 规定的用户业务分为 4 类，如表 4-8 所示。这 4 类业务是：

表 4-8 高层协议

服务类	CBR	RT-VBR	NRT-VBR	ABR	UBR
保证带宽	√	√	√	任选	×
实时通信	√	√	×	×	×
突发通信	×	×	√	√	√
拥塞反馈	×	×	×	√	×

（1）CBR(Constant Bit Rate)——固定比特率业务。用于模拟铜线和光纤信道，没有错误检查，没有流控，也没有其他处理。这种业务使得当前的电话系统可以平滑地转换到 B-ISDN，也适合于交互式话音和视频流。

（2）VBR(Variable Bit Rate)——变化比特率业务。该业务又分为以下两类。

① 实时性。例如交互式压缩视频信号（MPEG）就属于这一类业务，其特点是传输速率变化很大，但是信元的到达模式不应有任何抖动，即对信元的延迟和延迟变化要加强控制。

② 非实时性。这一类通信要求按时提交，但一定程度的抖动是允许的，例如多媒体电子邮件就属于这一类业务。由于多媒体电子邮件在显示之前已经存入了接收者的磁盘，所以信元的延迟抖动在显示之前已经被排除了。

（3）ABR(Available Bit Rate)——有效比特率业务。该业务用于突发式通信。如果一个公司通过租用线路连接它的各个办公室就可以使用这一类业务。公司可以选择足够的线路容量以处理峰值负载，但是经常会有大量的线路容量空闲；或者公司选择的线路容量只能够处理最小的负载，在负载大时会经受拥塞的困扰。例如平时线路保证 5Mbps，峰值时可能会达到 10Mbps。

（4）UBR(Unspecified Bit Rate)：不定比特率通信可用于传送 IP 分组，因为 IP 协议不保证提交，如果发生拥塞，信元可以被丢弃。文件传输，电子邮件和 USENET 新闻是这类业务潜在的应用领域。

4.4.5 ATM 适配层（AAL）

ATM 适配层（ATM Adaptation Layer）负责处理高层来的信息，发送方把高层来的数据分割成 48B 长的 ATM 负载,接收方把 ATM 信元的有效负载重新组装成用户数据包。ATM 适配层分为两个子层:

(1) CS(Convergence)子层提供标准的接口;

(2) SAR(Segmentation And Reassembly)子层对数据进行分段和重装配。

这两个子层与相邻层的关系如图 4-46 所示。

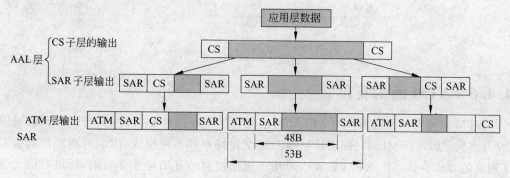

图 4-46 AAL 层与相邻层的关系

AAL 又分为 4 种类型,对应于 A、B、C、D 4 种业务(见表 4-9),这 4 种业务是定义 AAL 层时的目标业务,可以与表 4-9 所示的 4 类业务互相参照。

表 4-9 高层协议

服务类型	A 类	B 类	C 类	D 类
端到端定时	要求		不要求	
比特率	恒定	可变		
连接模式	面向连接			无连接

(1) AAL1:对应于 A 类业务。CS 子层检测丢失和误插入的信元、平滑进来的数据,提供固定速率的输出,并且进行分段。SAR 子层加上信元顺序号和、检查以及奇偶校验位等。

(2) AAL2:对应于 B 类业务,用于传输面向连接的实时数据流。无错误检测,只检查顺序。

(3) AAL3/4:对应于 C/D 类业务,原来 ITU-T 有两个不同的协议分别用于 C 类和 D 类业务,后来合并为一个协议。该协议用于面向连接的和无连接的服务,对信元错误和丢失敏感,但是与时间无关。

(4) AAL5:对应于 C/D 类业务,这是计算机行业提出的协议。与 AAL3/4 不同之处是在 CS 子层加长了检查和字段,减少了 SAR 子层,只有分段和重组功能,因而效率更高。图 4-47 表示 AAL5 两个子层的功能,其中的 PAD 为填充字段,使其成为 48B 的整数倍;UU 字段供高层用户使用,例如作为顺序号或多路复用,AAL 层不用;Len 字段代表有效负载的长度;CRC 字段为 32 位校验和,对高层数据提供保护。AAL5 多用在局域网中,实现 ATM 局域网仿真(LANE)。

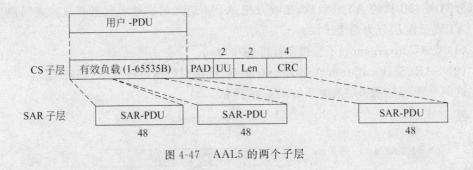

图 4-47　AAL5 的两个子层

4.4.6　ATM 通信管理

　　ATM 网络是一种高速网络,ATM 通信覆盖了实时的和非实时的、高速的和低速的 (从几 Kbps 到几百 Mbps)、固定比特率和可变比特率等多种模式,因而对拥塞控制提出了很高的要求。然而在 ATM 信元中可用于通信控制的开销位非常有限,所以对信元流的控制必须由另外的机制来实施。ITU-T 基于简化控制机制和提高传输效率的目的定义了基本的通信管理功能(I.371 建议),同时 ATM 论坛又提出了更高级的通信和拥塞控制机制(Traffic Management Specification 4.0),所有这些控制功能的主要目标都是避免或者减小网络拥塞,保证 ATM 网络的服务质量(QoS)。这一节讨论 ATM 网络的通信管理和拥塞控制机制。

1. 连接准入控制

　　连接准入控制是防止网络因超载而出现拥塞的第一道防线。用户在请求建立一个 VPC 或 VCC 时,必须说明通信流的特征,从网络提供的各种 QoS 参数类中选择适合自己需求的类别。当且仅当网络在维护已有的连接正常运行的前提下能够满足用户的需求时才接受新的连接请求,这时网络与用户之间就建立了一个通信和约,只要用户在通信过程中遵守和约,就应该得到需要的服务质量。通信和约可以用 4 个参数表示。

　　(1) 峰值信元速率:提供给 ATM 连接的最大通信速率。

　　(2) 信元时延变化:在测量点上观察到的信元到达模式相对于峰值速率变化的上限。

　　(3) 可持续信元速率:在 ATM 连接持续时间内可获得的平均速率的上限。

　　(4) 突发容限:在测量点上观察到的信元到达模式相对于可持续信元速率变化的上限。

　　前两个参数适用于 CBR 和 VBR 通信,后两个参数仅适用于 VBR 通信。虽然 CBR 通信源是以固定的峰值速率生成信元,但是由于种种原因(例如不同速率的多个通信流复用 ATM 信道而引起的排队延迟,插入 OAM 信元引起的时延,物理层插入控制比特引起的滞后效应等)会引起信元到达时间出现偏差,信元堆积时意味着峰值速率增加,信元之间出现间隙则意味着峰值速率减少。在网络为一个连接分配资源时不仅要考虑其峰值速率,而且要考虑以上因素引起的信元速率变化。特别对于 VBR 通信,还要考虑可持续信元速率和突发容限,这样才能更有效地使用网络资源。例如,如果多个 VCC 时分多路复用一个 VPC,若根据峰值速率和平均速率综合考虑,则为 VPC 分配缓冲区才能得到有效的利用,同时还不会丢失信元。用户和网络之间可以用不同的方式建立通信和约。

- 隐含说明通信参数:可以由网络操作员规定一个参数值的集合,用户从默认的集合中选择符合自己需要的参数值,所有的或同类型的连接被赋予同样的参数值,提供同样的服务质量;
- 显式说明通信参数:用户提出连接请求时说明需要的通信参数,网络操作员为特定的用户提供特定的参数值。对于固定虚电路(PVC),在连接建立时通过网络管理系统设定所有的通信参数;对于交换虚电路,用户与网络通过 ATM 信令来协商连接的通信参数。

2. 使用参数控制

连接一旦建立,网络必须监控用户是否遵守通信和约,避免由于用户滥用资源而引起网络拥塞。参数控制可以在 VPC 和 VCC 两级实施,但主要还是监控 VPC 的使用参数,因为网络资源毕竟是在 VPC 基础上分配的,包含其中的所有 VCC 共享分配给 VPC 的资源。

对于信元峰值速率(R)和信元时延变化的监控适用于下面的算法。如果没有时延变化,则信元到达的间隔时间 $T=1/R$,如果出现时延变化,T 值就不固定了。网络监控所有的信元到达时间,对于 $T \leqslant \tau$ 的信元,网络放行;对于 $T > \tau$ 的信元可置其 CLP=1,在后续的监控点如果出现拥塞,则会被优先丢弃,这里 τ 是网络规定的时延变化容限。对于可持续信元速率和突发容限可以用类似的算法进行监控。

3. 通信量整形

通信量整形用于平滑通信流,减少信元的堆积,公平地分配资源,缩小平均延迟时间。有一种令牌桶算法如图 4-48 所示,这种算法不是监视和丢弃违犯通信和约的信元,而是规范信元的行为,使其符合通信和约的规定。

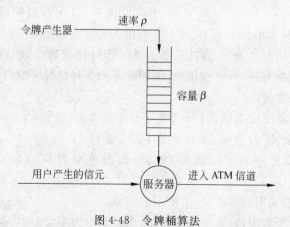

图 4-48 令牌桶算法

在图 4-48 中,令牌产生器每秒钟生产 ρ 个令牌,并把它放入容量为 β 的令牌桶中,如果令牌桶放满了,多余的令牌被丢弃。用户发出的信元经过服务器转发进入 ATM 信道。

服务器的服务规则是每传送一个信元必须从令牌桶中取出并消耗掉一个令牌,如果令牌能充分供应,则服务器可以连续转发,如果令牌供应不及时,服务器就暂停转发,并等待获取新的令牌。按照这个算法,信元离开服务器进入 ATM 信道的平均速率不能大于令牌产生的速率(ρ),但是可以有一定的突发性,在短时间内消耗掉令牌桶中积压的所有令牌。

习 题

1. 物理层的主要功能是什么? OSI 物理层标准有什么特点?

2. 在什么情况下可以用空 Modem 互连?

3. 用空 Modem 连接两个微机,通过编程(或用 DOS 命令)实现两个微机之间的键盘会话。

4. 在通过 X.21 口进行通信的过程中,接口控制线上传送的控制信息相当于打电话过程中的哪些事件?

5. 设信道的数据速率是 4Mbps,传播延迟为 20ms,在采用停等协议的情况下,为了使线路利用率达到 50% 以上,帧的大小应在什么范围?(假定没有差错,应答帧长度和处理时间均可忽略)。

6. 链路控制应包括哪些功能?

7. 设卫星信道的数据速率为 1Mbps,帧长 1000b,计算下列情况下最大信道利用率:

(1) 采用停等 ARQ 协议;

(2) 采用连续 ARQ 协议,窗口大小为 7;

(3) 采用连续 ARQ 协议,窗口大小为 127;

(4) 采用连续 ARQ 协议,窗口大小为 255。

8. 100 km 长的电缆以 T_1 信道的数据速率运行,电缆的传播速率是光速的 2/3,电缆上可容纳多少比特?

9. 考虑无差错的 64 Kbps 卫星信道,单向发送 512B 的数据帧,另一方向只传送极短的确认帧,求当窗口大小是 1、7、15 和 127 时最大的吞吐率是多少?

10. 两个相邻的结点 A 和 B 通过后退 N 帧 ARQ 协议通信,帧顺序号为 3 位,窗口大小为 4。假定 A 正在发送,B 正在接收,说明在下面 3 种情况下窗口的位置。

(1) A 开始发送之前;

(2) A 发送了 0、1、2 三个帧,而 B 应答了 0、1 两个帧;

(3) A 发送了 3、4、5 三个帧,而 B 应答了第 4 帧。

11. 已知数据帧长为 1000b,帧头为 64b,数据速率为 500Kbps,线路传播延迟为 5ms,完成下列计算。

(1) 信道无差错,采用停等协议,求信道利用率。

(2) 设滑动窗口为大窗口($W > 2a + 1$),求窗口至少为多大。

(3) 设重发概率 $P = 0.4$,采用选择重发 ARQ 协议,求线路利用率。

12. 两个站通过 1Mbps 的卫星链路通信,卫星的作用仅仅是转发数据,交换时间可忽略不计,在同步轨道上的卫星到地面之间有 270ms 的传播延迟,假定使用长度为 1024b

的 HDLC 帧,那么最大的数据吞吐率是多少?(不计开销位)。

13. 在选择性 ARQ 协议中,应答必须按顺序进行,例如站 X 拒绝接收第 i 帧,则 X 此后发出的所有 I 帧和 RR 帧中必有 N(R)=i,直到第 i 帧被正确地接收,N(R)的值才能改变。可以设想对这个规定做如下改进:允许站 X 对 i(因出错而被拒绝)以后的帧给予应答;N(R)=j 可以解释为,除了用 SREJ 要求重发的帧之外,$j-1$ 及其之前的帧都已正确接收,试问这种方案的缺点是什么?

14. 假定两个站通过 HDLC 的 NRM 操作方式通信,主站有 6 个信息帧要传送给次站,在开始传送之前主站的 N(S)计数值是 3,如果主站发送的第 6 帧中的 P 位置 1,那么次站发回的最后一帧中的 N(R)字段的值是什么?(假定没有错误。)

15. X.25 网络的第二层和第三层都有流量控制,两种流控都是必要的吗?为什么?

16. 在 X.25 分组中没有差错检测机制,难道不需要保证分组正确提交吗?

17. 在 X.25 网络中通信双方使用的虚电路号不同,为什么?

18. 帧中继相对于 X.25 有哪些优点?

19. 为什么 ATM 使用小的固定长度的信元?

20. ATM 交换机有 1024 条输入线路和 1024 条输出线路,这些线路的数据速率都是 SONET 的 622Mbps。交换机处理这些负载需要的总带宽是多少?交换机每秒钟要处理多少信元?

第5章

局域网与城域网

局域网(Local Area Networks，LAN)是分组广播式网络，这是与分组交换式的广域网的主要区别。在广播网络中，所有工作站都连接到共享的传输介质上，共享信道的分配技术是局域网的核心技术，而这一技术又与网络的拓扑结构和传输介质有关。地理范围介于局域网与广域网之间的是城域网(Metropolitan Area Networks，MAN)，城域网采用的技术与局域网类似，两种网络协议都包含在 IEEE LAN/MAN 委员会制定的标准中。本章从拓扑结构、传输介质和介质访问方法 3 个方面介绍几种常见的局域网和城域网的工作原理、性能分析方法以及有关的国际标准。

5.1　LAN 局域网技术概论

拓扑结构和传输介质决定了各种 LAN 的特点，决定了它们的数据速率和通信效率，也决定了适合于传输的数据类型，甚至决定了网络的应用领域。我们首先概述各种局域网使用的拓扑结构和传输介质，同时介绍两种不同的数据传输系统，最后引导出根据以上特点制定的 IEEE 802 标准。

5.1.1　拓扑结构和传输介质

1. 总线拓扑

总线(见图 5-1(a))是一种多点介质，所有的站点都通过接口硬件连接到总线上。工作站发出的数据组成帧，数据帧沿着总线向两端传播，到达末端的信号被终端匹配器吸收。数据帧中含有源地址和目标地址，每个工作站都监视总线上的信号，并复制发给自己的数据帧。由于总线是共享介质，多个站同时发送数据时会发生冲突，因而需要一种分解冲突的介质访问控制协议。传统的轮询方式不适合分布式控制，总线网的研究者开发了一种分布式竞争发送的访问控制方法，本章将介绍这种协议。

适用于总线拓扑的传输介质主要是同轴电缆，分为基带同轴电缆和宽带同轴电缆，这两种传输介质的比较如表 5-1 所示。

对于总线这种多点介质，必须考虑信号平衡问题。任意一对设备之间传输的信号强度必须调整到一定的范围：一方面，发送器发出的信号不能太大，否则会产生有害的谐波使得接收电路无法工作；另一方面经过一定距离的传播衰减后，到达接收端的信号必须足

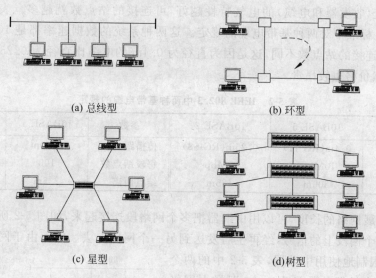

图 5-1 局域网的拓扑结构

表 5-1 总线网的传输介质

传输介质	数据速率/Mbps	传输距离/km	站点数
基带同轴电缆	10,50(限制距离和结点数)	<3	100
宽带同轴电缆	500,每个信道20	<30	1000

够大,能驱动接收器电路,还要有一定的信噪比。如果总线上的任何一个设备都可以向其他设备发送数据,对于一个不太大的网络,譬如 200 个站点,则设备配对数是 39800。要同时考虑这么多对设备之间的信号平衡问题并设计出适用的发送器和接收器是不可能的。制定网络标准时,考虑到这一问题的复杂性,所以把总线划分成一定长度的网段,并限制每个网段接入的站点数。

同轴电缆分为传播数字信号的基带同轴电缆和传播模拟信号的宽带同轴电缆。宽带电缆比基带电缆传输的距离更远,还可以使用频分多路技术提供多个信道和多种数据传输业务,主要用在城域网中;基带系统则主要用于室内或建筑物内部联网。

(1) 基带系统

数字信号是一种电压脉冲,它从发送处沿着基带电缆向两端均匀传播,这种情况就像光波在(物理学家们杜撰的)以太介质中各向同性地均匀传播一样,所以总线网的发明者把这种网络称为以太网。以太网使用特性阻抗为 50Ω 的同轴电缆,这种电缆具有较小的低频电噪声,在接头处产生的反射也较小。

一般来说,传输系统的数据速率与电缆长度、接头数量以及发送和接收电路的电气特性有关。当脉冲信号沿电缆传播时,会发生衰减和畸变,还会受到噪音和其他不利因素的影响。传播距离越长,这种影响越大,增加了出错的机会。如果数据速率较小,脉冲宽度就比较宽,比高速的窄脉冲更容易恢复,因而抗噪声特性更好。基带系统的设计需要在数据速率、传播距离、站点数量之间进行权衡。一般来说,数据速率越小,传输的距离越远;传输系统(收发器和电缆)的电气特性越好,可连接的站点数就越多。表 5-2 列出了 IEEE 802.3 标准中对两种基带电缆的规定。这两种系统的数据速率都是 10Mbps,但传输距离和可连接的站点数不同,这是因为直径为 0.4in 的电缆比直径为 0.25in 的电缆性能更好,当然价格也较昂贵。

表 5-2   IEEE 802.3 中两种基带电缆的规定

参数	10BASE 5	10BASE 2	参数	10BASE 5	10BASE 2
电缆直径	0.4in(RG-11)	0.25in(RG-58)	传播距离	2500m	1000m
数据速率	10Mbps	10Mbps	每段结点数	100	30
最大段长	500m	185m	结点距离	2.5m	0.5m

若要扩展网络的长度,可以用中继器把多个网络段连接起来,如图 5-2 所示。中继器可以接收一个网段上的信号,经再生后发送到另一个网段上去。然而由于网络的定时特性,不能无限制地使用中继器,表 5-2 中的两个标准都限制中继器的数目为 4 个,即最大网络由 5 段组成。

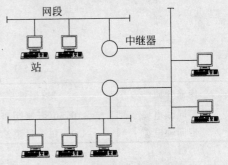

图 5-2   由中继器互连的网络

(2)宽带系统

宽带系统是指采用频分多路(FDM)技术传播模拟信号的系统。不同频率的信道可分别支持数据通信、TV 和 CD 质量的音频信号。模拟信号比数字脉冲受噪声和衰减的影响更小,可以传播更远的距离,甚至达到 100km。

宽带系统使用特性阻抗为 75Ω 的 CATV 电缆。根据系统中数/模转换设备采用的调制技术的不同,1bps 的数据速率可能需要 $1\sim4$Hz 的带宽,则支持 150Mbps 的数据速率可能需要 300MHz 的带宽。

由于宽带系统中需要模拟放大器,而这种放大器只能单方向工作,所以加在宽带电缆上的信号只能单方向传播,这种方向性决定了在同一条电缆上只能由"上游站"发送,"下游站"接收,相反方向的通信则必须采用特殊的技术。有两种技术可提供双向传输:一种是双缆配置,即用两根电缆分别提供两个方向不同的通路(见图 5-3(a));另一种是分裂配置,即把单根电缆的频带分裂为两个频率不同的子通道,分别传输两个方向相反的信号(见图 5-3(b))。双缆配置可提供双倍的带宽,而分裂配置比双缆配置可节约大约 15% 的费用。

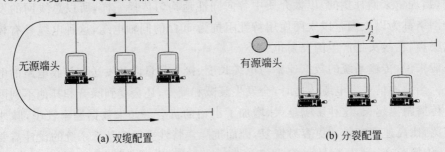

(a) 双缆配置   (b) 分裂配置

图 5-3   宽带系统的两种配置

　　两种电路配置都需要"端头"来连接两个方向不同的通路。双缆配置中的端头是无源端头，朝向端头的通路称为"入径"，离开端头的通路称为"出径"。所有的站向入径上发送信号，经端头转接后发向出径，各个站从出径上接收数据。入径和出径上的信号使用相同的频率。

　　在分裂配置中使用有源端头，也叫频率变换端头。所有的站以频率 f_1 向端头发送数据，经端头转换后以频率 f_2 向总线上广播，目标站以 f_2 接收数据。

2. 环型拓扑

　　环型拓扑由一系列首尾相接的中继器组成，每个中继器连接一个工作站（见图 5-1(b)）。中继器是一种简单的设备，它能从一端接收数据，然后在另一端发出数据。整个环路是单向传输的。

　　工作站发出的数据组成帧。在数据帧的帧头部分含有源地址和目的地址字段，以及其他控制信息。数据帧在环上循环传播时被目标站复制，返回发送站后被回收。由于多个站共享环上的传输介质，所以需要某种访问逻辑控制各个站的发送顺序，本章后面将讨论环网的介质访问控制协议。

　　由于环网是一系列点对点链路串接起来的，所以可使用任何传输介质。最常用的介质是双绞线，因为它们价格较低；使用同轴电缆可得到较高的带宽，而光纤则能提供更大的数据速率。表 5-3 中列出了常用的几种传播介质的有关参数。

表 5-3　环网的传输介质

传输介质	数据速率/Mbps	中继器之间的距离/km	中继器个数
无屏蔽双绞线	4	0.1	72
屏蔽双绞线	16	0.3	250
基带同轴电缆	16	1.0	250
光纤	100	2.0	240

3. 星型拓扑

　　星型拓扑中有一个中心结点，所有站点都连接到中心结点上。电话系统就采用了这种拓扑结构，多终端联机通信系统也是星型结构的例子。中心结点在星型网络中起到了控制和交换的作用，是网络中的关键设备。星型拓扑的网络布局如图 5-1(c)所示。

　　用星型拓扑结构也可以构成分组广播式的局域网。在这种网络中，每个站都用两对专线连接到中心结点上，一对用于发送，一对用于接收。中心结点叫做集线器，简称 HUB。HUB 接收工作站发来的数据帧，然后向所有的输出链路广播出去。当有多个站同时向 HUB 发送数据时就会产生冲突，这种情况和总线拓扑中的竞争发送一样，因而总线网的介质访问控制方法也适用于星型网。

　　HUB 有两种形式。一种是有源 HUB，另一种是无源 HUB。有源 HUB 中配置了信号再生逻辑，这种电路可以接收输入链路上的信号，经再生后向所有输出链路发送。如果多个输出链路同时有信号输入，则向所有输出链路发送冲突信号。

在无源 HUB 中没有信号再生电路,这种 HUB 只是把输入链路上的信号分配到所有的输出链路上。如果使用的介质是光纤,则可以把所有的输入光纤熔焊到玻璃柱的两端,如图 5-4 所示。当有光信号从输入端进来时就照亮了玻璃柱,从而也照亮了所有输出光纤,这样就起到了光信号的分配作用。

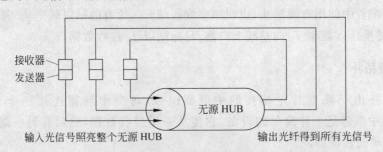

图 5-4　无源星型光纤网

任何有线传输介质都可以使用有源 HUB,也可以使用无源 HUB。为了达到较高的数据速率,必须限制工作站到中心结点的距离和连接的站点数。一般说来,无源 HUB 用于光纤或同轴电缆网络,有源 HUB 则用于无屏蔽双绞线(UTP)网络。表 5-4 列出了有代表性的网络参数。

表 5-4　星型网的传输介质

传输介质	数据速率/Mbps	从站到中心结点的距离/km	站数
无屏蔽双绞线	1~10	0.5(1Mbps),0.1(10Mbps)	几十个
基带同轴电缆	70	<1	几十个
光纤	10~20	<1	几十个

为了延长星型网络的传输距离和扩大网络的规模,可以把多个 HUB 级联起来,组成星型树结构,如图 5-1(d)所示。这棵树的根是头 HUB,其他结点叫中间 HUB,每个 HUB 都可以连接多个工作站和其他 HUB,所有的叶子结点都是工作站。图 5-5 抽象地表示出了头 HUB 和中间 HUB 的区别。头 HUB 可以完成上述 HUB 的基本功能,然而中间 HUB 的作用是把任何输入链路上送来的信号向上级 HUB 传送,同时把上级送来的信号向所有的输出链路广播。这样整棵 HUB 树就完成了单个 HUB 同样的功能:一个站发出的信号经 HUB 转接,所有的站都能收到。如果有两个站同时发送,头 HUB 会检测到冲突,并向所有的中间 HUB 和工作站发送冲突信号。

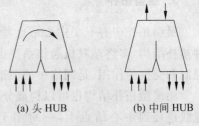

(a) 头 HUB　　　(b) 中间 HUB

图 5-5　头 HUB 和中间 HUB

5.1.2　IEEE 802 标准

IEEE 802 委员会成立于 1980 年 2 月,它的任务是制定局域网和城域网标准。802 委员会目前有 20 多个分委员会,它们研究的内容分别介绍如下。

- 802.1 局域网体系结构、寻址、网络互联和网络管理。
- 802.2 逻辑链路控制子层(LLC)的定义。
- 802.3 以太网介质访问控制协议 CSMA/CD 及物理层技术规范。
- 802.4 令牌总线网(Token-Bus)的介质访问控制协议及物理层技术规范。
- 802.5 令牌环网(Token-Ring)的介质访问控制协议及物理层技术规范。
- 802.6 城域网(MAN)介质访问控制协议 DQDB 及物理层技术规范。
- 802.7 宽带技术咨询组,提供有关宽带联网的技术咨询。
- 802.8 光纤技术咨询组,提供有关光纤联网的技术咨询。
- 802.9 综合声音数据的局域网(IVD LAN)介质访问控制协议及物理层技术规范。
- 802.10 网络安全技术咨询组,定义了网络互联操作的认证和加密方法。
- 802.11 无线局域网(WLAN)的介质访问控制协议及物理层技术规范。
- 802.12 需求优先的介质访问控制协议(100VG-AnyLAN)。
- 802.14 采用线缆调制解调器(Cable Modem)的交互式电视介质访问控制协议及物理层技术规范。
- 802.15 采用蓝牙技术的无线个人网(Wireless Personal Area Network,WPAN)技术规范。
- 802.16 宽带无线接入工作组,开发 2～66GHz 的无线接入系统空中接口。
- 802.17 弹性分组环(RPR)工作组,制定了弹性分组环网访问控制协议及有关标准。
- 802.18 宽带无线局域网技术咨询组(Radio Regulatory)。
- 802.19 多重虚拟局域网共存(Coexistence)技术咨询组。
- 802.20 移动宽带无线接入(MBWA)工作组,正在制订宽带无线接入网的解决方案。

由于局域网是分组广播式网络,网络层的路由功能是不需要的,所以在 IEEE 802 标准中,网络层简化成了上层协议的服务访问点 SAP。又由于局域网使用多种传输介质,而介质访问控制协议与具体的传输介质和拓扑结构有关,所以 IEEE 802 标准把数据链路层划分成了两个子层。与物理介质相关的部分叫做介质访问控制 MAC(Media Access Control)子层,与物理介质无关的部分叫做逻辑链路控制 LLC(Logical Access Control)子层。LLC 提供标准的 OSI 数据链路层服务,这使得任何高层协议(例如 TCP/IP,SNA 或有关的 OSI 标准)都可运行于局域网标准之上。局域网的物理层规定了传输介质及其接口的电气特性、机械特性、接口电路的功能以及信令方式和信号速率等。整个局域网的标准以及与 OSI 参考模型的对应关系如图 5-6 所示。

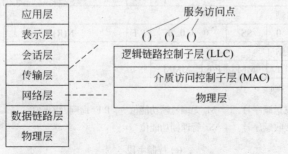

图 5-6 局域网体系结构与 OSI/RM 的对应关系

由图 5-6 可以看出,局域网标准没有规定高层的功能,高层功能往往与具体的实现有关,包含在网络操作系统(NOS)中,而且大部分 NOS 的功能都是与 OSI/RM 或通行的工业标准协议兼容的。

局域网的体系结构说明,在数据链路层应当有两种不同的协议数据单元:LLC 帧和 MAC 帧,这两种帧的关系如图 5-7 所示。从高层来的数据加上 LLC 的帧头就成为 LLC 帧,再向下传送到 MAC 子层加上 MAC 的帧头和帧尾,组成 MAC 帧。物理层则把 MAC 帧当作比特流透明地在数据链路实体间传送。

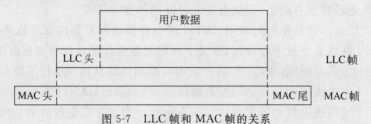

图 5-7   LLC 帧和 MAC 帧的关系

5.2   逻辑链路控制子层

逻辑链路控制子层的规范包含在 IEEE 802.2 标准中。这个标准与 HDLC 是兼容的,但使用的帧格式有所不同。这是由于 HDLC 的标志和位填充技术不适合局域网,因而被排除,而且帧校验序列由 MAC 子层实现,因而也不包含在 LLC 帧结构中。另外为了适合局域网中的寻址,地址字段也有所改变,同时提供目标地址和源地址。LLC 帧格式如图 5-8 所示,帧的类型如表 5-5 所示。

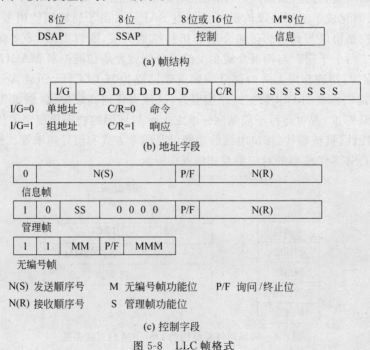

图 5-8   LLC 帧格式

表 5-5 LLC 帧类型

	控制字段编码	命 令		响 应	
1. 无确认无连接服务					
无编号帧	1100 * 000	UI	无编号信息		
	1111 * 101	XID	交换标识	XID	交换标识
	1100 * 111	TEST	测试	TEST	测试
2. 连接方式服务					
信息帧	0-N(S)- * N(R)	I	信息	I	信息
管理帧	10000000 * N(R)	RR	接收准备好	RR	接收准备好
	10100000 * N(R)	RNR	接收未准备好	RNR	接收未准备好
	10010000 * N(R)	REJ	拒绝	REJ	拒绝
无编号帧	1111 * 110	SABME	置扩充异步平衡方式		
	1100 * 010	DISC	断开		
	1100 * 110			UA	无编号确认
	1111 * 000			DM	断开方式
	1110 * 001			FRMR	帧拒绝
3. 有确认无连接服务					
无编号帧	1110 * 110	AC0	无连接确认	AC1	无连接确认
	1110 * 111	AC1	无连接确认	AC0	无连接确认

1. LLC 地址

LLC 地址是 LLC 层服务访问点。IEEE 802 局域网中的地址分两级表示,主机的地址是 MAC 地址,LLC 地址实际上是主机中上层协议实体的地址。一个主机可以同时拥有多个上层协议进程,因而就有多个服务访问点。IEEE 802.2 中的地址字段分别用DSAP 和 SSAP 表示目标地址和源地址(见图 5-8),这两个地址都是 7 位长,相当于HDLC 中的扩展地址格式。另外增加的一种功能是可提供组地址,如图中的 I/G 位所示。组地址表示一组用户,而全 1 地址表示所有用户。在源地址字段中的控制位 C/R 用于区分命令帧和响应帧。

2. LLC 服务

LLC 提供 3 种服务:

(1) 无确认无连接的服务。这是数据报类型的服务。这种服务因其简单而不涉及任何流控和差错控制功能,因而也不保证可靠地提交。使用这种服务的设备必须在高层软件中处理可靠性问题。

(2) 连接方式的服务。这种服务类似于 HDLC 提供的服务。在有数据交换的用户之间要建立连接,同时也通过连接提供流控和差错控制功能。

(3) 有确认无连接的服务。这种服务与前面两种服务有所交叉,它提供有确认的数据报,但不建立连接。

这 3 种服务是可选择的。用户可根据应用程序的需要选择其中一种或多种服务。一般来说,无确认无连接的服务用在以下两种情况:一种是高层软件具有流控和差错控制机制,因而 LLC 子层就不必提供重复的功能,例如 TCP 或 ISO 的 TP4 传输协议就是这样的;另一种情况是连接的建立和维护机制会引起不必要的开销,因而必须简化控制,例如周期性的数据采集或网络管理等应用场合,偶然的数据丢失是允许的,随后来到的数据可以弥补前面的损失,所以不必保证每一个数据都能可靠地提交。

连接方式的服务可以用在简单设备中,例如终端控制器,它只有很简单的上层协议软件,因而由数据链路层硬件实现流控和差错控制功能。

有确认无连接的服务有高效而可靠的特点,适合传送少量的重要数据。例如在过程控制和工厂自动化环境中,中心站需要向大量的处理机或可编程控制器发送控制指令。由于控制指令的重要性,所以需要确认。但如果采用连接方式的服务,则中心站必然要建立大量的连接,数据链路层软件也要为建立连接、跟踪连接的状态而设置和维护大量的表格。这种情况下使用有确认无连接的服务更有效。另外一个例子是传送重要而时间紧迫的告警或紧急控制信号。由于重要,所以需要确认;由于紧急,所以要省去建立连接的时间开销。

3. LLC 协议

LLC 协议与 HDLC 协议兼容(见表 5-5),它们之间的差别如下。

(1) LLC 用无编号信息帧支持无连接的服务,这叫做 LLC1 型操作。

(2) LLC 用 HDLC 的异步平衡方式支持 LLC 的连接方式服务,这种操作叫 LLC2 型操作。LLC 不支持 HDLC 的其他操作。

(3) LLC 用两种新的无编号帧支持有确认无连接的服务,这叫 LLC3 型操作。

(4) 通过 LLC 服务访问点支持多路复用,即一对 LLC 实体间可建立多个连接。

所有 3 类 LLC 操作都使用同样的帧格式,如图 5-8 所示。LLC 控制字段使用 LLC 的扩展格式。

LLC1 型操作支持无确认无连接的服务。无编号信息帧(UI)用于传送用户数据。这里没有流控和差错控制,差错控制由 MAC 子层完成。另外有两种帧 XID 和 TEST 用于支持与 3 种协议都有关的管理功能。XID 帧用于交换两类信息——LLC 实体支持的操作和窗口大小,而 TEST 帧用于进行两个 LLC 实体间的通路测试。当一个 LLC 实体收到 TEST 命令帧后应尽快发回 TEST 响应帧。

LLC2 型操作支持连接方式的服务。当 LLC 实体得到用户的要求后就可发出置扩展的异步平衡方式帧 SABME,另一个站的 LLC 实体请求建立连接。如果目标 LLC 实体同意建立连接,则以无编号应答帧 UA 回答,否则以断开连接应答帧 DM 回答。建立的连接由两端的服务访问点唯一地标识。

连接建立后,使用 I 帧传送数据。I 帧包含发送/接收顺序号,用于流控和捎带应答。另外还有管理帧辅助进行流控和差错控制。数据发送完成后,任何一端的 LLC 实体都可发出断连帧 DISC 来终止连接。这些与 HDLC 是完全相同的。

LLC3 型操作支持有确认无连接的服务,这要求每个帧都要应答。这里使用了一种新的无连接应答帧 AC(Acknowledged Connectionless)。信息通过 AC 命令帧发送,接收方以 AC 响应帧回答。为了防止帧的丢失,使用了 1 位序列号。发送者交替在 AC 命令帧中使用 0 和 1,接收者以相反序号的 AC 帧回答,这类似于停等协议中发生的过程。

5.3 介质访问控制技术

在局域网和城域网中,所有设备(工作站、终端控制器、网桥等)共享传输介质,所以需要一种方法能有效地分配传输介质的使用权,这种功能就叫做介质访问控制协议。在介绍具体的介质访问控制协议之前,首先概述各种介质访问控制技术的特点。

各种介质访问控制技术的特征可以由两个因素来区分:即"在哪里控制"和"怎样控制"。在哪里控制是指介质访问控制是集中的还是分布的。在集中式控制方案中有一个监控站专门实施介质的访问控制功能,任何工作站必须得到监控站的允许才能向网络发送数据;在分布式控制方案中,所有工作站共同完成介质访问控制功能,动态地决定发送数据的顺序。集中式控制有下列优点。

- 可以提供更复杂、更灵活的控制,例如多种优先级、超越优先权、按需分配带宽等;
- 各个工作站的访问逻辑比较简单;
- 避免了复杂的配合问题。

集中式控制的缺点如下。

- 监控站成为网络中的单失效点;
- 监控站的工作可能成为网络性能的瓶颈。

分布式控制的优缺点与集中式是对称的。决定"怎样控制"的问题受多种因素的限制,必须对实现费用、性能、复杂性等进行权衡取舍。一般来说可分成同步式和异步式控制两种。同步控制是指对各个连接分配固定的带宽。这种技术用在电路交换、频分多路和同步时分多路网络中,但是对于 LAN 是不合适的,因为工作站对带宽的需求是无法预见的。更好的方法是带宽按异步方式分配,即根据工作站请求的容量分配带宽。异步分配方法可进一步划分为循环、预约和竞争 3 种方式。

1. 循环式

在这种方式中,每个站轮流得到发送机会。如果工作站利用这个机会发送,则可能对其发送时间或发送的数据总量有一定限制,超过这个限制的数据只能在下一轮中发送。所有的站按一定的逻辑顺序传递发送权限。这种顺序控制可能是集中式的,也可能是分布式的。轮询(Polling)就是一种循环式集中控制,而令牌环则是一种循环式分布控制。

如果在一段时间中有很多站都要发送数据,这种循环方式是很有效的;如果长时间只有很少的站在发送数据,这种循环方式的开销太大,因为很多站都参与循环,仅传递发送权限,并不发送数据。在后一种情况下可以使用下面介绍的两种访问控制技术,这取决于网络通信的特点——流式的或是突发式的。

2. 预约式

流式通信就是长时间连续传输,例如话音通信、遥测通信和长文件的传输等。预约式控制适合这种通信方式。一般来说,这种技术把传输介质的使用时间划分为时槽。类似地,预约也可以是集中控制的,或是分布控制的。IEEE 802.6 定义的 DQDB 协议可看作是预约式的例子。

3. 竞争式

突发式通信就是短时间的零星传输,例如终端和主机之间的通信就是这样的,竞争式分配技术适合这种通信方式。这种技术并不对各个工作站的发送权限进行控制,而是由各个工作站自由竞争发送机会。可以想象,这种竞争是零乱而无序的,因而从本质上说,它更适合分布式控制。

竞争式分配的主要优点在于其简单性,在轻负载或中等负载下效率较高。当负载很重时,其性能很快下降。

以上的讨论是很抽象的,从下一小节开始将根据上述分类介绍具体的介质访问控制协议。这一小节的内容总结如表 5-6 所示。

表 5-6　标准化的介质访问控制技术

	总线型拓扑	环型拓扑
循环式	令牌总线(IEEE 802.4)	令牌环(IEEE 802.5;FDDI)
预约式	DQDB(IEEE 802.6)	
竞争式	CSMA/CD(IEEE 802.3)	

5.4　IEEE 802.3 标准

对总线型、星型和树型拓扑最适合的介质访问控制协议是 CSMA/CD(Carrier Sense Multiple Access/Collision Detection)。这种技术的基带版本是 Xerox 公司的以太网。更早的宽带版本属于 MITRE 公司,是 MITREnet 局域网中的介质访问控制协议。所有这些工作构成了 IEEE 802.3 标准的基础。我们在详细讨论这种技术之前,先介绍早期对 CSMA/CD 协议有较大影响的 ALOHA 协议。

5.4.1　ALOHA 协议

ALOHA 和它的后继者 CSMA/CD 都是随机访问或竞争发送协议。随机访问意味着对任何站都无法预计其发送的时刻;竞争发送是指所有发送的站自由竞争信道的使用权。

ALOHA 系统是 20 世纪 70 年代美国夏威夷大学的 Norman Amramson 等人为他们的地面无线分组网设计的。这种系统中有多个站共享广播信道。假定所有站的数据业务特征具有明显的突发性,即大部分时间不发送数据,一旦有数据要发送,立即把数据组织成帧以全部信道带宽的速率发送出去。在这种情况下广播信道由所有站随机地使用,要发送的站不管其他站是否使用信道。可以说信道是完全随机地分布控制的。

当然,工作站完全独立而随机地使用信道会发生冲突,只要两个站发送的数据帧在时间上有 1b 以上的重叠,都会使整个帧出错。幸好,发送站可以通过自发自收校验发现冲突,并随机延迟一段时间后重发冲突帧,如图 5-9 所示。可以看出这种协议的简单性:不需要接收站发回应答,甚至也不需要接收站进行差错校验(假若信道是理想的)。

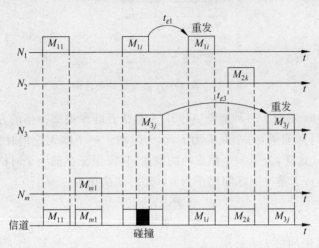

图 5-9 ALOHA 系统工作原理

这种简单系统的实用性取决于其工作效率。下面我们分析 ALOHA 系统的效率并找出改进的方法。为了简化讨论,我们假定:

(1)无限多个站共享理想的(无差错)广播式信道,网络平均负载保持常数。

(2)所有站发送的帧是等长的,一个帧时为 t_f。

(3)进入信道的帧数服从泊松分布,每个帧时内产生的帧数加上以前冲突需要重传的帧数之和的平均值为 G(即信道负载)。根据泊松分布,在任一帧时内进入信道的帧数为 K 的概率是

$$P(K) = \frac{G^K e^{-G}}{K!} \qquad (5.1)$$

(4)在当前帧发送的 t_f 内和当前帧发送之前的区间 t_f 内都没有其他(生成的或重传的)帧进入信道。也就是说,冲突区间为 $2t_f$,如图 5-10 所示。

因而在 $2t_f$ 时间内成功发送一帧的概率等于前一个帧时内不发送和后一个帧时内只发送一帧的概率,即

$$P_e = P(0) \times P(1) = G e^{-2G} \qquad (5.2)$$

这个式子也表示系统的吞吐率,即单位时间内发送的帧数

$$S = P_e = G e^{-2G} \qquad (5.3)$$

为了求得最大吞吐率,令 $dS/dG = 0$,从而解得当 $G = 0.5$ 时

$$S_{max} = 1/2e \approx 0.184 \qquad (5.4)$$

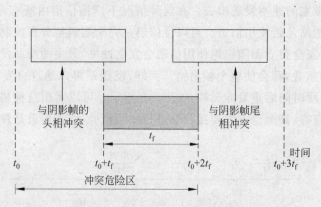

图 5-10　ALOHA 系统的冲突区间

　　1972 年 Robert 发表了一种能把 ALOHA 系统吞吐率提高一倍的方法。他建议把时间划分成离散的时间间隔,每个间隔为 t_f,称为时槽。一个帧无论何时生成,都必须在时槽的起点上发送。这样,为了一个帧成功的发送,只需保证在前一个时槽中只有此一个帧生成(或需要重传),于是冲突区间缩小为 t_f,(5.2)式简化为

$$P'_e = P(1) = Ge^{-G} \tag{5.2}'$$

同时有
$$S' = P'_e = Ge^{-G} \tag{5.3}'$$

当 $G=1$ 时得到系统的最大吞吐率

$$S'_{max} = 1/e \approx 0.368 \tag{5.4}'$$

　　为了区分,我们把这种系统称为分槽的 ALOHA,前一种叫做纯 ALOHA。两种系统效率(或信道利用率)与负载 G 的关系如图 5-11 所示。为了进一步提高系统的信道利用率,需要增加更多的功能,例如载波监听功能,下面详细讨论这个问题。

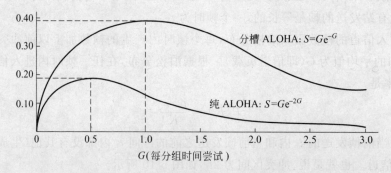

图 5-11　ALOHA 系统中效率与负载的关系

5.4.2　CSMA/CD 协议

　　纯 ALOHA 和分槽 ALOHA 系统效率都不是很高,主要缺点是各站独立地决定发送的时刻,使得冲突概率很高,信道利用率下降。如果各个站在发送之前先监听信道上的情况,信道忙时后退一段时间再发送,就可大大减少冲突概率。这就是在局域网上广泛采用的载波监听多路访问(CSMA)协议。对于局域网,监听是很容易做到的。在局域网中,最

远两个站之间的传播时延很小,只有几个微秒,只要有站在发送,别的站很快就会听到,从而可避免与正在发送的站产生冲突。同时,帧的发送时间 t_f 相对于网络延迟要大得多,一个帧一旦开始成功的发送,则在较长一段时间内可保持网络有效地传输,从而大大提高了信道利用率。

CSMA 的基本原理是:站在发送数据之前,先监听信道上是否有别的站发送的载波信号。若有,说明信道正忙;否则信道是空闲的。然后根据预定的策略决定:

(1) 若信道空闲,是否立即发送;

(2) 若信道忙,是否继续监听。

即使信道空闲,若立即发送仍然会发生冲突。一种情况是远端的站刚开始发送,载波信号尚未到达监听站,这时若监听站立即发送,就会和远端的站发生冲突;另一种情况是虽然暂没有站发送,但碰巧两个站同时开始监听,如果它们都立即发送,也会发生冲突。所以,上面的控制策略的第(1)点就是想要避免这种虽然稀少、但仍可能发生的冲突。若信道忙时,如果坚持监听,发送的站一旦停止就可立即抢占信道。但是有可能几个站同时都在监听,同时都抢占信道,从而发生冲突。以上控制策略的第(2)点就是进一步优化监听算法,使得有些监听站或所有监听站都后退一段随机时间再监听,以避免冲突。

1. 监听算法

监听算法并不能完全避免发送冲突,但若对以上两种控制策略进行精心设计,则可以把冲突概率减到最小。据此,我们有以下 3 种监听算法(见图 5-12)。

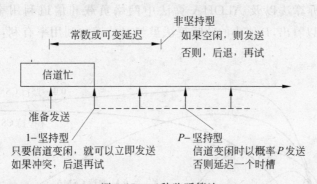

图 5-12 三种监听算法

(1) 非坚持型监听算法

这种算法可描述如下:当一个站准备好帧,发送之前先监听信道,

① 若信道空闲,立即发送,否则转②。

② 若信道忙,则后退一个随机时间,重复①。

由于随机时延后退,从而减少了冲突的概率;然而,可能出现的问题是因为后退而使信道闲置一段时间,这使信道的利用率降低,而且增加了发送时延。

(2) 1-坚持型监听算法

这种算法可描述如下:当一个站准备好帧,发送之前先监听信道,

① 若信道空闲,立即发送,否则转②。

② 若信道忙,继续监听,直到信道空闲后立即发送。

这种算法的优缺点与前一种正好相反:有利于抢占信道,减少信道空闲时间;但是多个站同时都在监听信道时必然发生冲突。

(3) P-坚持型监听算法

这种算法集合了以上两种算法的优点,但较为复杂。这种算法是:

① 若信道空闲,以概率 P 发送,以概率 $(1-P)$ 延迟一个时间单位。一个时间单位等于网络传输时延 τ。

② 若信道忙,继续监听直到信道空闲,转①。

③ 如果发送延迟一个时间单位 τ,则重复①。

困难的问题是决定概率 P 的值,P 的取值应在重负载下能使网络有效地工作。为了说明 P 的取值对网络性能的影响,我们假设有 n 个站正在等待发送,与此同时,有一个站正在发送。当这个站发送停止时,实际要发送的站数等于 nP。若 nP 大于 1,则必有多个站同时发送,这必然会发生冲突。这些站感觉到冲突后若重新发送,就会再一次发生冲突。更糟的是其他站还可能产生新帧,与这些未发出的帧竞争,更加剧了网上的冲突。极端情况下会使网络吞吐率下降到 0。若要避免这种灾难,对于某种 n 的峰值,nP 必须小于 1。然而若 P 值太小,发送站就要等待较长的时间。在轻负载的情况下,这意味着较大的发送时延。例如,只有一个站有帧要发送,若 $P=0.1$,则以上算法的第 1 步重复的平均次数为 $1/P=10$,也就是说这个站平均多等待 9 倍的时间单位 τ。

关于各种监听算法以及 ALOHA 算法中网络负载和信道利用率的关系曲线如图 5-13 所示。可以看出,P 值小的监听算法虽然对信道的利用率有利,然而却引起了较大的发送时延。

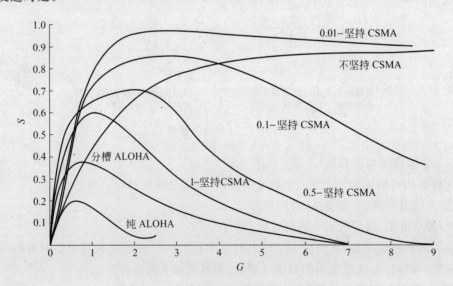

图 5-13　各种随机访问协议的 G-S 曲线

2. 冲突检测原理

载波监听只能减小冲突的概率,不能完全避免冲突。当两个帧发生冲突后,若继续发送,将会浪费网络带宽。如果帧比较长,对带宽的浪费就很可观了。为了进一步改进带宽的利用率,发送站应采取边发边听的冲突检测方法,即:

(1) 发送期间同时接收,并把接收的数据与站中存储的数据进行比较;

(2) 若比较结果一致,说明没有冲突,重复1;

(3) 若比较结果不一致,说明发生了冲突,立即停止发送,并发送一个简短的干扰信号(Jamming),使所有站都停止发送;

(4) 发送 Jamming 信号后,等待一段随机长的时间,重新监听,再试着发送。

带冲突检测的监听算法把浪费带宽的时间减少到检测冲突的时间。对局域网来说这个时间是很短的。在图 5-14 中可以看出基带系统中检测冲突需要的最长时间。这个时间发生在网络中相距最远的两个站(A 和 D)之间。在 t_0 时刻 A 开始发送。假设经过一段时间 τ(网络最大传播时延)D 开始发送。D 立即就会检测到冲突,并很快能停止。但 A 仍然感觉不到冲突,并继续发送。再经过一段时间 τ,A 才会收到冲突信号,从而停止发送。可见在基带系统中检测冲突的最长时间是网络传播延迟的两倍 2τ,我们把这个时间叫做冲突窗口。

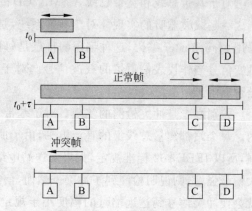

图 5-14 以太网中的冲突时间

与冲突窗口相关的参数是最小帧长。设想图 5-14 中的 A 站发送的帧较短,在 2τ 时间内已经发送完毕,这样 A 站在整个发送期间将检测不到冲突。为了避免这种情况,网络标准中根据设计的数据速率和最大网段长度规定了最小帧长 L_{min}:

$$L_{min} = 2R \times d/v \qquad (5.5)$$

这里 R 是网络数据速率,d 为最大段长,v 是信号传播速度。有了最小帧长的限制,发送站必须对较短的帧增加填充位,使其等于最小帧长。接收站对收到的帧要检查长度,小于最小帧长的帧被认为是冲突碎片而丢弃。

3. 二进程指数后退算法

上文提到,检测到冲突发送干扰信号后后退一段时间重新发送。后退时间的多少对网络的稳定工作有很大影响。特别是在负载很重的情况下,为了避免很多站连续发生冲突,需要设计有效的后退算法。按照二进制指数后退算法,后退时延的取值范围与重发次数 n 形成二进制指数关系。或者说,随着重发次数 n 的增加,后退时延 t_ξ 的取值范围按 2 的指数增大。即:第一次试发送时 n 的值为 0,每冲突一次 n 的值加 1,并按下式计算后退时延

$$
\begin{cases}
\xi = \text{random}[0, 2^n] \\
t_\xi = \xi\tau
\end{cases}
\tag{5.6}
$$

其中第一式是在区间$[0, 2^n]$中取一均匀分布的随机整数ξ,第二式是计算出随机后退时延。为了避免无限制地重发,要对重发次数n进行限制,这种情况往往是信道故障引起的。通常当n增加到某一最大值(例如16)时,停止发送,并向上层协议报告发送错误。

当然,还可以有其他的后退算法,但二进制指数后退算法考虑了网络负载的变化情况。事实上,后退次数的多少往往与负载大小有关,二进制指数后退算法的优点正是把后退时延的平均取值与负载的大小联系起来了。

4. CSMA/CD 协议的实现

对于基带总线和宽带总线,CSMA/CD的实现基本上是相同的,但也有一些差别。差别之一是载波监听的实现。对于基带系统,是检测电压脉冲序列。由于以太网上的编码采用 Manchester 编码,这种编码的特点是每比特中间都有电压跳变,监听站可以把这种跳变信号当作代表信道忙的载波信号。对于宽带系统,监听站接收 RF 载波以判断信道是否空闲。

差别之二是冲突检测的实现。对于基带系统,是把直流电压加到信号上来检测冲突的。每个站都测量总线上的直流电平,由于冲突而叠加的直流电平比单个站发出的信号强,所以 IEEE 802 标准规定,如果发送站电缆接头处的信号强度超过了单个站发送的最大信号强度,则说明检测到了冲突。然而,信号在电缆上传播时会有衰减,如果电缆太长,就会使冲突信号到达远端时的幅度小于规定的 CD 门限值。为此,标准限制了电缆长度(500m 或 200m)。

对于宽带系统,有几种检测冲突的方法。方法之一是把接收的数据与发送的数据逐位比较。当一个站向入径上发送时,同时(考虑了传播和端头的延迟后)从出径上接收数据,通过比较发现是否有冲突;另外一种方法用于分裂配置,由端头检查是否有破坏了的数据,这种数据的频率与正常数据的频率不同。

对于双绞线星型网,冲突检测的方法更简单(见图 5-15)。这种情况下,HUB 监视输入端的活动,若有两处以上的输入端出现信号,则认为发生冲突,并立即产生一个"冲突出现"的特殊信号 CP,向所有输出端广播。图 5-15(a)是无冲突的情况。在图 5-15(b)中连接 A 站的 IHUB 检测到了冲突,CP 信号被向上传到了 HHUB,并广播到所有的站。图 5-15(c)表示的是三方冲突的例子。

5.4.3　CSMA/CD 协议的性能分析

下面分析传播延迟和数据速率对网络性能的影响。

吞吐率是单位时间内实际传送的比特数。假设网上的站都有数据要发送,没有竞争冲突,各站轮流发送数据,则传送一个长度为L的帧的周期为$t_p + t_f$,如图 5-16 所示。由此可得出最大吞吐率为

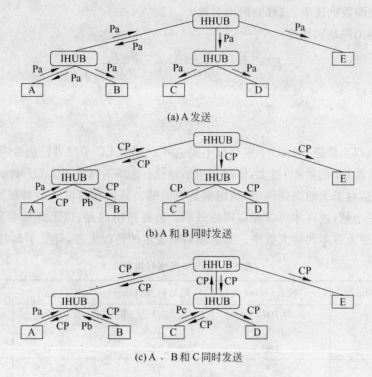

(a) A 发送

(b) A 和 B 同时发送

(c) A、B 和 C 同时发送

图 5-15　星型网的冲突检测

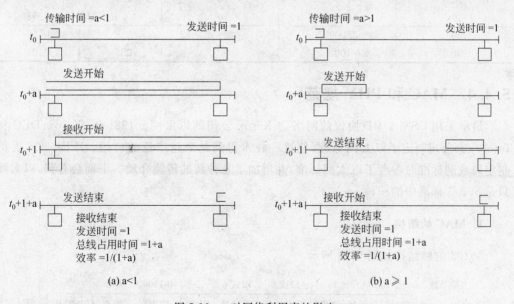

(a) a<1

(b) a ≥ 1

图 5-16　a 对网络利用率的影响

$$T = \frac{L}{t_{\mathrm{p}} + t_{\mathrm{f}}} = \frac{L}{d/v + L/R} \qquad (5.7)$$

其中 d 表示网段长度，v 为信号在铜线中的传播速度（大约为光速的 $65\% \sim 77\%$），

R 为网络提供的数据速率,或称为网络容量。

同时可得出网络利用率

$$E = \frac{T}{R} = \frac{L/R}{d/v + L/R} = \frac{t_f}{t_p + t_f}$$

利用 $a = t_p/t_f$ 得

$$E = \frac{1}{a+1} \tag{5.8}$$

这里假定是全双工信道,MAC 子层可以不要应答,而由 LLC 子层进行捎带应答。得出的结论是:a(或者 Rd 的乘积)越大,信道利用率越低。表 5-7 列出了 LAN 中 a 值的典型情况。可以看出,对于大的高速网络,利用率是很低的。所以在跨度大的城域网中,同时传送的不只是一个帧,这样才可以提高网络效率。值得指出的是,以上分析假定没有竞争,没有开销,是最大吞率和最大效率。实际网络中发生的情况更差,详见下面的讨论。

表 5-7 a 值和网络利用率

数据速率(Mbps)	帧长(Bits)	网络跨度(km)	a	$1/(1+a)$
1	100	1	0.05	0.95
1	1000	10	0.05	0.95
1	100	10	0.5	0.67
10	100	1	0.5	0.67
10	1000	1	0.05	0.95
10	1000	10	0.5	0.67
10	10000	10	0.05	0.95
100	35000	200	2.8	0.26
100	1000	50	25	0.04

5.4.4 MAC 和 PHY 规范

最早采用 CSMA/CD 协议的网络是 Xerox 公司的以太网。1981 年,Xerox、DEC 和 Intel 三家公司制定了以太网标准,使这一技术得到越来越广泛的应用。IEEE 802 委员制定局域网标准时参考了以太网标准,并增加了几种新的传输介质。下面会看到,以太网只是 802.3 标准中的一种。

1. MAC 帧结构

802.3 的帧结构如图 5-17 所示。

字节数	7	1	2或6	2或6	2	0-1500	0-46	4
	前导字段	帧起始符	目的地址	源地址	长度	数据	填充	校验和

图 5-17 802.3 的帧格式

每个帧以 7 个字节的前导字段开头,其值为 10101010,这种模式的曼彻斯特编码产

生 10MHz、持续 9.6μs 的方波,作为接收器的同步信号。帧起始符的代码为 10101011,
它标志着一个帧的开始。

帧内的源地址和目标地址可以是 6B 或 2B,10Mbps 的基带网使用 6B 地址。目标地
址最高位为 0 时表示普通地址,为 1 时表示组地址,向一组站发送称为组播(Multicast)。
全 1 的目标地址是广播地址,所有站都接收这种帧。次最高位(第 46 位)用于区分局部地
址或全局地址。局部地址仅在本地网络中有效,全局地址由 IEEE 指定,全世界没有全局
地址相同的站。IEEE 为每个硬件制造商指定网卡(NIC)地址的前 3 个字节,后 3 个字节
由制造商自己编码。

长度字段说明数据字段的长度。数据字段可以为 0,这时帧中不包含上层协议的数
据。为了保证帧发送期间能检测到冲突,802.3 规定最小帧为 64B。这个帧长是指从目
标地址到校验和的长度。由于前导字段和帧起始符是物理层加上的,所以不包括在帧长
中,也不参加帧校验。如果帧的长度不足 64B,要加入最多 46B 的填充位。

早期的 802.3 帧格式与 DIX 以太网不同,DIX 以太网用类型字段指示封装的上层协
议,而 IEEE 802.3 为了通过 LLC 实现向上复用,用长度字段取代了类型字段。实际上,
这两种格式可以并存,两个字节可表示的数字值范围是 0～65535,长度字段的最大值是
1500,因此 1501～65535 之间的值都可以用来标识协议类型。事实上,这个字段的
1536～65535(0x0600～0xFFFF)之间的值都被保留作为类型值,而 0～1500 则被用作长
度的值。许多高层协议(例如 TCP/IP、IPX、DECnet 4)使用 DIX 以太网帧格式,而 IEEE
802.3/LLC 在 Apple Talk-2 和 NetBIOS 中得到应用。

IEEE 802.3x 工作组为了支持全双工操作,开发了流量控制算法,这使得帧格式出现
了一些变化,新的 MAC 协议使用类型字段来区分 MAC 控制帧和其他类型的帧。IEEE
802.3x 在 1997 年 2 月成为正式标准,使得原来的"以太网使用类型字段而 IEEE 802.3
使用长度字段"的差别消失。

2. CSMA/CD 协议的实现

IEEE 802.3 采用 CSMA/CD 协议,这个协议的载波监听、冲突检测、冲突强化、二进
指数后退等功能都由硬件实现。这些硬联逻辑电路包含在网卡中。网卡上的主要器件是
以太网数据链路控制器 EDLC(Ethernet Data Link Controller)。这个器件中有两套独立
的系统,分别用于发送和接收,它的主要功能如图 5-18 所示。

IEEE 802.3 使用 1-坚持型监听算法,因为这个算法可及时抢占信道,减少空闲期,同
时实现也较简单。在监听到网络由活动变到安静后,并不能立即开始发送,还要等待一个
最小帧间隔时间,只有在此期间网络持续平静,才能开始试发送。最小帧间隔时间规定为
9.6μs。

在发送过程中继续监听。若检测到冲突,发送 8 个十六进制数的序列 55555555,这
就是协议规定的阻塞信号。

接收站要对收到的帧进行校验。除 CRC 校验之外还要检查帧的长度。短于最小长
度的帧被认为是冲突碎片而丢弃,帧长与数据长度不一致的帧以及长度不是整数字节的

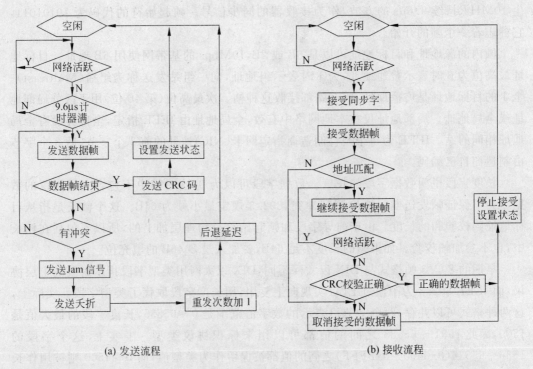

(a) 发送流程　　　　　　　　　　　　(b) 接收流程

图 5-18　EDLC 的工作流程

帧也被丢弃。

另外网卡上还有物理层的部分设备,例如 Manchester 编码器与译码器,存储网卡地址的 ROM,与传输介质连接的收发器,以及与主机总线的接口电路等。随着 VLSI 集成度的提高,网卡技术发展很快,网卡上的器件数量越来越少,功能越来越强了。

3. 物理层规范

802.3 最初的标准规定了 6 种物理层传输介质,这些传输介质的主要参考数列在表 5-8 中。

由表 5-8 可知,Ethernet 规范与 10BASE5 相同。这里 10 表示数据速率为 10Mbps,BASE 表示基带,5 表示最大段长为 500m。其他几种标准的命名方法是类似的。

表 5-8　802.3 的传输介质

	Ethernet	10BASE5	10BASE2	1BASE5	10BASE-T	10BROAD36	10BASE-F
拓扑结构	总线	总线	总线	星型	星型	总线	星型
数据速率/Mbps	10	10	10	1	10	10	10
信号类型	基带曼码	基带曼码	基带曼码	基带曼码	基带曼码	宽带 DPSK	基带曼码
最大段长/m	500	500	185	250	100	3600	500 或 2000
传输介质	粗同轴电缆	粗同轴电缆	细同轴电缆	UTP	UTP	CATV 电缆	光纤

10BASE5 采用特性阻抗为 50Ω 的粗同轴电缆。这种网络的收发器不在网卡上,而

是直接与电缆相连,称为外收发器,如图 5-19 所示。收发器电缆最长为 15m。电缆段最长为 500m,最大结点数限于 100 个工作站。分接头之间的距离为 2.5m 的整数倍,这样的间隔保证从相邻分接头处反射回来的信号不会同相叠加。如果通信距离较远,可以用中继器 (Repeater)把两个网络段连接在一起。标准规定网络最大跨度为 2.5km,由 5 段组成,最多含 4 个中继器,其中 3 段为同轴电缆,其余为链路段,不含工作站。

10BASE2 标准可组成一种廉价网络,这是因为电缆较细,容易安装,收发器包含在工作站内的网卡上,使用 T 型连接器与 BNC 接头直接

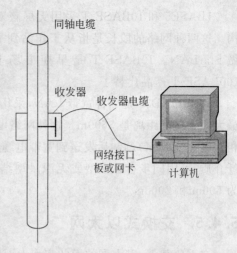

图 5-19 10BASE5 的收发器

与电缆相连,如图 5-20 所示。由于数据速率相同,10BASE2 网段和 10BASE5 网段可用中继器混合连接。这两种标准的主要参数对比如表 5-9 所示。

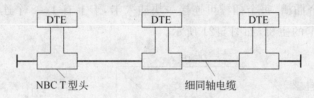

图 5-20 10BASE2 的配置

表 5-9 10BASE5 和 10BASE2 的标准参数

参 数	10BASE5	10BASE2
传输介质	同轴电缆(50Ω)	同轴电缆(50Ω)
信令技术	基带曼码	基带曼码
数据速率/Mbps	10	10
最大段长/m	500	185
网络跨度/m	2500	1000
每段结点数	100	30
结点距离/m	2.5	0.5
电缆直径/mm	10	5
时槽/b	512	512
帧间隔/μs	9.6	9.6
最大重传次数	16	16
最大后退时槽数	10	10
阻塞信号(Jam)长度/b	32	32
最大帧长(八位组)	1518	1518
最小帧长(八位组)	64	64

1BASE5 和 10BASE-T 采用无屏蔽双绞线(Unshilded Twisted Pair)和星型拓扑结构。这两种网络的段长是指从工作站到 HUB 的距离。AT&T 开发的 1BASE5 网络叫做 StarLAN。10BASE-T 是早期市场上最常见的 LAN 产品,现在已经被更快的 100BASE-T 产品代替了。

10BROAD36 是一种宽带 LAN,采用双缆或分裂配置。单个网段的长度为 1800m,最大端到端的距离是 3600m。这种网络可与基带系统兼容,方法是把基带曼码经过差分相移键控(DPSK)调制后发送到宽带电缆上。还有一种叫做 10BASE-F 的网络,F 代表光纤介质,可用同步有源星型或无源星型结构实现,数据速率都是 10Mbps,网络长度分别为 500m 和 2000m。

5.4.5　交换式以太网

在重负载下,以太网的吞吐率大大下降。实际的通信速率比网络提供的带宽低得多,这是因为所有的站竞争同一信道所引起的。使用交换技术可以改善这种情况,交换式以太网就是 802.3 标准的改进,下面简述这种技术的基本原理。

交换式以太网的核心部件是交换机,这种设备有一个高速底版(工作速率为 1Gbps)。底版上有 4～32 个插槽,每个插槽可连接一块插入卡,卡上有 1～8 个连接器,用于连接带有 10BASE-T 网卡的主机,如图 5-21 所示。

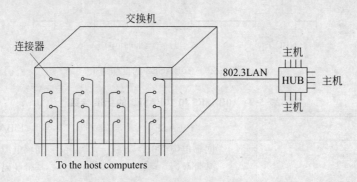

图 5-21　交换式以太网

连接器接收主机发来的帧。插入卡判断目标地址,如果目标站是同一卡上的主机,则把帧转发到相应的连接器端口,否则就转发给高速底板。底板根据专用的协议进一步转发,送达目标站。

当同一插入卡上有两个以上的站发送帧时就发生冲突。分解冲突的方法取决于插入卡的逻辑结构。一种方法是同一卡上的所有端口连接在一起形成一个冲突域,卡上的冲突分解方法与通常的 CSMA/CD 协议一样处理。这样一个卡上同时只能有一个站发送,但整个交换机中有多个插入卡,因而有多个站可同时发送。整个网络的带宽提高的倍数等于插入卡的数量。

另外一种方法是把来自主机的输入由卡上的存储器缓冲,这种设计允许卡上同时有多个端口发送帧。对于存储的帧的处理方法仍然是实时转发,这样就不存在冲突了。这种技术可以把标准以太网的带宽提高一到两个数量级。

进一步扩展联网范围的方法是把 10BASE-T 的 HUB 连接在交换机上。这样的交换机相当于网桥，它提供 10BASE-T LAN 之间的互连，并根据目标地址进行帧转发。

5.4.6 高速以太网

1. 快速以太网

1995 年 100Mbps 的快速以太网标准 IEEE 802.3u 正式颁布，这是基于 10BASE-T 和 10BASE-F 技术、在基本布线系统不变的情况下开发的高速局域网标准。快速以太网使用的传输介质如表 5-10 所示，其中多模光纤的芯线直径为 $62.5\mu m$，包层直径为 $125\mu m$，单模光线芯线直径为 $8\mu m$，包层直径也是 $125\mu m$。

表 5-10　快速以太网物理层规范

标　　准	传输介质	特性阻抗	最大段长
100BASE-TX	2 对 5 类 UTP	100Ω	100m
	2 对 STP	150Ω	
100BASE-FX	一对多模光纤 MMF	62.5/125μm	2km
	一对单模光纤 SMF	8/125μm	40km
100BASE-T4	4 对 3 类 UTP	100Ω	100m
100BASE-T2	2 对 3 类 UTP	100Ω	100m

快速以太网使用的集线器可以是共享型或交换型，也可以通过堆叠多个集线器来扩大端口数量。互相连接的集线器起到了中继的作用，扩大了网络的跨距。快速以太网使用的中继器分为两类：Ⅰ类中继器中包含了编码/译码功能，它的延迟比Ⅱ类中继器大，如图 5-22 所示。

与 10Mbps 以太网一样，快速以太网也要考虑冲突时槽和最小帧长问题。快速以太网的数据速率提高了 10 倍，而最小帧长没有变，所以冲突时槽缩小为 $5.12\mu s$，我们有

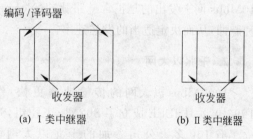

(a) Ⅰ类中继器　　　　(b) Ⅱ类中继器

图 5-22　Ⅰ类和Ⅱ类中继器

$$slot = 2S/0.7C + 2t_{phy} \tag{5.9}$$

其中，S 表示网络的跨距，$0.7C$ 是 0.7 倍光速，t_{phy} 是工作站物理层时延。由于进出发送站都会产生时延，所以取其 2 倍值，这个公式与(5.5)式只有微小差别。

按照(5.9)式，可得到计算快速以太网跨距的公式

$$S = 0.35C(L_{min}/R - 2t_{phy}) \tag{5.10}$$

按照这个公式,结合表 5-10 中关于段长的规定,可以得到图 5-23 所示的各种连接方式。

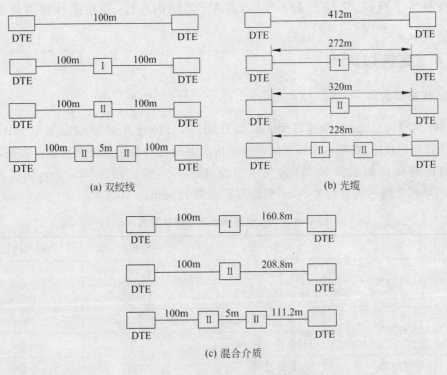

(a) 双绞线   (b) 光缆

(c) 混合介质

图 5-23 快速以太网系统跨距

在 IEEE 802.3u 的补充条款中说明了 10Mbps 和 100Mbps 兼容的自动协商功能。当系统加电后网卡就开始发送快速链路脉冲(Fast Link Pulse,FLP),这是 33 位二进制脉冲串,前 17 位为同步信号,后 16 位表示自动协商的最佳工作模式信息。原来的10Mbps 网卡发出的是正常链路脉冲(Normal Link Pulse,NLP),自适应网卡也能识别这种脉冲,从而决定适当的发送速率。

2. 千兆以太网

1000Mbps 以太网的传输速率更快,作为主干网提供无阻塞的数据传输服务。1996 年 3 月 IEEE 成立了 802.3z 工作组,开始制定 1000Mbps 以太网标准。后来又成立了有 100 多家公司参加的千兆以太网联盟 GEA(Gibabit Ethernet Alliance),支持IEEE 802.3z 工作组的各项活动。1998 年 6 月公布的 IEEE 802.3z 和 1999 年 6 月公布的 IEEE 802.3ab 已经成为千兆以太网的正式标准。它规定了四种传输介质,如表 5-11 所示。

实现千兆数据速率需要采用新的数据处理技术。首先是最小帧长需要扩展,以便在半双工的情况下增加跨距。另外 802.3z 还定义了一种帧突发方式(frame bursting),使得一个站可以连续发送多个帧。最后物理层编码也采用了与 10Mbps 不同的编码方法,

表5-11　千兆以太网标准

标准	名　称	电　缆	最大段长	特　点
IEEE 802.3z	1000Base-SX	光纤(短波770~860nm)	550m	多模光纤($50\mu m$, $62.5\mu m$)
	1000Base-LX	光纤(长波1270~1355nm)	5000m	单模($10\mu m$)或多模光纤($50\mu m$, $62.5\mu m$)
	1000Base-CX	2对STP	25m	屏蔽双绞线,同一房间内的设备之间
IEEE 802.3ab	1000Base-T	4对UTP	100m	5类无屏蔽双绞线,8B/10B编码

即4B/5B或8B/9B编码法。

千兆以太网标准可适用于已安装的综合布线基础之上,以保护用户的投资。

3. 万兆以太网

2002年6月,IEEE 802.3ae标准发布,支持10Gbps的传输速率,规定的几种传输介质如表5-12所示。传统以太网采用CSMA/CD协议,即带冲突检测的载波监听多路访问技术。与千兆以太网一样,万兆以太网基本应用于点到点线路,不再共享带宽,没有冲突检测,载波监听和多路访问技术也不再重要。千兆以太网和万兆以太网采用与传统以太网同样的帧结构。

表5-12　IEEE 802.3ae万兆以太网标准

名　称	电　缆	最大段长	特　点
10GBase-S(Short)	$50\mu m$的多模光纤	300m	850nm串行
	$62.5\mu m$的多模光纤	65m	
10GBase-L(Long)	单模光纤	10km	1310nm串行
10GBase-E(Extended)	单模光纤	40km	1550nm串行
10GBase-LX4	单模光纤	10km	1310nm
	$50\mu m$的多模光纤	300m	$4\times2.5Gbps$
	$62.5\mu m$的多模光纤	300m	波分多路复用(WDM)

5.4.7　虚拟局域网

虚拟局域网(Virtual Local Area Network,VLAN)是根据管理功能、组织机构或应用类型对交换局域网进行分段而形成的逻辑网络。虚拟局域网与物理局域网具有同样的属性,然而其中的工作站可以不属于同一物理网段。任何交换端口都可以分配给某个VLAN,属于同一个VLAN的所有端口构成一个广播域。每一个VLAN是一个逻辑网络,发往VLAN之外的分组必须通过路由器进行转发。图5-24显示了一个VLAN设计的实例,其中为每个部门定义了一个VLAN,3个VLAN分布在不同位置的3台交换机上。

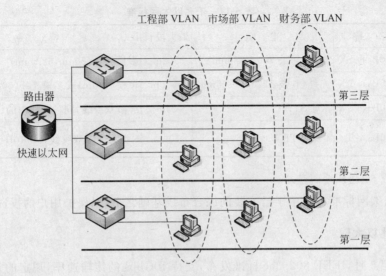

图 5-24 把交换局域网划分成 VLAN

在交换机上实现 VLAN,可以采用静态的或动态的方法。

(1) 静态分配 VLAN:为交换机的各个端口指定所属的 VLAN。这种基于端口的划分方法是把各个端口固定地分配给不同的 VLAN,任何连接到交换机的设备都属于接入端口所在的 VLAN。

(2) 动态分配 VLAN:动态 VLAN 通过网络管理软件包来创建,可以根据设备的 MAC 地址、网络层协议、网络层地址、IP 广播域或管理策略来划分 VLAN。根据 MAC 地址划分 VLAN 的方法应用最多,一般交换机都支持这种方法。无论一台设备连接到交换网络的哪个地方,接入交换机根据设备的 MAC 地址就可以确定该设备的 VLAN 成员身份。这种方法使得用户可以在交换网络中改变接入位置,而仍能访问所属的 VLAN。但是当用户数量很多时,对每个用户设备分配 VLAN 的工作量是很大的管理负担。

把物理网络划分成 VLAN 的好处是:

(1) 控制网络流量。一个 VLAN 内部的通信(包括广播通信)不会转发到其他 VLAN 中去,从而有助于控制广播风暴,减小冲突域,提高网络带宽的利用率。

(2) 提高网络的安全性。可以通过配置 VLAN 之间的路由来提供广播过滤、安全和流量控制等功能。不同 VLAN 之间的通信受到限制,提高了企业网络的安全性。

(3) 灵活的网络管理。VLAN 机制使得工作组可以突破地理位置的限制而根据管理功能来划分。如果根据 MAC 地址划分 VLAN,用户可以在任何地方接入交换网络,实现移动办公。

在划分成 VLAN 的交换网络中,交换机端口之间的连接分为两种:接入链路连接(Access-Link Connection)和中继连接(Trunk Connection)。接入链路只能连接具有标准以太网卡的设备,也只能传送属于单个 VLAN 的数据包。任何连接到接入链路的设备都属于同一广播域,这意味着,如果有 10 个用户连接到一个集线器,而集线器被插入到交换机的接入链路端口,则这 10 个用户都属于该端口规定的 VLAN。

中继链路是在一条物理连接上生成多个逻辑连接,每个逻辑连接属于一个 VLAN。在进入中继端口时,交换机在数据包中加入 VLAN 标记。这样,在中继链路另一端的交换机就不仅要根据目标地址,而且要根据数据包所属的 VLAN 进行转发决策。图 5-25 中用不同的颜色表示不同 VLAN 的帧,这些帧共享同一条中继链路。

图 5-25 接入链路和中继链路

为了与接入链路设备兼容,在数据包进入接入链路连接的设备时,交换机要删除 VLAN 标记,恢复原来的帧结构。添加和删除 VLAN 标记的过程是由交换机中的专用硬件自动实现的,处理速度很快,不会引入太大的延迟。从用户角度看,数据源产生标准的以太帧,目标接收的也是标准的以太帧,VLAN 标记对用户是透明的。

IEEE 802.1q 定义了 VLAN 帧标记的格式,在原来的以太帧中增加了 4B 的标记(Tag)字段,如图 5-26 所示,其中标记控制信息(Tag Control Information,TCI)包含 Priority、CFI 和 VID 三部分,各个字段的含义如表 5-13 所示。

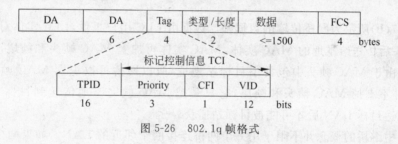

图 5-26 802.1q 帧格式

表 5-13 802.1q 帧标记

字 段	长度/b	意 义
TPID	16	标记协议标识符(Tag Protocol Identifier),设定为 0x8100,表示该帧包含 802.1q 标记
Priority	3	提供 8 个优先级(由 802.1p 定义)。当有多个帧等待发送时,按优先级发送数据包
CFI	1	规范格式指示(Canonical Format Indicator),"0"表示以太网,"1"表示 FDDI 和令牌环网。这一位在以太网与 FDDI 和令牌环网交换数据帧时使用
VID	12	VLAN 标识符(0~4095),其中 VID 0 用于识别优先级,VID 4095 保留未用,所以最多可配置 4094 个 VLAN

5.5　局域网互联

局域网通过网桥互连。IEEE 802 标准中有两种关于网桥的规范：一种是 802.1d 定义的透明网桥，另一种是 802.5 标准中定义的源路由网桥。本节首先介绍网桥协议的体系结构，然后分别介绍两种 IEEE 802 网桥的原理。

5.5.1　网桥协议的体系结构

在 IEEE 802 体系结构中，站地址是由 MAC 子层协议说明的，网桥在 MAC 子层起中继作用。图 5-27 所示为由一个网桥连接两个 LAN 的情况，这两个 LAN 运行相同的 MAC 和 LLC 协议。当 MAC 帧的目标地址和源地址属于不同的 LAN 时，该帧被网桥捕获、暂时缓冲，然后传送到另一个 LAN。当两个站之间有通信时，两个站中的对等 LLC 实体之间就有对话，但是网桥不需要知道 LLC 地址，网桥只是传输 MAC 帧。

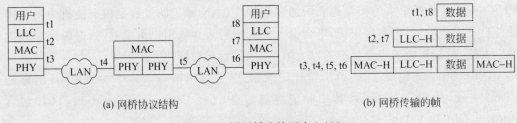

　　(a) 网桥协议结构　　　　　　　　　　　　　　　(b) 网桥传输的帧

图 5-27　用网桥连接两个 LAN

图 5-27(b)所示为网桥传输的数据帧。数据由 LLC 用户提供，LLC 实体对用户数据附加上帧头后传送给本地的 MAC 实体，MAC 实体再加上 MAC 帧头和帧尾，从而形成 MAC 帧。由于 MAC 帧头中包含了目标站地址，所以网桥可以识别 MAC 帧的传输方向。网桥并不剥掉 MAC 帧头和帧尾，它只是把 MAC 帧完整地传送到目标 LAN。当 MAC 帧到达目标 LAN 后才可能被目标站捕获。

MAC 中继桥的概念并不限于用一个网桥连接两个邻近的 LAN。如果两个 LAN 相距较远，可以用两个网桥分别连接一个 LAN，两个网桥之间再用通信线路相连。图 5-28 所示为两个网桥之间用点对点链路连接的情况，当一个网桥捕获了目标地址为远端 LAN 的帧时，就加上链路层(例如，HDLC)的帧头和帧尾，并把它发送到远端的另一个网桥，目标网桥剥掉链路层字段使其恢复为原来的 MAC 帧，这样，MAC 帧可最后到达目标站。

两个远程网桥之间的通信设施也可以是其他网络，例如广域分组交换网，如图 5-29 所示。在这种情况下网桥仍然是起到 MAC 帧中继的作用，但它的结构更复杂。假定两个网桥之间是通过 X.25 虚电路连接，并且两个端系统之间建立了直接的逻辑关系，没有其他 LLC 实体，这样，X.25 分组层工作于 802 LLC 层之下。为了使 MAC 帧能完整地在两个端系统之间传送，源端网桥接收到 MAC 帧后，要给它附加上 X.25 分组头和 X.25 数据链路层的帧头和帧尾，然后发送给直接相连的 DCE。这种 X.25 数据链路帧在广域网中传播，到达目标网桥并剥掉 X.25 字段，恢复为原来的 MAC 帧，然后发送

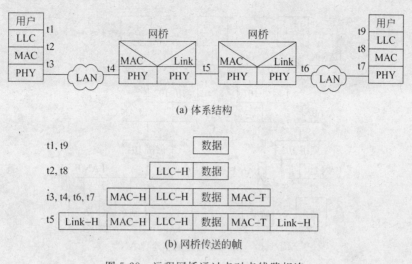

(b) 网桥传送的帧

图 5-28 远程网桥通过点对点线路相连

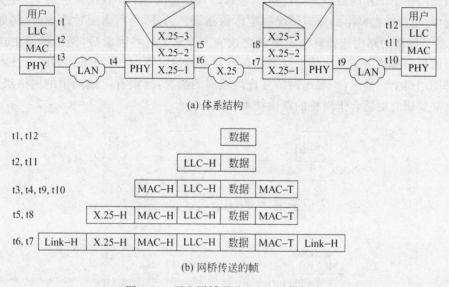

(b) 网桥传送的帧

图 5-29 两个网桥通过 X.25 网络相连

给目标站。

在简单情况下(例如,一个网桥连接两个 LAN),网桥的工作只是根据 MAC 地址决定是否转发帧,但是在更复杂的情况下,网桥必须具有路由选择的功能。例如在图 5-30 中,假定站 1 给站 6 发送一个帧,这个帧同时被网桥 101 和 102 捕获,而这两个网桥直接相连的 LAN 都不含目标站。这时网桥必须做出决定是否转发这个帧,使其最后能到达站 6。显然网桥 102 应该做这个工作,把收到的帧转发到 LAN C,然后再经网桥 104 转发到目标站。可见网桥要有做出路由决策的能力,特别是当一个网桥连接两个以上的网络时,不但要决定是否转发,还要决定转发到哪个端口上去。

网桥的路由选择算法可能很复杂。在图 5-31 中,网桥 105 直接连接 LAN A 和 LAN

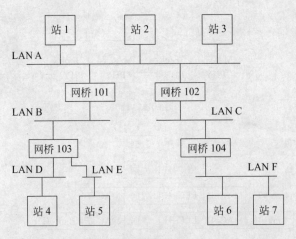

图 5-30　由网桥互连的多个 LAN

E,从而构成了从 LAN A 到 LAN E 之间的冗余通路。如果站 1 向站 5 发送一个帧,该帧既可以经网桥 101 和网桥 103 到达站 5,也可以只经过网桥 105 直接到达站 5。在实际通信过程中,可以根据网络的交通情况决定传输路线。另外,当网络配置改变时(例如网桥 105 失效),网桥的路由选择算法也要随之改变。考虑了这些因素后,网桥的路由选择功能就与网络层的路由选择功能类似了。在最复杂的情况下,所有网络层的路由技术在网桥中都能用得上。当然,一般由网桥互连局域网的情况,远没有广域网中的网络层复杂,所以有必要研究更适合于网桥的路由技术。

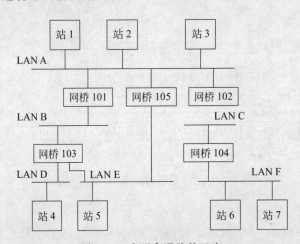

图 5-31　有冗余通路的互连

　　为了对网桥的路由选择提供支持,MAC 层地址最好是分为两部分:网络地址部分(标识互联网中唯一的 LAN)和站地址部分(标识某 LAN 中唯一的工作站)。IEEE 802.5 标准建议:16 位的 MAC 地址应分成 7 位的 LAN 编号和 8 位的工作站编号,而 48 位的 MAC 地址应分成 14 位的 LAN 编号和 32 位的工作站编号,其余比特用于区分组地址/单地址,以及局部地址/全局地址。

在网桥中使用的路由选择技术可以是固定路由技术。像网络层使用的那样,每个网桥中存储一张固定路由表,网桥根据目标站地址,查表选取转发的方向,选取的原则可以是某种既定的最短通路算法。当然,在网络配置改变时路由表要重新计算。

固定式路由策略适合小型和配置稳定的互联网络。除此之外,IEEE 802 委员会开发了两种路由策略规范:IEEE 802.1d 标准是基于生成树算法的,可实现透明网桥,伴随 IEEE 802.5 标准的是源路由网桥规范,下面分别介绍这两种网桥标准。

5.5.2 生成树网桥

生成树(Spanning Tree)网桥是一种完全透明的网桥,这种网桥插入电缆后就可自动完成路由选择的功能,无须由用户装入路由表或设置参数,网桥的功能是自己学习获得的。以下从帧转发、地址学习和环路分解三个方面讲述这种网桥的工作原理。

1. 帧转发

网桥为了能够决定是否转发一个帧,必须为每个转发端口保存一个转发数据库,数据库中保存着必须通过该端口转发的所有站的地址。我们可以通过图 5-30 来说明这种转发机制。图 5-30 中的网桥 102 把所有互联网中的站分为两类,分别对应它的两个端口:在 LAN A、B、D 和 E 上的站在网桥 102 的 LAN A 端口一边,这些站的地址列在一个数据库中;在 LAN C 和 F 中的站在网桥 102 的 LAN C 端口一边,这些站的地址列在另一个数据库中。当网桥收到一个帧时,就可以根据目标地址和这两个数据库的内容决定是否把它从一个端口转发到另一个端口。作为一般情况,我们假定网桥从端口 X 收到一个 MAC 帧,则它按以下算法进行路由决策(见图 5-32)。

(1) 查找除 X 端口之外的其他转发数据库;

(2) 如果没有发现目标地址,则丢弃帧;

(3) 如果在某个端口 Y 的转发数据库中发现目标地址,并且 Y 端口没有阻塞(阻塞的原因下面讲述),则把收到的 MAC 帧从 Y 端口发送出去,若 Y 端口阻塞,则丢弃该帧。

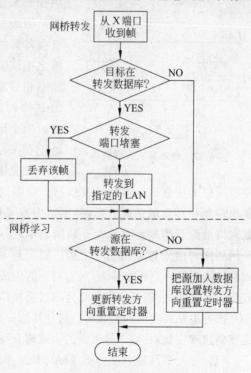

图 5-32 网桥转发和学习

2. 地址学习

以上转发方案假定网桥已经装入了转发数据库。如果采用静态路由策略,转发信息可以预先装入网桥。然而还有一种更有效的自动学习机制,可以使网桥从无到有地自行决定每一个站的转发方向。获取转发信息的一种简单方案是利用 MAC 帧中的源地址字段,下面简述这种学习机制。

如果一个 MAC 帧从某个端口到达网桥,显然它的源工作站处于网桥的入口 LAN 一边,从帧的源地址字段可以知道该站的地址,于是网桥就据此更新相应端口的转发数据库。为了应付网格拓扑结构的改变,转发数据库的每一数据项(站地址)都配备一个定时器。当一个新的数据项加入数据库时,定时器复位;如果定时器超时,则数据项被删除,从而相应传播方向的信息失效。每当接收到一个 MAC 帧时,网桥就取出源地址字段并查看该地址是否在数据库中,如果已在数据库中,则对应的定时器复位,在方向改变时可能还要更新该数据项;如果地址不在数据库中,则生成一个新的数据项并置位其定时器。

以上讨论假定在数据库中直接存储站地址。如果采用两级地址结构(LAN 编号. 站编号),则数据库中只需存储 LAN 地址部分就可以了,这样可以节省网桥的存储空间。

3. 环路分解——生成树算法

以上讨论的学习算法适用于以互联网为树形拓扑结构的情况,即网络中没有环路,任意两个站之间只有唯一通路,当互联网络中出现环路时这种方法就失效了。我们通过

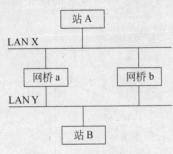

图 5-33 有环路的互联网络

图 5-33来说明问题是怎样产生的。假设在时刻 t_0 站 A 向站 B 发送了一个帧。每一个网桥都捕获了这个帧并且在各自的数据库中把站 A 地址记录在 LAN X 一边,随之把该帧发往 LAN Y。在稍后某个时刻 t_1 或 t_2(可能不相等)网桥 a 和 b 又收到了源地址为 A、目标地址为 B 的 MAC 帧,但这一次是从 LAN Y 的方向传来的,这时两个网桥又要更新各自的转发数据库,把站 A 的地址记在 LAN Y 一边。

可见由环路引起的循环转发破坏了网桥的数据库,使得网桥无法获得正确的转发信息。克服这个问题的思路就是要设法消除环路,从而避免出现互相转发的情况。幸好,图论中有一种提取连通图生成树的简单算法,可以用于互联网络消除其中的环路。在互联网络中,每一个 LAN 对应于连通图的一个顶点,而每一个网桥则对应于连通图的一个边。删去连通图的一个边等价于移去一个网桥,凡是构成回路的网桥都可以逐个移去,最后得到的生成树不含回路,但又不改变网络的连通性。我们需要一种算法,使得各个网桥之间通过交换信息自动阻塞一些传输端口,从而破坏所有的环路并推导出互联网络的生成树。这种算法应该是动态的,即当网络拓扑结构改变时,网桥能觉察到这种变化,并随即导出新的生成树。我们假定:

(1) 每一个网桥有唯一的 MAC 地址和唯一的优先级,地址和优先级构成网桥的标识符;

(2) 有一个特殊的地址用于标识所有网桥;

(3) 网桥的每一个端口都有唯一的标识符,该标识符只在网桥内部有效。

另外我们要建立以下概念:

(1) 根桥:即作为生成树树根的网桥,例如可选择地址值最小的网桥作为根桥。

（2）通路费用：为网桥的每一个端口指定一个通路费用，该费用表示通过那个端口向其连接的 LAN 传送一个帧的费用。两个站之间的通路可能要经过多个网桥，这些网桥的有关端口的费用相加就构成了两站之间的通路的费用。例如，假定沿路每个网桥端口的费用为 1，则两个站之间通路的费用就是经过的网桥数。另外也可以把网桥端口的通路费用与有关 LAN 的通信速率联系起来（一般为反比关系）。

（3）根通路：每一个网桥通向根桥的、费用最小的通路。

（4）根端口：每一个网桥与根通路相连接的端口。

（5）指定桥：每一个 LAN 有一个指定桥，这是在该 LAN 上提供最小费用根通路的网桥。

（6）指定端口：每一个 LAN 的指定桥连接 LAN 的端口为指定端口。对于直接连接根桥的 LAN，根桥就是指定桥。该 LAN 连接根桥的端口即为指定端口。

根据以上建立的概念，生成树算法可采用下面的步骤：

① 确定一个根桥；

② 确定其他网桥的根端口；

③ 对每一个 LAN 确定一个唯一的指定桥和指定端口，如果有两个以上网桥的根通路费用相同，则选择优先级最高的网桥作为指定桥；如果指定桥有多个端口连接 LAN，则选取标识符值最小的端口为指定端口。

按照以上算法，直接连接两个 LAN 的网桥中只能有一个作为指定桥，其他都删除掉。这就排除了两个 LAN 之间的任何环路。同理，以上算法也排除了多个 LAN 之间的环路，但保持了连通性。

为了实现以上算法，网桥之间要交换信息，这种信息以网桥协议数据单元 BPDU 的形式在所有网桥之间传播。BPDU 的格式参见图 5-34。

| Protocol ID (2) | Version (1) | Type (1) | Flags (1) | Rood BID (8) | Root Path (4) |
| Sender BID (2) | Port ID (2) | M-Age(2) | Max Mge (2) | Hello (2) | FD (2 Bytes) |

图 5-34　网桥协议数据单元

其中的各个字段解释如下：

- Protocol ID —恒为 0；
- Version —恒为 0；
- Type — BPDU 分为两种类型，分别是配置 BPDU 和 TCN（Topology Change Notifications）BPDU；
- Flags —表示活动拓扑中的变化，包含在 TCN 中；
- Root BID —根网桥的 ID，在会聚后的网络中，所有配置 BPDU 中的 Root BID 都相同，由网桥的优先级和 MAC 地址两部分组成；
- Root Path —通向有根网桥的费用；
- Sender BID —发送 BPDU 的网桥 ID；
- Port ID —唯一的端口 ID；
- Message Age —记录根网桥生成 BPDU 的时间；

- Max Age —保存 BPDU 的最长时间,也反映了拓扑变化通知中的网桥表生存时间;
- Hello Time —指周期性配置 BPDU 间隔时间;
- Forward Delay —用于监听(Listening)和学习(Learning)状态的时间。

在最初建立生成树时最主要的信息是:

- 发出 BPDU 的网桥的标识符及其端口标识符;
- 认为可作为根桥的网桥标识符;
- 该网桥的根通路费用。

开始时每个网桥都声明自己是根桥并把以上信息广播给所有与它相连的 LAN。在每一个 LAN 上只有一个地址值最小的标识符,该网桥可坚持自己的声明,其他网桥则放弃声明,并根据收到的信息确定其根端口,重新计算根通路费用。当这种 BPDU 在整个互联网络中传播时所有网桥可最终确定一个根桥,其他网桥据此计算自己的根端口和根通路。在同一个 LAN 上连接的各个网桥还需要根据各自的根通路费用确定唯一的指定桥和指定端口。显然这个过程要求在网桥之间多次交换信息,自认为是根桥的那个网桥不断广播自己的声明。例如在图 5-35(a)所示的互联网络中通过交换 BPDU 导出生成树的过程简述如下:

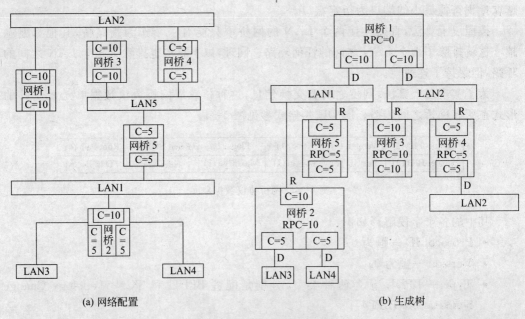

(a) 网络配置　　　　　　　　　　　　　(b) 生成树

图 5-35　互联网络的生成树

（1）从与 LAN 2 相连的三个网桥 1、3 和 4 中选出网桥 1 为根桥,网桥 3 把它与 LAN 2 相连的端口确定为根端口(根通路费用为 10)。类似地,网桥 4 把它与 LAN 2 相连的端口确定为根端口(根通路费用为 5)。

（2）与 LAN 1 相连的三个网桥 1、2 和 5 中选出网桥 1 为根桥,网桥 2 和 5 相应地确定其根通路费用和根端口。

(3) 与 LAN 5 相连的三个网桥通过比较各自的根通路费用的优先级选出网桥 4 为指定网桥,其根端口为指定端口。

其他计算过程从略。最后导出的生成树如图 5-35(b)所示。只有指定桥的指定端口可转发信息,其他网桥的端口都必须阻塞起来。在生成树建立起来以后,网桥之间还必须周期地交换 BPDU,以适应网络拓扑、通路费用以及优先级改变的情况。

5.5.3　源路由网桥

生成树网桥的优点是易于安装,无须人工输入路由信息,但是这种网桥只利用了互联网络拓扑结构的一个子集,没有最佳地利用带宽。所以 802.5 标准中给出了另一种网桥路由策略——源路由网桥。源路由网桥的核心思想是由帧的发送者显式地指明路由信息。路由信息由网桥地址和 LAN 标识符的序列组成,包含在帧头中。每个收到帧的网桥根据帧头中的地址信息可以知道自己是否在转发路径中,并可以确定转发的方向。例如在图 5-36中,假设站 X 向站 Y 发送一个帧。该帧的旅行路线可以是 LAN 1、网桥 B1、LAN 3 和网桥B3;也可以是 LAN 1、网桥 B2、LAN 4 和网桥B4。如果源站 X 选择了第一条路径,并把这个路由信息放在帧头中,则网桥 B1 和 B3 都参与转发过程,反之网桥 B2 和 B4 负责把该帧送到目标站 Y。

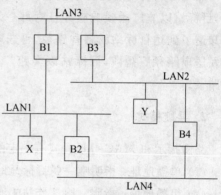

图 5-36　互联网络的例子

在这种方案中,网桥无须保存路由表,只需记住自己的地址标识符和它所连接的LAN 标识符,就可以根据帧头中的信息做出路由决策。然而发送帧的工作站必须知道网络的拓扑结构,了解目标站的位置,才能给出有效的路由信息。在 802.5 标准中有各种路由指示和寻址模式用以解决源站获取路由信息的问题。

1. 路由指示

按照 802.5 的方案,帧头中必须有一个指示器表明路由选择的方式。路由指示有如下 4 种。

(1) 空路由指示:不指示路由选择方式。所有网桥不转发这种帧,故只能在同一个LAN 中传送。

(2) 非广播指示:这种帧中包含了 LAN 标识符和网桥地址的序列。帧只能沿着预定路径到达目标站,目标站只收到该帧的一个副本,这种帧只能在已知路由情况下发送。

(3) 全路广播指示:这种帧通过所有可能的路径到达所有的 LAN,在有些 LAN 上可能多次出现。所有网桥都向远离源端的方向转发这种帧,目标站会收到来自不同路径的多个副本。

(4) 单路径广播指示:这种帧沿着以源结点为根的生成树向叶子结点传播,在所有LAN 上出现一次并且只出现一次,目标站只收到一个副本。

全路广播帧不含路由信息,每一个转发这种帧的网桥都把自己的地址和输出 LAN 的标识符加在路由信息字段中。这样当帧到达目标站时就含有完整的路由信息了。为了防止循环转发,网桥要检查路由信息字段,如果该字段中含有网桥连接的 LAN,则不要把该帧再转发到这个 LAN 上去。

单路径广播帧需要生成树的支持,可以像上一小节那样自动产生生成树,也可由手工输入配置生成树。只有在生成树中的网桥才参与这种帧的转发,因而只有一个副本到达目标站。与全路广播帧类似,这种帧的路由信息也是由沿路各网桥自动加上去的。

源站可以利用后两种帧发现目标站的地址。例如源站向目标站发送一个全路广播帧,目标站以非广播帧响应并且对每一条路径过来的副本都给出一个回答。这样源站就知道了到达目标站的各种路径,可选取一种作为路由信息。另外源站也可以向目标站发送单路径广播帧,目标站以全路广播帧响应,这样源站也可以知道到达目标的所有路径。

2. 寻址模式

路由指示和 MAC 寻址模式有一定的关系。寻址模式有如下 3 种。

(1) 单播地址:指明唯一的目标地址;

(2) 组播地址:指明一组工作站的地址;

(3) 广播地址:表示所有站。

从用户的角度看,由网桥互连的所有局域网应该像单个网络一样,所以以上三种寻址方式应在整个互联网络范围内有效。当 MAC 帧的目标地址为以上三种寻址模式时,与四种路由指示结合可产生不同的接收效果,这些效果表示在表 5-14 中。

表 5-14 不同寻址模式和路由指示组合的接收效果

寻址模式	路 由 指 示			
	空路由	非广播	全路广播	单路径广播
单地址	同一 LAN 上的目标站	不在同一 LAN 上的目标站	在任何 LAN 上的目标站	在任何 LAN 上的目标站
组地址	同一 LAN 上的一组站	互联网中指定路径上的一组站	互联网中的一组站	互联网中的一组站
广播地址	同一 LAN 上的所有站	互联网中指定路径上的所有站	互联网中的所有站	互联网中的所有站

从表 5-14 看出,如果不说明路由信息,则帧只能在源站所在的 LAN 内传播;如果说明了路由信息,则帧可沿预定路径到达沿路各站。在两种广播方式中,互联网中的任何站都会收到帧。但若是用于探询到达目标站的路径,则只有目标给予响应。全路广播方式可能产生大量的重复帧,从而引起所谓"帧爆炸"问题。单路径广播产生的重复帧少得多,但需要生成树的支持。

5.6 城域网

城域网比局域网的传输距离远,能够覆盖整个城市范围。城域网作为开放型的综合平台,要求能够提供分组传输的数据、语音、图像、视频等多媒体综合业务。城域网要比局域网有更大的传输容量,更高的传输效率,还要有多种接入手段,以满足不同用户的需要。这一节讨论城域网的组网技术。

5.6.1 城域以太网

以太网技术的成熟和广泛应用推动了以太网向城域网领域扩展。但是,传统的以太网协议是为小范围的局域网开发的,在应用于更大范围的城域网时存在下面一些局限性:

(1) 传输效率不高。在局域网中采用的广播通信方式要求发送站占用全部带宽,同时以太网的竞争发送机制要求把传输距离限制在较小的范围内。城域网通常可达上百公里的传输距离,这种情况下必然造成部分带宽的浪费。

(2) 局域网应付通信故障的机制不完善,没有故障隔离和自愈能力。在服务范围扩大到整个城市范围时,网络故障的影响不可忽视,自动故障隔离和快速网络自愈变得很重要。

(3) 局域网不能提供服务质量保证。城域网用户的需求是多种多样的,日益发展的多媒体业务要求提供有保障的服务质量(QoS)。

(4) 局域网的管理机制不完善。对于大的城域网,要求简单易行的 OA&M(Operation Administration and Management)功能。

城域以太网论坛(Metro Ethernet Forum,MEF)是由网络设备制造商和网络运营商组成的非盈利组织,专门从事城域以太网的标准化工作。MEF 的承载以太网(Carrier Ethernet)技术规范提出了以下几种业务类型。

(1) 以太网专用线(Ethernet Private Line,EPL):在一对用户以太网之间建立固定速率的点对点专线连接。

(2) 以太网虚拟专线(Ethernet Virtual Private Line,EVPL):在一对用户以太网之间通过第二层技术提供点对点的虚拟以太网连接,支持承诺的信息速率(CIR)、峰值信息速率(PIR)和突发式通信。

(3) 以太局域网服务(E-LAN services):由运营商建立一个城域以太网,在用户以太网之间提供多点对多点的第二层连接,任意两个用户以太网之间都可以通过城域以太网通信。

其中的第三种技术被认为是最有前途的解决方案。提供 E-LAN 服务的基本技术是802.1q 的 VLAN 帧标记。我们假定,各个用户的以太网称为 C-网,运营商建立的城域以太网称为 S-网。如果不同 C-网中的用户要进行通信,以太帧在进入用户网络接口(User-Network Interface,UNI)时被插入一个 S-VID(Server Provider-VLAN ID)字段,用于标识 S-网中的传输服务,而用户的 VLAN 帧标记(C-VID)则保持不变,当以太帧到达目标C-网时,S-VID 字段被删除,如图 5-37 所示。这样就解决了两个用户以太网之间透明的数据传输问题。这种技术定义在 IEEE 802.1ad 的运营商网桥协议(Provider Bridge

Protocol)中,被称为 Q-in-Q 技术。

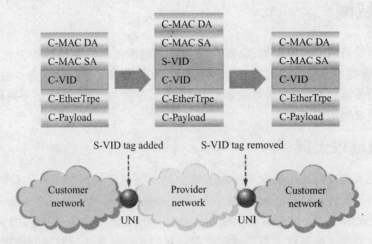

图 5-37 802.1ad 的帧格式

Q-in-Q 实际上是把用户 VLAN 嵌套在城域以太网的 VLAN 中传送,由于其简单性和有效性而得到电信运营商的青睐。但是这样一来,所有用户的 MAC 地址在城域以太网中都是可见的,任何 C-网的改变都会影响到 S-网的配置,增加了管理的难度。而且S-VID 字段只有 12 位,只能标识 4096 个不同的传输服务,网络的可扩展性也受到限制。从用户角度看,网络用户的 MAC 地址都暴露在整个城域以太网中,使得网络的安全性受到威胁。

为了解决上述问题,IEEE 802.1ah 标准提出了运营商主干网桥(Provider Backbone Bridge,PBB)协议。所谓主干网桥就是运营商网络边界的网桥,通过 PBB 对用户以太帧再封装一层运营商的 MAC 帧头,添加主干网目标地址和源地址(B-DA,B-SA)、主干网VLAN 标识(B-VID),以及服务标识(I-SID)等字段,如图 5-38 所示。由于用户以太帧被封装在主干网以太帧中,所以这种技术被称为 MAC-in-MAC 技术。

按照 802.1ah 协议,主干网与用户网具有不同的地址空间。主干网的核心交换机只处理通常的以太网帧头,仅主干网边界交换机才具有 PBB 功能。这样,用户网和主干网被PBB 隔离,使得扁平式的以太网变成了层次化结构,简化了网络管理,保证了网络安全。802.1ah 协议规定的服务标识(I-SID)字段为 24 位,可以区分 1600 万种不同的服务,使得网络的扩展性得以提升。由于采用了二层技术,没有复杂的信令机制,因此设备成本和维护成本较低,被认为是城域以太网的最终解决方案。IEEE 802.1ah 标准正在完善中。

按照图 5-38 所示的封装层次,组成的城域以太网如图 5-39 所示。

5.6.2 弹性分组环

弹性分组环(Resilient Packet Ring,RPR)是一种采用环型拓扑的城域网技术。2004 年公布的 IEEE 802.17 标准定义了 RPR 的介质访问控制方法、物理层接口以及层管理参数,并提出了用于环路检测和配置、失效恢复以及带宽管理的一系列协议。802.17

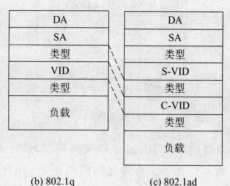

DA=用户的目标地址　　　I-SID=服务 ID
SA=用户的源地址　　　　B-VID=主干网桥 VID
VID=VLAN ID　　　　　　B-DA=主干网目标地址
C-VID用户的 VID　　　　B-SA=主干网源地址
S-VID 服务商的 VID

通常的以太网帧头

服务 ID

(a) 802.1　　　　　(b) 802.1q　　　　(c) 802.1ad　　　　(d) 802.1ah

图 5-38　城域以太网的帧格式

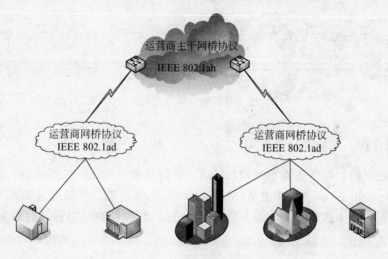

图 5-39　城域以太网

标准也定义了环网与各种物理层的接口和系统管理信息库。RPR 支持的数据速率可达 10 Gb/s。

1. 体系结构

RPR 的体系结构如图 5-40 所示。MAC 服务接口提供上层协议的服务原语；MAC 控制子层控制 MAC 数据通路，维护 MAC 状态，并协调各种 MAC 功能的相互作用；MAC 数据通路子层提供数据传输功能；MAC 子层通过 PHY 服务接口发送/接收分组。

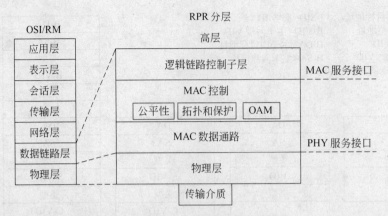

图 5-40　RPR 体系结构

RPR 采用了双环结构,由内层的环 1(Ringlet 1)和外层的环 0(Ringlet 0)组成,每个环都是单方向传送,如图 5-41 所示。相邻工作站之间的跨距(Span)包含传送方向相反的两条链路(Link)。如果 X 站接收 Y 站发出的分组,则 X 是 Y 的下游站,而 Y 是 X 的上游站。RPR 支持多达 255 个工作站,最大环周长为 2000km。

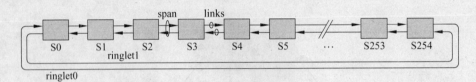

图 5-41　RPR 拓扑结构

2. 数据传送

工作站之间的数据传送有单播(Unicast)、单向泛洪(Unidirectional Flooding)、双向泛洪(Bidirectional Flooding)和组播(Multicast)等几种方式。单播传送如图 5-42 所示。发送站可以利用环 1 或环 0 向它的下游站发送分组,数据帧到达目标站时被复制并从环上剥离(Strip)。

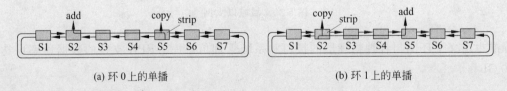

(a) 环 0 上的单播　　　　　　　　　　(b) 环 1 上的单播

图 5-42　单播传送

泛洪传播(Flooding)是由一个站向多个目标站发送分组。单向泛洪有两种方式。数据帧中有一个 ttl(Time to Live)字段,发送站将其初始值设置为目标站数,分组每经过一站,ttl 减 1,ttl 为 0 时到达最后一个接收站,分组被复制并被剥离,如图 5-43(a)所示。另外一种泛洪方式是分组返回发送站时被剥离,如图 5-43(b)所示。

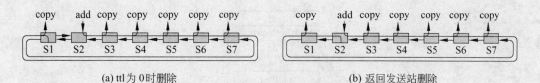

(a) ttl为0时删除　　　　　　　　　　　(b) 返回发送站删除

图 5-43　单向泛洪传播

双向泛洪要利用两个环同时传播，在两个方向发送的分组中设置不同的 ttl 值，当分组达到最后一个目标站时被复制并剥离，如图 5-44(a)所示。如果环上有一个分裂点(Leave Point)，这时形成了开放环，如图 5-44(b)中的垂直虚线所示，这种情况下，发送站要根据分裂点的位置设置两个不同的 ttl 的值。

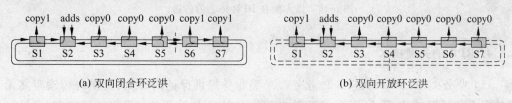

(a) 双向闭合环泛洪　　　　　　　　　　(b) 双向开放环泛洪

图 5-44　双向泛洪传播

组播分组可以利用单向或双向泛洪方式发送，组播成员由分组头中的目标地址字段指定。

3. 基本帧格式

RPR 中传送的分组有数据帧、控制帧、公平帧和闲置帧等多种格式。基本帧格式如图 5-45 所示。如果传送以太帧，则把以太帧中的目标地址和源地址复制到 da 和 sa 字段，把 protocolType 字段设置为以太帧的标识，并把以太帧中的服务数据单元和 CRC 检查和复制到 serviceDataUnit 和 fcs 字段，如图 5-46 所示。

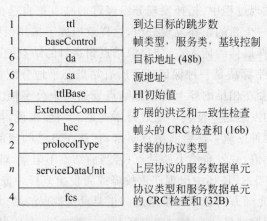

1	ttl	到达目标的跳步数
1	baseControl	帧类型，服务类，基线控制
6	da	目标地址 (48b)
6	sa	源地址
1	ttlBase	Hl初始值
1	ExtendedControl	扩展的洪泛和一致性检查
2	hec	帧头的 CRC 检查和 (16b)
2	prolocolType	封装的协议类型
n	serviceDataUnit	上层协议的服务数据单元
4	fcs	协议类型和服务数据单元的 CRC 检查和 (32B)

图 5-45　RPR 基本帧格式

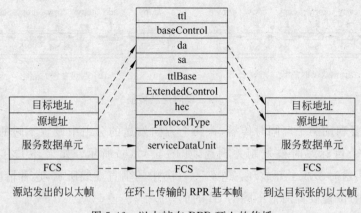

图 5-46   以太帧在 RPR 环上的传播

4. RPR 的关键技术

（1）业务类型：RPR 支持 3 种业务。A 类业务提供保证的带宽,提供与传输距离无关的很小的延迟抖动,适合语音、视频等电路仿真应用;B 类业务提供保证的带宽,提供与传输距离相关的有限的延迟抖动,可以超信息速率（Excess Information Rate,EIR）传输,适合企业数据传输方面的应用;C 类业务提供尽力而为的服务,适合用户的互联网接入。

（2）空间复用：RPR 的空间复用协议（Spatial Reuse Protocol,SRP）提供了寻址、读取分组、管理带宽和传播控制信息等功能。在 RPR 环上,数据帧被目标站从环上剥离,而不是像其他环网那样返回源结点后被剥离。这样就使得多个结点分成多段线路同时传输数据,充分利用了整个环路的带宽。例如环上依次有 A、B、C、D 4 个结点,分组经过 A 结点到达 B 结点被剥离,另外的分组可以从 B 结点插入,并经 C 传送到 D 结点,从而有效地利用了环上 A 到 D 之间的带宽。

（3）拓扑发现：RPR 拓扑发现是一种周期性活动,也可以由某个需要知道拓扑结构的结点发起。在拓扑发现过程中,拓扑发现分组经过的结点把自己的标识符加入到分组中的标识符队列,产生一个新的拓扑发现分组,这样就形成了拓扑识别的累积效应。通过拓扑发现,结点可以选择最佳的插入点,使得源结点到达目的结点的跳步数最小。

（4）公平算法：公平算法是一种保证环上所有站点公平地分配带宽的机制。如果一个结点发生阻塞,它就会在相反的环上向上游结点发送一个公平帧。上游站点收到这个公平帧时就调整自己的发送速率使其不超过公平速率。一般来说,接收到公平帧的站点会根据具体情况作出两种反应:若当前结点阻塞,它就在自己的当前速率和收到的公平速率之间选择一个最小值,并发布给上游结点;若当前结点不阻塞,就不采取任何行动。

（5）环自愈保护：当 RPR 环中出现严重故障或者发生光纤中断时,中断处的两个站点就会发出控制帧,沿光纤方向通知各个结点。正要发送数据的站点接收到这个消息后,立即把要发送的数据倒换到另一个方向的光纤上。一般来说,在环保护切换时,要按照业务流的不同服务等级、根据相同目标一起倒换原则依次向反向光纤倒换业务。RPR 和 SDH 一样,能保证业务的倒换时间小于 50ms。

5.7 无线局域网

5.7.1 无线局域网的基本概念

无线局域网（Wireless Local Area Networks，WLAN）技术主要分为两大阵营：IEEE 802.11 标准体系和欧洲邮电委员会（CEPT）制定的 HIPERLAN（High Performance Radio LAN）标准体系。IEEE 802.11 标准是由面向数据的计算机局域网发展而来的，网络采用无连接的协议，目前市场上的大部分产品是根据这个标准开发的；与之对抗的 HIPERLAN-2 标准则是基于连接的无线局域网，致力于面向语音的蜂窝电话，这个网络标准正在审定之中。这一节讲述 IEEE 802.11 标准定义的 WLAN。

IEEE 802.11 标准的制定始于 1987 年，当初是在 802.4L 小组作为令牌总线的一部分来研究的，其主要目的是用作工厂设备的通信和控制设施。1990 年，IEEE 802.11 小组正式独立出来，专门从事制定 WLAN 的物理层和 MAC 层标准。1997 年颁布的 IEEE 802.11 标准运行在 2.4GHz 的 ISM（Industrial Scientific and Medical）频段，采用扩频通信技术，支持 1Mbps 和 2Mbps 数据速率。随后又出现了两个新的标准，1998 年推出的 IEEE 802.11b 标准也是运行在 ISM 频段，采用 CCK（Complementary Code Keying）技术，支持 11Mbps 的数据速率。1999 年推出的 IEEE 802.11a 标准运行在 U-NII（Unlicensed National Information Infrastructure）频段，采用 OFDM（Orthogonal Frequency Division Multiplexing）调制技术，支持最高达 54Mbps 的数据速率。目前的 WLAN 标准主要有 4 种，如表 5-15 所示。

表 5-15 IEEE 802.11 标准

名 称	发布时间	工作频段	调制技术	数据速率/Mbps
802.11	1997 年	2.4GHz ISM 频段	DBPSK DQPSK	1 2
802.11b	1998 年	2.4GHz ISM 频段	CCK	5.5,11
802.11a	1999 年	5GHz U-NII 频段	OFDM	54
802.11g	2003 年	2.4GHz ISM 频段	OFDM	54

IEEE 802.11 标准定义了两种无线网络的拓扑结构，一种是基础设施网络（Infrastructure Networking），另一种是特殊网络（Ad hoc Networking），如图 5-47 所示。在基础设施网络中，无线终端通过接入点（Access Point，AP）访问骨干网设备，或者互相访问。接入点如同一个网桥，它负责在 802.11 和 802.3 MAC 协议之间进行转换。一个接入点覆盖的区域叫做一个基本业务区（Basic Service Area，BSA），接入点控制的所有终端组成一个基本业务集（Basic Service Set，BSS）。把多个基本业务集互相连接就形成了分布式系统（Distributed System，DS）。DS 支持的所有服务叫做扩展服务集（Extended Service Set，ESS），它由两个以上 BSS 组成，如图 5-48 所示。

Ad hoc 网络是一种点对点连接，不需要有线网络和接入点的支持，以无线网卡连接

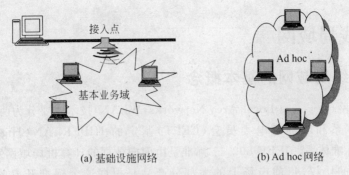

(a) 基础设施网络　　　　　　　(b) Ad hoc 网络

图 5-47　IEEE 802.11 定义的网络拓扑结构

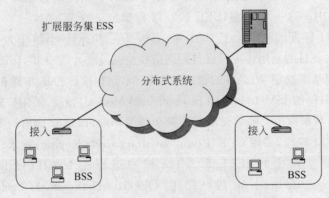

图 5-48　IEEE 802.11 定义的分布式系统

的终端设备之间可以直接通信。这种拓扑结构适合在移动情况下快速部署网络。802.11
支持单跳的 Ad hoc 网络,当一个无线终端接入时首先寻找来自 AP 或其他终端的信标信
号,如果找到了信标,则 AP 或其他终端就宣布新的终端加入了网络;如果没有检测到信
标,该终端就自行宣布存在于网络之中。在军事应用中还有一种多跳的 Ad hoc 网络,在
这种情况下,无线终端用接力的方法与相距很远的终端进行对等通信。Ad hoc 网络在可
伸缩性和灵活性方面比基础设施网络要好,但是由于路由复杂和协调控制等技术难以解
决,所以需要无线接入点的支持。

5.7.2　WLAN 通信技术

无线网可以按照使用的通信技术分类。现有的无线网主要使用 3 种通信技术:红外
线、扩展频谱和窄带微波技术。表 5-16 列出了对这 3 种技术的比较,下面分别讨论这3种
技术的主要特点。

1. 红外通信

红外线(Infrared Ray,IR)通信技术已经用在家庭中的遥控设备上了,这种技术也可
以用来建立 WLAN。IR 通信相对于无线电微波通信有一些重要的优点。首先红外线频
谱是无限的,因此有可能提供极高的数据速率。其次红外线频谱在世界范围内都不受管
制,而有些微波频谱则需要申请许可证。

表 5-16　无线 LAN 传输技术的比较

	红外线		扩展频谱		无线电
	散射红外线	定向红外光束	频率跳动	直接序列	窄带微波
数据速率(Mbps)	1~4	10	1~3	2~20	5~10
移动特性	固定/移动	与 LOS 固定	移动	固定/移动	
范围(ft)	50~200	80	100~300	100~800	40~130
可监测性	可忽略		几乎无		有一些
波长/频率	λ：850nm~950nm		ISM 频带：902~928MHz 2.4~2.4835GHz 5.725~5.875GHz		18.825~19.025GHz 或 ISM 频带
调制技术	OOK		GFSK	QPSK	FSK/QPSK
辐射能量	NA		<1W		25mW
访问方法	CSMA	令牌环,CSMA	CSMA		预约 ALOHA,CSMA
需许可证否	否		否		除 ISM 外都要

　　另外,红外线与可见光一样,可以被浅色的物体漫反射,这样就可以用天花板反射来覆盖整间房间。红外线不会穿透墙壁或其他的不透明物体,因此 IR 通信不易入侵,安装在大楼各个房间内的红外线网络可以互不干扰地工作。

　　红外线网络的另一个优点是它的设备相对简单而且便宜。红外线数据的传输基本上是用强度调制,红外线接收器只需检测光信号的强弱,而大多数微波接收器则要检测信号的频率或相位。

　　然而红外线网络也存在一些缺点。室内环境可能因阳光或照明而产生相当强的光线,这将成为红外接收器的噪音,使得必须用更高能量的发送器,并限制了通信范围。很大的传输能量会消耗过多的电能,并对眼睛造成不良影响。

　　IR 通信分成 3 种技术。

　　(1) 定向红外光束

　　定向红外光束可以用于点对点链路。在这种通信方式中,传输的范围取决于发射的强度与光束集中的程度。定向光束 IR 链路可以长达几千米,因而可以连接几座大楼的网络,每幢大楼的路由器或网桥在视距范围内通过 IR 收发器互相连接。点对点 IR 链路的室内应用是建立令牌环网,各个 IR 收发器链接形成回路,每个收发器支持一个终端或由集线器连接的一组终端,集线器充当网桥功能。

　　(2) 全方向广播红外线

　　全向广播网络包含一个基站,典型情况下基站置于天花板上,它看得见 LAN 中的所有终端。基站上的发射器向各个方向广播信号,所有终端的 IR 收发器都用定位光束瞄准天花板上的基站,可以接收基站发出的信号,或向基站发送信号。

　　(3) 漫反射红外线

　　在这种配置中,所有的发射器都集中瞄准天花板上的一点。红外线射到天花板上后被全方位地漫反射回来,并被房间内所有的接收器接收。

漫反射 WLAN 采用线性编码的基带传输模式。基带脉冲调制技术一般分为脉冲幅度调制(PAM)、脉冲位置调制(PPM)和脉冲宽度调制(PDM)。顾名思义,在这 3 种调制方式中,信息分别包含在脉冲信号的幅度、位置和持续时间里。由于无线信道受距离的影响导致脉冲幅度变化很大,所以很少使用 PAM 调制,而 PPM 和 PDM 则成为较好的候选技术。

图 5-49 所示为 PPM 技术的一种应用。数据 1 和 0 都用 3 个窄脉冲表示,但是 1 被编码在比特的起始位置,而 0 被编码在中间位置。使用窄脉冲有利于减少发送的功率,但是增加了带宽。

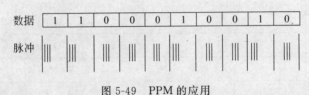

图 5-49　PPM 的应用

IEEE 802.11 规定采用 PPM 技术作为漫反射 IR 介质的物理层标准,使用的波长为 850～950nm,数据速率分为 1Mbps 和 2Mbps 两种。在 1Mbps 的方案中采用 16PPM,即脉冲信号占用 16 个位置之一,一个脉冲信号表示 4b 信息,如图 5-50(a)所示。802.11 标准规定脉冲宽度为 250ns,则 $16 \times 250 = 4\mu s$,可见 $4\mu s$ 发送 4b,即数据速率为 1Mbps。对于 2Mbps 的网络,则规定用 4 个位置来表示 2b 的信息,如图 5-50(b)所示。

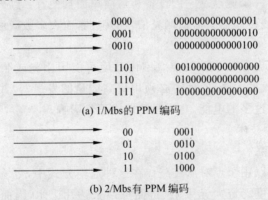

(a) 1/Mbs 的 PPM 编码

(b) 2/Mbs 有 PPM 编码

图 5-50　IEEE 802.11 规定的 PPM 调制技术

2. 扩展频谱通信

扩展频谱通信技术起初是为军事网络开发的。其主要想法是将信号散布到更宽的带宽上以减少发生阻塞和干扰的机会。早期的扩频方式是频率跳动扩展频谱(Frequency-Hopping Spread Spectrum,FHSS),更新的版本是直接序列扩展频谱(Direct Sequence Spread Spectrum,DSSS),这两种技术在 IEEE 802.11 定义的 WLAN 中都有应用,参见 2.7 节。

3. 窄带微波通信

窄带微波(Narrowband Microwave)是指使用微波无线电频带(RF)进行数据传输，其带宽刚好能容纳信号。以前，所有的窄带微波无线网产品都需要申请许可证，现在已经出现了 ISM 频带内的窄带微波无线网产品。

(1) 申请许可证的窄带 RF

用于声音、数据和视频传输的微波无线电频率需要通过许可证进行协调，以确保在同一地理区域中的各个系统之间不会相互干扰。在美国，由联邦通信委员会(FCC)来管理许可证。每个地理区域的半径为 17.5mile，可以容纳 5 个许可证，每个许可证覆盖两个频率。Motorola 公司在 18GHz 的范围内拥有 600 个许可证，覆盖了 1200 个频带。

申请许可证的频带在法律上保护许可证拥有者进行无干扰数据通信的权利。ISM 频带的使用者随时有被干扰的危险，从而引起通信失败。

(2) 免许可证的窄带 RF

1995 年，RadioLAN 成为第一个引进免许可证 ISM 窄带无线网的制造商。这一频谱可以用于低功率($\leqslant 0.5w$)的窄带传输。RadioLAN 产品的数据速率为 10Mbps，使用 5.8GHz 频带，有效覆盖范围为 150~300ft。

RadioLAN 是一种对等配置的网络。RadioLAN 的产品按照位置、干扰和信号强度等参数自动地选择一个终端作为动态主管，其作用类似于有线网中的集线器。当情况变化时，作为动态主管的实体也会自动改变。这个网络还包括动态中继功能，它允许每个终端像转发器一样工作，使得超越传输范围的终端也可以进行数据传输。

5.7.3 IEEE 802.11 体系结构

802.11WLAN 的协议结构如图 5-51 所示。MAC 层分为 MAC 子层和 MAC 管理子层。MAC 子层负责访问控制和分组拆装，MAC 管理子层负责 ESS 漫游、电源管理和登记过程中的关联管理。物理层分为物理层会聚协议(Physical Layer Convergence Protocol，PLCP)、物理介质相关(Physical Medium Dependent，PMD)子层和 PHY 管理子层。PLCP 主要进行载波监听和物理层分组的建立，PMD 用于传输信号的调制和编码，而 PHY 管理子层负责选择物理信道和调谐。另外 IEEE 802.11 还定义了站管理子层，用于协调物理层和 MAC 层之间的交互作用。下面分别解释各个子层的功能。

数据链路层	LLC		站管理
	MAC	MAC 管理	
物理层 PHY	PLCP	PHY 管理	
	PMD		

图 5-51 WLAN 协议模型

1. 物理层

IEEE 802.11 定义了 3 种 PLCP 帧格式来对应 3 种不同的 PMD 子层通信技术。

（1）FHSS

对应于 FHSS 通信的 PLCP 帧格式如图 5-52 所示。SYNC 是 0 和 1 的序列,共 80b 作为同步信号。SFD 的比特模式为 0000110010111101,用作帧的起始符。PLW 代表帧长度,共 12 位,所以帧最大长度可以达到 4096B。PSF 是分组信令字段,用来标识不同的数据速率。起始数据速率为 1Mbps,以 0.5 的步长递增。PSF＝0000 时代表数据速率为 1Mbps,PSF 为其他数值时则在起始速率的基础上增加一定倍数的步长,例如 PSF＝0010,则 1Mbps＋0.5Mbps×2＝2Mbps，若 PSF＝1111,则 1Mbps＋0.5Mbps×15＝8.5Mbps。16 位的 CRC 是为了保护 PLCP 头部所加的,它能纠正 2 比特错。MPDU 代表 MAC 协议数据单元。

SYNC(80)	SFD(16)	PLW(12)	PSF(4)	CRC(16)	MPDU(≤ 4093 字节)

图 5-52　用于 FHSS 方式的 PLCP 帧

在 2.402～2.480GHz 之间的 ISM 频带中分布着 78 个 1MHz 的信道,PMD 层可以采用以下 3 种跳频模式之一,每种跳频模式在 26 个频点上跳跃:

$$(0,3,6,9,12,15,18,\cdots,60,63,66,69,72,75)$$
$$(1,4,7,10,13,16,19,\cdots,61,64,67,70,73,76)$$
$$(2,5,8,11,14,17,20,\cdots,62,65,68,71,74,77)$$

具体采用哪一种跳频模式由 PHY 管理子层决定。3 种跳频点可以提供 3 个 BSS 在同一小区中共存。IEEE 802.11 还规定,跳跃速率为 2.5 跳/秒,推荐的发送功率为 100mW。

（2）DSSS

图 5-53 所示为采用 DSSS 通信时的帧格式,与前一种不同的字段解释如下:SFD 字段的比特模式为 1111001110100000。Signal 字段表示数据速率,步长为 100Kbps,比 FHSS 精确 5 倍。例如 Signal 字段＝00001010 时,10×100Kbps＝1Mbps,Signal 字段＝00010100 时,20×100Kbps＝2Mbps。Service 字段保留未用。Length 字段指 MPDU 的长度,单位为 μs。

SYNC(128)	SFD(16)	Signal(8)	Service(8)	Length(16)	FCS(8)	MPDU

图 5-53　用于 DSSS 方式的 PLCP 帧

图 5-54 所示为 IEEE 802.11 采用的直接系列扩频信号,每个数据比特被编码为 11 位的 Barker 码,图中采用的序列为[1,1,1,−1,−1,−1,1,−1,−1,1,−1]。码片速率为 11Mc/s,占用的带宽为 26MHz,数据速率为 1Mbps 和 2Mbps 时分别采用差分二进制相移键控(DBPSK)和差分四相相移键控(DQPSK),即一个码元分别代表 1b 或 2b 数据。

ISM 的 2.4GHz 频段划分成 11 个互相覆盖的信道,其中心频率间隔为 5MHz,如图 5-55 所示。接入点 AP 可根据干扰信号的分布在 5 个频段中选择一个最有利的频段。推荐的发送功率为 1mW。

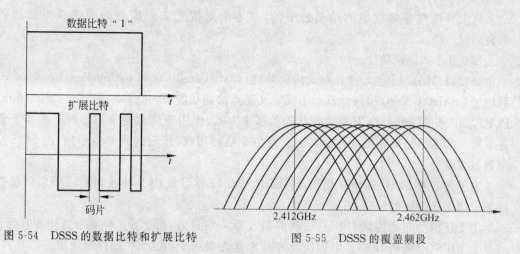

图 5-54 DSSS 的数据比特和扩展比特   图 5-55 DSSS 的覆盖频段

（3）DFIR

图 5-56 所示为采用漫反射红外线（Diffused IR，DFIR）时的 PLCP 帧格式。DFIR 的 SYNC 比 FHSS 和 DSSS 的都短，因为采用光敏二极管检测信号不需要复杂的同步过程。Data rate 字段＝000，表示 1Mbps，Data rate 字段＝001，表示 2Mbps。DCLA 是直流电平调节字段，通过发送 32 个时隙的脉冲序列来确定接收信号的电平。MPDU 的长度不超过 2500B。

SYNC（57-73）	SFD（4）	Data rate（3）	DCLA（32）	Length（16）	FCS（16）	MPDU

图 5-56 用于 DFIR 方式的 PLCP 帧

2. MAC 子层

MAC 子层的功能是提供访问控制机制，定义了 3 种访问控制机制：CSMA/CA 支持竞争访问、RTS/CTS 和点协调功能支持无竞争的访问。

（1）CSMA/CA 协议

CSMA/CA 类似于 802.3 的 CSMA/CD 协议，这种访问控制机制叫做载波监听多路访问/冲突避免协议。在无线网中进行冲突检测是有困难的。例如两个站由于距离过大或者中间障碍物的分隔从而检测不到冲突，但是位于它们之间的第三个站可能会检测到冲突，这就是所谓隐蔽终端问题。采用冲突避免的办法可以解决隐蔽终端的问题。802.11 定义了一个帧间隔（Inter Frame Spacing，IFS）时间。另外还有一个后退计数器，它的初始值是随机设置的，递减计数直到 0。基本的操作过程是：

① 如果一个站有数据要发送并且监听到信道忙，则产生一个随机数设置自己的后退计数器并坚持监听。

② 听到信道空闲后等待 IFS 时间，然后开始计数。最先计数完的站可以开始发送。

③ 其他站在听到有新的站开始发送后暂停计数，在新的站发送完成后再等待一个 IFS 时间继续计数，直到计数完成开始发送。

这个算法对参与竞争的站是公平的,基本上是按先来先服务的顺序获得发送的机会。

（2）分布式协调功能

802.11 MAC 层定义的分布式协调功能（Distributed Coordination Function，DCF）利用了 CSMA/CA 协议,在此基础上又定义了点协调功能（Point Coordination Function，PCF）,如图 5-57 所示。DCF 是数据传输的基本方式,作用于信道竞争期。PCF 工作于非竞争期。两者总是交替出现,先由 DCF 竞争介质使用权,然后进入非竞争期,由 PCF 控制数据传输。

为了使各种 MAC 操作互相配合,IEEE 802.11 推荐使用 3 种帧间隔（IFS）,以便提供基于优先级的访问控制:

① DIFS（分布式协调 IFS）。最长的 IFS,优先级最低,用于异步帧竞争访问的时延。

② PIFS（点协调 IFS）。中等长度的 IFS,优先级居中,在 PCF 操作中使用。

③ SIFS（短 IFS）。最短的 IFS,优先级最高,用于需要立即响应的操作。

DIFS 用在前面介绍的 CSMA/CA 协议中,只要 MAC 层有数据要发送,就监听信道是否空闲。如果信道空闲,等待 DIFS 时段后开始发送;如果信道忙,就继续监听并采用前面介绍的后退算法等待,直到可以发送为止。

IEEE 802.11 还定义了带有应答帧（ACK）的 CSMA/CA。图 5-58 表示的是 AP 和终端之间使用带有应答帧的 CSMA/CA 进行通信的例子。AP 收到一个数据帧后等待 SIFS 再发送一个应答帧 ACK。由于 SIFS 比 DIFS 小得多,所以其他终端在 AP 的应答帧传送完成后才能开始新的竞争过程。

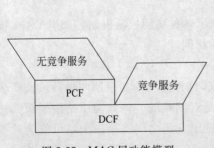

图 5-57　MAC 层功能模型　　　　图 5-58　带有 ACK 的数据传输

SIFS 也用在 RTS/CTS 机制中,如图 5-59 所示。源终端先发送一个"请求发送"帧 RTS,其中包含源地址、目标地址和准备发送的数据帧的长度。目标终端收到 RTS 后等待一个 SIFS 时间,然后发送"允许发送"帧 CTS。源终端收到 CTS 后再等待 SIFS 时间,就可以发送数据帧了。目标终端收到数据帧后也等待 SIFS,发回应答帧。其他终端发现 RTS/CTS 后就设置一个网络分配矢量（Network Allocation Vector，NAV）信号,该信号的存在说明信道忙,所有终端不得争用信道。

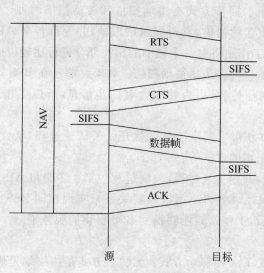

图 5-59 RTS/CTS 工作机制

（3）点协调功能

PCF 是在 DCF 之上实现的一个可选功能。所谓点协调就是由 AP 集中轮询所有终端，为其提供无竞争的服务，这种机制适用于时间敏感的操作。轮询过程中使用 PIFS 作为帧间隔时间。由于 PIFS 比 DIFS 小，所以点协调能够优先 CSMA/CA 获得信道，并把所有的异步帧都推后传送。

在极端情况下，考虑下面的网络配置：对时间敏感的帧都由点协调功能控制发送，其他异步帧都用 CSMA/CA 协议竞争信道。点协调功能可以循环地向所有配置为轮询的终端发送轮询信号，被轮询的终端可以延迟 SIFS 发回响应。点协调功能如果收到响应，就延迟 PIFS 重新轮询。如果在预期的时间内没有收到响应，点协调功能再向下一个终端发出轮询信号。

如果上述规则得以实现，点协调功能就可以用连续轮询的方式排除所有的异步帧。为了防止这种情况的发生，802.11 又定义了一个称为超级帧的时间间隔。在此时段的开始部分，由点协调功能向所有配置成轮询的终端发出轮询。随后在超级帧余下的时间内允许异步帧竞争信道。

3. MAC 管理子层

MAC 管理子层的功能是实现登记过程、ESS 漫游、安全管理和电源管理等功能。WLAN 是开放系统，各站点共享传输介质，而且通信站具有移动性，因此，必须解决信息的同步、漫游、保密和节能问题。

（1）登记过程

信标是一种管理帧，由 AP 定期发送，用于进行时间同步。信标还用来识别 AP 和网络，其中包含基站 ID、时间戳、睡眠模式和电源管理等信息。

为了得到 WLAN 提供的服务，终端在进入 WLAN 区域时，必须进行同步搜索以定位 AP,并获取相关信息。同步方式有主动扫描和被动扫描两种。所谓主动扫描就是终端在预定的各个频道上连续扫描,发射探试请求帧,并等待各个 AP 回答的响应帧;收到各个 AP 的响应帧后,工作站将对各个帧中的相关部分进行比较以确定最佳 AP。

终端获得同步的另一种方法是被动扫描。如果终端已在 BSS 区域,那么它可以收到各个 AP 周期性发射的信标帧,因为帧中含有同步信息,所以工作站在对各帧进行比较后,确定最佳 AP。

终端定位了 AP 并获得了同步信息后就开始了认证过程,认证过程包括 AP 对工作站身份的确认和共享密钥的认证等。

认证过程结束后就开始关联过程,关联过程包括:终端和 AP 交换信息,在 DS 中建立终端和 AP 的映射关系,DS 将根据该映射关系来实现相同 BSS 及不同 BSS 间的信息传送。关联过程结束后,工作站就能够得到 BSS 提供的服务了。

(2) 移动方式

IEEE 802.11 定义了 3 种移动方式:无转移方式是指终端是固定的,或者仅在 BSA 内部移动;BSS 转移是指终端在同一 ESS 内部的多个 BSS 之间移动;ESS 转移是指从一个 ESS 移动到另一个 ESS。

当终端开始漫游并逐渐远离 AP 时,它对 AP 的接收信号将变坏,这时终端启动扫描功能重新定位 AP,一旦定位了新的 AP,工作站随即向新 AP 发送重新连接请求,新 AP 将该终端的重新连接请求通知分布系统(DS),DS 随即更改该工作站与 AP 的映射关系,并通知原来的 AP 不再与该工作站关联。然后,新 AP 向该终端发射重新连接响应。至此,完成漫游过程。如果工作站没有收到重新连接响应,它将重启扫描功能,定位其他 AP,重复上述过程,直到连接上新的 AP。

(3) 安全管理

WLAN 开放的传输介质使得只要是符合协议要求的无线系统均可能在信号覆盖范围内收到所有信息,为了达到和有线网络同等的安全性能,IEEE 802.11 采取了认证和加密措施。

认证程序控制 WLAN 接入的能力,这一过程被所有无线终端用来建立自己合法的身份标志,如果 AP 和工作站之间无法完成相互认证,那么它们就不能建立有效的连接。IEEE 802.11 协议支持多个不同的认证过程,并且允许认证方案扩充。

IEEE 802.11 提供的加密方式采用有线等价协议(Wired Equivalency Protocol, WEP),WEP 包括共享密钥认证和数据加密两个过程。共享密钥认证使得那些没有正确 WEP 密钥的用户无法访问网络,而加密则要求所有数据都必须用密文传输。

认证采用了标准的询问和响应帧格式。执行过程中,AP 根据 RC4 算法运用共享密钥对 128B 的随机序列进行加密后作为询问帧发给用户,用户将收到的询问帧进行解密后以明文形式响应 AP,AP 将明文与原始随机序列进行比较,如果两者一致,则通过认证。

2004 年 6 月公布的 IEEE 802.11i 标准是对 WEP 协议的改进,为无线局域网提供了全新的安全技术。802.11i 定义了新的密钥交换协议 TKIP(Temporal Key Integrity Protocol)和高级加密标准 AES(Advanced Encryption Standard)。TKIP 提供了报文完

整性检查,每个数据包使用不同的混合密钥(Per-Packet Key Mixing),每次建立连接时生成一个新的基本密钥(Re-Keying),这些手段的采用使得诸如密钥共享、碰撞攻击、重放攻击等无能为力,从而弥补了 WEP 协议的安全隐患。

(4) 电源管理

IEEE 802.11 允许空闲站处于睡眠状态,在同步时钟的控制下周期性地唤醒处于睡眠态的空闲站,由 AP 发送的信标帧中的 TIM(业务指示表)指示是否有数据暂存于AP,若有,则向 AP 发探询帧,并从 AP 接收数据,然后进入睡眠态;若无,则立即进入睡眠状态。

习　题

1. 10Mbps 的 802.3 标准局域网的波特率是多少?

2. 试比较 IEEE 802.3 和 802.5 两种局域网的主要特点。

3. 以太网的监听算法有哪几种? 各有什么优缺点?

4. 在令牌环网中,如果目标站接收数据帧后将其删除,另外发送应答帧,这种工作方式对系统功能有什么影响?

5. 使用 CSMA/CD 协议的局域网,数据速率为 1Gbps,网段长 1km,信号传播速度为 200m/μs,最小帧长是多少?

6. 当数据速率为 5Mbps,信号传播速度为 200m/μs 时,令牌环接口中 1b 的延迟相当于多少米电缆?

7. 基带总线上有相距 1km 的两个站,数据速率为 1Mbps,帧长 100b,信号传播速度为 200m/μs,假定每个站平均每秒钟产生 1000 个帧,按照 ALOHA 协议,如果一个站在时刻 t 开始发送 1 个帧,那么发生冲突的概率是多少? 对分槽的 ALOHA 协议,重复上面的计算。

8. 一个 1km 长、数据速率为 10Mbps 的 CSMA/CD 局域网,信号传播速度为 200m/μs,数据帧长为 256b,其中包含 32 位的帧头、校验和以及其他开销,传输成功后的第一个比特槽留给接收站捕获信道,以发送一个 32b 的应答帧,假定没有冲突,不计开销,有效数据速率是多少?

9. 一个 1km 长、数据速率为 10Mbps、负载相当重的令牌环网,信号传播速度为 200m/μs,环上有 50 个等距离的站,数据帧长为 256b,其中包含 32b 的额外开销,应答包含在数据帧中,令牌长 8b,此环网的有效数据速率是多少?

10. 分槽环是另外一种环网介质控制技术。环上有若干固定长度的时槽在连续循环运转,每个时槽中有一个比特指示时槽是否空闲,请求发送的站等到空闲时槽来到时把空标志变为忙标志,并插入要发送的数据,当数据帧返回后再由原发站重新改为空时槽。试比较分槽环和令牌环的优缺点。

11. 分槽环长 10km,数据速率 10Mbps,环上有 500 个中继器,每个中继器产生 1b 时延,每个时槽包含 1 个源地址字节,一个目标地址字节,两个数据字节和 5 个控制比特,问环上可容纳多少个时槽?

12. IEEE 802.3 与 IEEE 802.11 采用的接入技术有什么不同?

13. 有线网络和无线网络中的载波监听机制有什么不同?

14. 码片速率是指每秒钟发送的码片数,简写为 chips/sec 或 c/s,带宽利用率定义为码片速率除以载波带宽,即 chips/sec/Hz。IS-95 标准的载波带宽为 1.25MHz,支持的码片速率为 1.2288Mc/s,其带宽利用率是多少? IEEE 802.11 采用 26MHz 带宽支持 22Mc/s 的码片速率,它的带宽利用率是多少?

第6章

TCP/IP 与互联网

多个网络互相连接组成范围更大的网络叫做互联网（Internet）。由于各种网络使用的技术不同，所以要实现网络之间的相互通信还要解决一些新的问题。例如各种网络可能有不同的寻址方案，不同的分组长度，不同的超时控制，不同的差错恢复方法，不同的路由选择技术，以及不同的用户访问控制协议等。另外各种网络提供的服务也可能不同，有的是面向连接的，有的是无连接的。网络互连技术就是要在不改变原来的网络体系结构的前提下，把一些异构型的网络互相连接构成统一的通信系统，实现更大范围的资源共享。组成互联网的各个网络叫子网，用于连接子网的设备叫做中间系统 IS（Intermediate System），它的主要作用是协调各个网络，使得跨网络的通信得以实现。中间系统可以是一个单独的设备，也可以是一个网络。本章首先概括介绍各种网络互连设备，然后分别讨论局域网和广域网的互连。最后介绍国际互联网（Internet）协议及其提供的网络服务。

6.1　网络互连设备

网络互连设备的作用是连接不同的网络。这里我们用网段专指不包含任何互连设备的网络。网络互连设备可以根据它们工作的协议层进行分类：中继器（Repeater）工作于物理层；网桥（Bridge）工作于数据链路层；路由器（Router）工作于网络层；而网关（Gateway）则工作于网络层以上的协议层。这种根据 OSI 协议层的分类只是概念上的，在实际的网络互连产品中可能是几种功能的组合，从而可以提供更复杂的网络互连服务。

1. 中继器

由于传输线路噪音的影响，承载信息的数字信号或模拟信号只能传输有限的距离。例如在 802.3 中，收发器芯片的驱动能力只有 500m。虽然 MAC 协议的定时特性（τ 值的大小）允许电缆长达 2.5km，但是单个电缆段却不允许做得那么长。在线路中间插入放大器的办法是不可取的，因为伴随信号的噪音也被放大了。在这种情况下用中继器连接两个网段可以延长信号的传输距离。中继器的功能是对接收信号进行再生和发送。中继器不解释也不改变接收到的数字信息，它只是从接收信号中分离出数字数据，存储起来，然后重新构造它并转发出去。再生的信号与接收信号完全相同并可以沿着另外的网段传输到远端。中继器的概念和工作原理如图 6-1 所示。

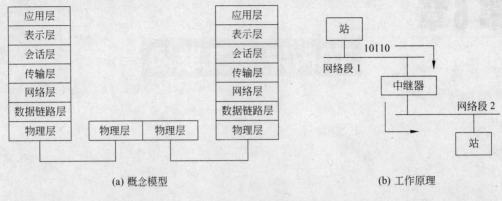

(a) 概念模型　　　　　　　　　　(b) 工作原理

图 6-1　中继器

从理论上说,可以用中继器把网络延长到任意长的传输距离,然而在很多网络上都限制了一对工作站之间加入中继器的数目。例如在以太网中限制最多使用 4 个中继器,即最多由 5 个网段组成。

中继器工作于物理层,只是起到扩展传输距离的作用,对高层协议是透明的。实际上,通过中继器连接起来的网络相当于同一条电缆组成的更大的网络。中继器也能把不同传输介质(例如,10BASE 5 和 10BASE2)的网络连在一起,多用在数据链路层以上相同的局域网的互连中。这种设备安装简单,使用方便,并能保持原来的传输速度。

2. 网桥

类似于中继器,网桥也用于连接两个局域网段,但它工作于数据链路层。网桥要分析帧地址字段,以决定是否把收到的帧转发到另一个网段上。网桥的概念模型和工作原理如图 6-2 所示。

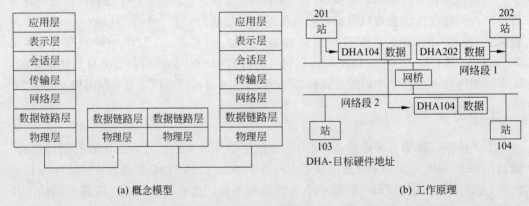

(a) 概念模型　　　　　　　　　　(b) 工作原理

图 6-2　网桥

在图 6-2(b)中,网桥检查帧的源地址和目标地址,如果目标地址和源地址不在同一个网段上,就把帧转发到另一个网段上;若两个地址在同一个网段上,则不转发,所以网桥能起到过滤帧的作用。网桥的帧过滤特性很有用,当一个网络由于负载很重而性能下降时可以用网桥把它分成两个段,并使得段间的通信量保持最小。例如把分布在两层楼上的网络分成每层一个网段,段中间用网桥相连。这样的配置可以缓解网络通信繁忙的程度,提高通信效率。同时由于网桥的隔离作用,一个网段上的故障不会影响到另一个网段,从而提高了网络的可靠性。

网桥可用于运行相同的高层协议的设备间的通信,采用不同高层协议的网络不能通过网桥互相通信。另外网桥也能连接不同传输介质的网络,例如可实现同轴电缆以太网与双绞线以太网之间的互连,或是以太网与令牌环网之间的互连。确切地说,网桥工作于MAC 子层,只要两个网络 MAC 子层以上的协议相同,都可以用网桥互连。至于网桥如何获得各个工作站的 MAC 地址,如何决定转发的方向,将在下一节详细讨论。

3. 路由器

路由器的概念模型和工作原理如图 6-3 所示,可以看出,路由器工作于网络层。通常把网络层地址叫做逻辑地址,把数据链路层地址叫做物理地址。物理地址通常是由硬件制造商指定的,例如每一块以太网卡都有一个 48 位的站地址。这种地址由 IEEE 管理(给每个网卡制造商指定唯一的前三个字节值),任何两个网卡不会有相同的物理地址。逻辑地址是由网络管理员在组网配置时指定的,这种地址可以按照网络的组织结构以及每个工作站的用途灵活设置,而且可以根据需要改变。逻辑地址也叫软件地址,用于网络层寻址。例如在图 6-3(b)中,以太网 A 中硬件地址为 101 的工作站的软件地址为 A.05,这种用“.”记号表示地址的方法既表示了工作站所在的网络,也标识了网络中唯一的工作站。

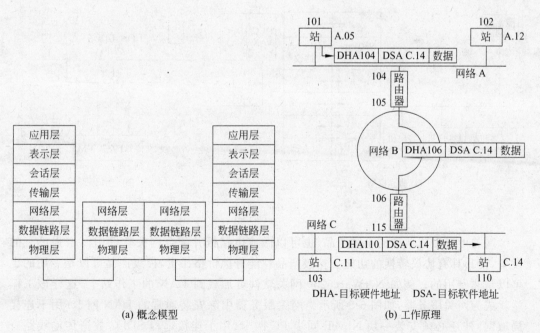

(a) 概念模型　　　　(b) 工作原理

图 6-3　路由器

路由器根据网络逻辑地址在互连的子网之间传递分组。一个子网可能对应于一个物理网段,也可能对应于几个物理网段。路由器适合于连接复杂的大型网络,它工作于网络层,因而可以用于连接下面三层执行不同协议的网络,协议的转换由路由器完成,从而消除了网络层协议之间的差别,通过路由器连接的子网在网络层之上必须执行相同的协议。路由器如何协调网络协议之间的差别,如何进行路由选择以及如何在通信子网之间转发分组,将在 6.4 节中详细讨论。

由于路由器工作于网络层,它处理的信息量比网桥要多,因而处理速度比网桥慢。但路由器的互连能力较强,可以执行复杂的路由选择算法。在具体的网络互连中,采用路由器还是采用网桥,取决于网络管理的需要和具体的网络环境。

有的网桥制造商在网桥上增加了一些智能设备,从而可以进行复杂的路由选择,这种互连设备叫做路由桥(Routing Bridge)。路由桥虽然能够运行路由选择算法,甚至能够根据安全性要求决定是否转发数据帧,但由于它不涉及第三层协议,所以还是属于工作在数据链路层的网桥设备,它不能像路由器那样用于连接复杂的广域网。

4. 网关

网关是最复杂的网络互连设备,它用于连接网络层之上执行不同协议的子网,组成异构型的互联网。网关能对互不兼容的高层协议进行转换,如图 6-4 所示,使用 Novell 公司 NetWare 的 PC 工作站和 SNA 网络互连,两者不仅硬件不同,而且整个数据结构和使用的协议都不同。为了实现异构型设备之间的通信,网关要对不同的传输层、会话层、表示层和应用层协议进行翻译和变换。

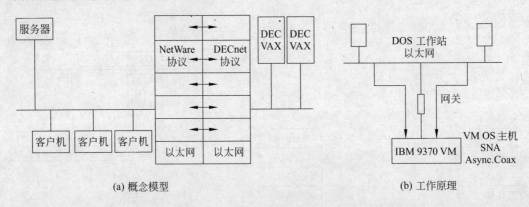

(a) 概念模型　　　　　　　　　　　(b) 工作原理

图 6-4　网关

网关可以做成单独的箱级产品,也可以做成电路板并配合网关软件用以增强已有的设备,使其具有协议转换的功能。箱级产品性能好但价格昂贵,板级产品可以是专用的也可以是非专用的。例如 NetWare5250 网关软件可加载到 LAN 的工作站上,这样该工作站就成为网关服务器,如图 6-5 所示。网关服务器中除安装通常的 LAN 网卡(用于连接局域网)外还必须安装一块 Novell 同步 PC 网卡(用于连接远程 SDLC 数据传输线路)。在网关软件的支持下,网关服务器通过通信线路与远程 IBM 主机(AS/400 或 System/3X)相连。如果 LAN 上的工作站运行 NetWare5250 工作站软件,就可以仿真

IBM5250 终端,也可以实现主机和终端间的文件传递。这种网关软件提供专用和非专用两种操作方式。在非专用方式下,运行网关软件的 PC 既作为网关服务器,又可作为NetWare5250 工作站。

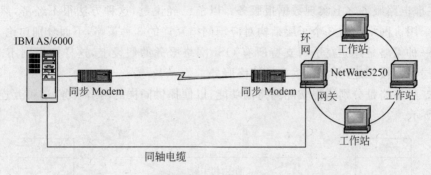

图 6-5　NetWare 网关

由于工作复杂,因而用网关互联网络时效率比较低,而且透明性不好,往往用于针对某种特殊用途的专用连接。

最后,值得一提的是人们的习惯用语有些模糊不清,并不像以上根据网络协议层的概念明确划分各种网络互连设备。有时并不区分路由器和网关,而把在网络层及其以上进行协议转换的互连设备统称网关。另外各种网络产品提供的互连服务多种多样,因此,很难单纯按名称来识别某种产品的功能。有了以上关于网络互连设备的概念,对了解各种互连设备的功能无疑是有益的。

6.2　广域网互连

广域网的互连一般采用在网络层进行协议转换的办法实现。这里使用的互连设备叫做网关,更确切地说,是路由器。

下面介绍 OSI 网络层内部的组织,然后分别讨论 ISO 标准化了的两种网络互连方法,即面向连接的互连方式和无连接的互连方式。

6.2.1　OSI 网络层内部结构

为了实现类型不同的子网互连,OSI 把网络层划分为 3 个子层,如图 6-6 所示。子网访问子层对应于实际网络的第三层,它可能符合也可能不符合 OSI 的网络层标准。如果两个实际网络的子网访问子层不同,则它们不能简单地互连。

子网相关子层的作用是增强实际网络的服务,使其接近于 OSI 的网络层服务,两个不同类型的子网经过分别增强后可达到相同的服务水准。

| 子网无关子层 |
| 子网相关子层 |
| 子网访问子层 |

图 6-6　网络层的内部结构

子网无关子层提供标准的 OSI 网络服务,它利用子网相关子层提供的功能,按照 OSI 网络层协议实现两个子网间的互连。

这种子层结构的划分并不是强制性的,理论上可以制定出一种网络层协议,这种协议可一步到位,提供所有 OSI 网络服务,但目前还没有这样的协议出现。各种实际网络总是存在一些差别,因而实现互连时要采用一些增强措施。当然有时也可能要"削弱"实际的网络层服务,例如网际互连采用数据报服务,对提供虚电路服务的子网则要削弱其功能,即在虚电路服务之上实现数据报服务。以前已经说过,这种方法很不经济,然而却又不得不采用。网络层的 3 个子层结构对应于网络互连的 3 种策略,下面分别讨论。

第一种策略是建立在子网支持所有 OSI 网络服务的假设上,这样的子网不需增强,在网络层可直接相连,并提供需要的网络服务。

第二种策略是分别增强实际网络的功能,以便提供同样的网络服务,这种互连方法如图 6-7 所示。

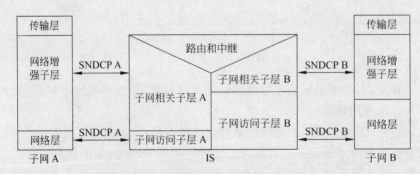

图 6-7　用分别增强法进行网络互连

图中的中间系统在左边连接子网 A,两个子层分别运行子网访问协议 SNACP A(SubNetwork ACcess Protocol)和子网相关的会聚协议 SNDCP A(SubNetwork Dependent Convergence Protocol)。SNACP A 是与实际子网 A 相联系的协议,SNDCP A 是对子网 A 的增强协议。中间系统右边连接子网 B,SNACP B 与 SNDCP B 左边的对应协议类似。经过不同的增强后,子网 A 和 B 都提供相同的 OSI 网络层服务。中间系统提供路由选择和中继功能。这种互连方法对应于面向连接的网际互连。

第三种策略是采用统一的互联网协议,这种互连方法如图 6-8 所示。

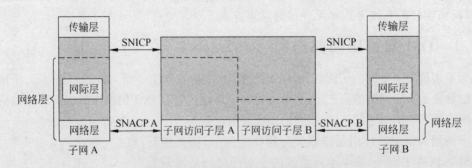

图 6-8　采用互联网协议进行网络互连

图中的与子网无关的会聚协议 SNICP(SubNetwork Independent Convergence Protocol)就是一种网际协议,它对每一个子网的要求最小,因而可能覆盖了两边子网的部分功能。这虽然有些浪费,但不失为一种解决问题的办法。通常 SNICP 采用无连接的网络协议,这是下一小节讨论的重点。

6.2.2 无连接的网际互连

互联网协议 IP(Internet Protocol)是为 ARPAnet 研制的网际数据报协议,后来 ISO 以此为蓝本开发了无连接的网络协议 CLNP(ConnectionLess Network Protocol)。IP 与 CLNP 的功能十分相似,差别只在于个别细节和分组格式不同。本小节讨论互联网协议 的特点,虽然我们在叙述中只提到 IP,但是讨论的技术对两者都是适用的。

事实上,一些网络经过网关互相连接的情况类似于分组交换网内部的组织,图 6-9 所 示是分组交换网和互联网类比的例子。互联网中的网关 G_1、G_2 和 G_3 分别对应于分组交 换网中的交换结点 S_1、S_2 和 S_3,而互联网中的子网 N_1、N_2 和 N_3 分别对应于分组交换网 中的传输链路 T_1、T_2 和 T_3。网关起到了分组交换的作用,通过与它相连的网络把分组从 源端 H_1 传送到目标端 H_2,或者相反。

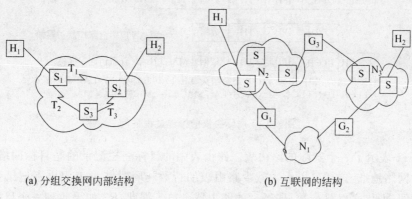

(a) 分组交换网内部结构   (b) 互联网的结构

图 6-9 互联网和网络的对比

图 6-10 中给出了利用 IP 协议把数据报从 X.25 分组交换网中的主机 A 传送到局域 网中的主机 B 的操作过程。路由器连接两个子网并执行协议的转换。在主机 A 中,TCP 送来的数据经过 IP 协议包装成网际数据报,其中的 IP 头中包含着主机 B 的网络地址。 网际数据报在 X.25 网络中传播时经过多个交换结点,最后到达路由器。路由器首先把 X.25 分组向上层递交,剥去帧头帧尾暴露出 IP 头,然后根据 IP 头中的地址把数据报下 载到局域网中,最后传送到主机 B。

更一般的情况是中间要经过多个路由器,每个路由器都根据 IP 头中的网络地址决定 转发的方向。当转发的下一个网络的最大分组长度小于当前的数据报长度时,路由器必 须将数据报分段,形成多个短数据报,然后按一定的顺序把它们转发出去。在目标端,短 数据报经过 IP 协议实体排序,组装成原来的数据字段再提交给上层。

实际上,网际协议要解决的问题与网络层协议是类似的。在网际层提供路由信息的 手段仍然是路由表。每个站或路由器中都有一个网际路由表。表的每一行说明与一个目 标站对应的路由器地址。网际地址通常采用"网络.主机"的形式,其中网络部分是子网的 地址编码,主机部分是子网中的主机的地址编码。

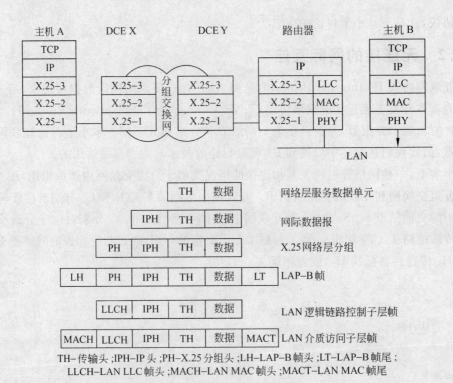

TH—传输头；IPH—IP头；PH—X.25分组头；LH—LAP–B帧头；LT—LAP–B帧尾；
LLCH—LAN LLC帧头；MACH—LAN MAC帧头；MACT—LAN MAC帧尾

图 6-10   网际协议的操作过程举例

图 6-11 表示了一个实际的路由表。路由表中的目标一栏记录的是目标网络号，而不是主机的网络地址，这样可以大大减少路由表的行数。同时路由表中也不记录到达目标的延迟时间，而代之以跳步数，即经过的路由器个数。据此，R3 如果收到一个目标地址为 50.117.102.3 的数据报，则可根据路由表转发至地址为 40.0.0.2 的路由器 R2，再通过 R4 转发到 50.0.0.0 网络中。

路由表可以是静态的或是动态的。静态路由表也提供可选择的第二、第三最佳路由。动态路由表在应付网络的失效和拥挤方面更灵活。在国际互联网中，当一个路由器关机时，与该路由器相邻的路由器和主机都发出状态报告，使别的路由器或主机修改它们的路由表。对拥挤路段也可以同样处理。在互联网环境下，各个子网(可能是远程网或局域网)的容量差别很大，更容易发生拥挤，因而更要发挥动态路由的优势。

更复杂的路由表还可支持安全和优先服务。例如有的网络从安全角度考虑不适宜处理某些数据，则路由表可以控制不要把这类数据转发到不安全的网络中去。

选择路由的另外一种技术是源路由法，即源端在数据报中列出要经过的一系列路由器。这种方法也可以提供安全服务。

路由记录服务是一种与路由选择有关的特殊服务。数据报经过的每一个路由器都把自己的地址加入其中，这样，目标端就可以知道该数据报的旅行轨迹。在进行网络测试或查错时这个服务很有用。

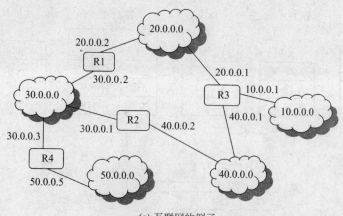

(a) 互联网的例子

目标主机网络号	转发路径	跳步数
10.0.0.0	直接转发	0
20.0.0.0	直接转发	0
30.0.0.0	20.0.0.2	1
30.0.0.0	40.0.0.2	1
40.0.0.0	直接转发	0
50.0.0.0	40.0.0.2	2

(b) R3 的路由表

图 6-11　互联网中的路由表

6.2.3　面向连接的网际互连

实现面向连接的网际互连的前提是子网提供面向连接的服务,这样可以用路由器连接两个或多个子网,路由器是每个子网中的 DTE。当不同子网中的 DTE 要进行通信时,就通过路由器建立一条跨网络的虚电路。这种网际虚电路是通过路由器把两个子网中的虚电路级联起来实现的。图 6-12 给出了用路由器连接一个 X.25 分组交换网和一个局域网的例子。由于这种互连应用了面向连接的网际协议,所以图中的路由器与图 6-10 所示的不同。

1. 网际虚电路的建立

假定图 6-12 中所示的主机 A 希望与主机 B 建立逻辑连接。当主机 A 的传输层(TP)发出建立虚电路的请求时,把 B 的网络地址(网络.主机)传递给网络层。在 A 的网络层发出的 Call Request 分组中,这个网络地址被放在特别业务字段中,叫做被呼方扩展地址。在分组头的被呼方地址字段中包含的是路由器与分组交换网的子网连接地址(注意,路由器对每个网络分别有一个子网连接地址)。这样,利用 Call Request 分组头中的信息,X.25 协议可以建立一条从主机 A 到路由器的逻辑连接。

当路由器收到主机 A 的呼入请求(Incoming Call)分组时,路由器并不能立即决定是

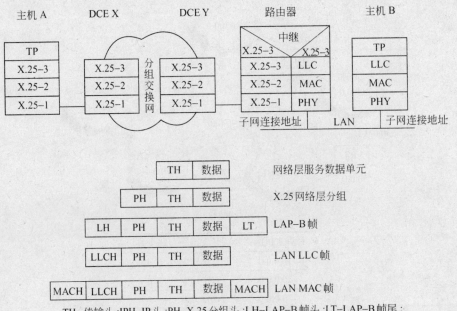

主机 A
DCE X
DCE Y
路由器
主机 B
TP
X.25–3
X.25–2
X.25–1
分组交换网
中继
LLC
MAC
PHY
子网连接地址
LAN
子网连接地址
TH
数据
网络层服务数据单元
PH
X.25 网络层分组
LH
LT
LAP–B 帧
LLCH
LAN LLC 帧
MACH
LAN MAC 帧
TH–传输头;IPH–IP 头;PH–X.25 分组头;LH–LAP–B 帧头;LT–LAP–B 帧尾;
LLCH–LAN LLC 帧头;MACH–LAN MAC 帧头;MACT–LAN MAC 帧尾

图 6-12 X. 25 互联网的例子

否接受这个请求,它必须根据特别业务字段中的被呼方扩展地址把连接请求传递给局域网中的主机 B。路由器自动构造一个新的 Call Request 分组,这个分组的被呼方地址字段包含着主机 B 的子网连接地址。假如主机 B 接受了路由器发出的连接请求,路由器才可以向主机 A 发回呼叫接受分组,于是两个网络之间分别建立了一条网际虚电路。

2. 数据传输

当网际虚电路建立后,路由器就完成了两个虚电路号之间的映像功能,并把从 X. 25 网络来的数据分组转发到局域网中对应的虚电路上去,或者进行相反方向的转发。在网际虚电路的不同部位传送的分组和帧的组成如图 6-12 所示。

路由器可能还要完成分段和重装配功能。如果互连的两个子网的最大分组长度不同,路由器可以把大的分组划分成完备分组序列,使其可通过最大分组长度较小的子网,也可以把完备分组序列重装配成大的分组,以便在分组长度较大的子网上提高传输效率。

3. X. 75 网关

图 6-12 中的路由器也叫 X. 25 网关,它执行 X. 25 协议,从而实现两个子网的互连。这种网关(或路由器)可以安装在任何一个子网中,由两个网络的所有者共同管理。

在广域网互连时,共同营运一个网关可能在管理策略或经济利益方面无法协调。那么可以把网关一分为二,形成两个半网关。半网关作为它所属的子网中的 DTE,两个半网关之间执行 X. 75 协议。如图 6-13 所示。

图 6-13 中半网关 G 在其所属的子网中起着 X. 25 主机的作用,左边的 G1 对应于

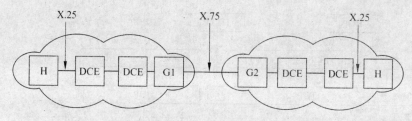

图 6-13 X.75 网关

图 6-12 中所示路由器的左半边，而 G2 则对应于路由器的右半边。不仅如此，G1 和 G2 之间按 X.75 协议相互作用，而不是像路由器那样仅仅实现分组的转发和地址变换功能。

X.75 建议与 X.25 建议兼容，能实现 X.25 建议的全部功能。X.75 分组格式是 X.25 分组格式的扩充，主要是增加了网络控制字段，从而用户可使用更多的特别业务。

6.3 IP 协议

Internet 无疑是今天使用最广泛的互联网络。Internet 中的主要协议是 TCP 和 IP，所以 Internet 协议也叫TCP/IP协议簇。这些协议可划分为 4 个层次，它们与 OSI/RM 的对应关系如表 6-1 所示。由于 ARPAnet 的设计者注重的是网络互连，允许通信子网采用已有的或将来的各种协议，所以这个层次结构中没有提供网络访问层的协议。实际上，TCP/IP 协议可以通过网络访问层连接到任何网络上，例如 X.25 分组交换网或 IEEE 802 局域网。

与 OSI/RM 分层的原则不同，TCP/IP协议簇允许同层的协议实体间互相调用，从而完成复杂的控制功能，也允许上层过程直接调用不相邻的下层过程，甚至在有些高层协议中，控制信息和数据

表 6-1 TCP/IP 协议簇与 OSI/RM 的比较

	OSI		TCP/IP
7	应用层	7	进程/应用层
6	表示层	6	
5	会话层	5	
4	传输层	4	主机-主机层
3	网络层	3	网络互连层
2	数据链路层	2	网络访问层
1	物理层	1	

分别传输，而不是共享同一协议数据单元。在下面具体协议的讨论中我们将看到这些特点的表现。图 6-14 所示为主要协议之间的调用关系。

IP 协议是 Internet 中的网络层协议，作为提供无连接服务的例子，我们在这里介绍 IP 协议的基本操作和协议数据单元的格式。

6.3.1 IP 地址

IP 网络地址采用"网络.主机"的形式，其中网络部分是网络的地址编码，主机部分是网络中一个主机的地址编码。IP 地址的格式如图 6-15 所示。

IP 地址分为 5 类。A、B、C 类是常用地址。IP 地址的编码规定全 0 表示本地地址，

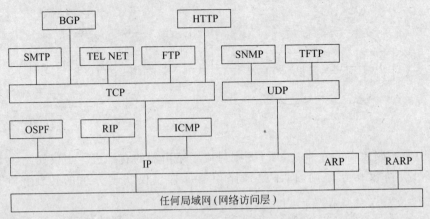

图 6-14   Internet 的主要协议

0 网络地址		主机地址	
10	网络地址		主机地址
110	网络地址		主机地址
1110		组播地址	
11110		保留	

A   1.0.0.0~127.255.255.255

B   128.0.0.0~191.255.255.255

C   192.0.0.0~223.255.255.255

D   224.0.0.0~239.255.255.255

E   240.0.0.0~255.255.255.255

图 6-15   IP 地址的格式

即本地网络或本地主机。全 1 表示广播地址,任何网站都能接收。所以除去全 0 和全 1 地址外,A 类有 126 个网络地址,1600 万个主机地址;B 类有 16382 个网络地址,64000 个主机地址;C 类有 200 万个网络地址,254 个主机地址。

IP 地址通常用十进制数表示,即把整个地址划分为 4 个字节,每个字节用一个十进制数表示,中间用圆点分隔。根据 IP 地址的第一个字节,就可判断它是 A 类、B 类还是 C 类地址。

IP 地址由美国 Internet 信息中心(InterNIC)管理。如果想加入 Internet,就必须向 InterNIC 或当地的 NIC(例如 CNNIC)申请 IP 地址。如果不加入 Internet,只是在局域网中使用 TCP/IP 协议,则可以自己设计 IP 地址,只要网络内部不冲突就可以了。

一种更灵活的寻址方案引入了子网的概念,即把主机地址部分再划分为子网地址和主机地址,形成了三级寻址结构。这种三级寻址方式需要子网掩码的支持,如图 6-16 所示。

子网地址对网络外部是透明的。当 IP 分组到达目标网络后,网络边界路由器把 32

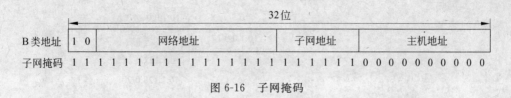

图 6-16　子网掩码

位的 IP 地址与子网掩码进行逻辑"与"运算,从而得到子网地址,并据此转发到适当的子网中。图 6-17 所示为 B 类网络地址被划分为两个子网的情况。

	网络地址	子网地址	主机地址
子网掩码	11111111　11111111	11110000	00000000
130. 47. 16. 254	10000010　00101111	00010000	11111110
130. 47. 17. 01	10000010　00101111	00010001	00000001
131. 47. 64. 254	10000010　00101111	01000000	11111110
131. 47. 65. 01	10000010　00101111	01000000	00000001

图 6-17　IP 地址与子网掩码

虽然子网掩码是对网络编址的有益补充,但是还存在着一些缺陷。例如一个组织有几个包括 25 台左右计算机的子网,又有一些只包含几台计算机的较小的子网。在这种情况下,如果将一个 C 类地址分成 6 个子网,每个子网可以包含 30 台计算机,大的子网基本上利用了全部地址,但是小的子网却浪费了许多地址。为了解决这个问题,避免任何可能的地址浪费,就出现了可变长子网掩码 VLSM(Valiable Length Subnetwork Mask)的编址方案。VLSM 用在 IP 地址后面加上"/网络及子网编码比特数"来表示。例如:202.117.125.0/27,就表示前 27 位表示网络号和子网号,即子网掩码为 27 位长,主机地址为 5 位长。图 6-18 表示了一个子网划分的方案,这样的编址方法可以充分利用地址资源,特别在网络地址紧缺的情况下尤其重要。

在点对点通信(Unicast)中我们使用 A、B 和 C 类地址,这类地址都指向某个网络中的一个主机。D 类地址是组播地址,组播(Multicast)和广播(Broadcast)类似,都属于点对多点通信,但是又有所不同。组播的目标是一组主机,而广播的目标是所有主机。在一些新的网络应用中要用到组播地址,例如网络电视(LAN TV)、桌面会议(Desktop Conferencing)、协同计算(Collaborative Computing)和团体广播(Corporate Broadcast)等,这些应用都是向一组主机发送信息。

实现组播需要特殊的方法。首先是网络中必须有能识别组播地址的路由器,这种路由器叫做组播网关,它接受一个目标地址为组地址的数据报并转发到相应的网络中。其次,主机要能够发送组播数据报,这需要给 IP 软件增加两个功能,其一是 IP 软件要能够接受应用软件指定的目标组地址,其二是网络接口软件要能够把 IP 组地址映射到硬件组地址或广播地址上。另外主机还需要能够接收组播报文,这要求主机中的 IP 软件能够向组播网关声明加入或退出某个地址组,并且当组播数据报来到时向同一组的各个应用软件各发送一个副本。事实上,IP 软件为主机连接的每一个网络维护一个组播地址表,以指示各个网络中的组播地址分布情况,这些功能在 IP 软件中是不难实现的。

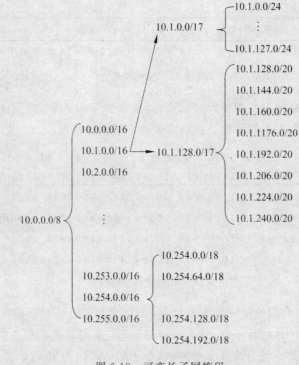

图 6-18　可变长子网掩码

E 类保留作研究用,以后的 IPv6 地址就是在此基础上扩展的。

6.3.2　IP 协议的操作

下面分别讨论 IP 协议的一些主要操作。

1. 数据报生存期

如果使用了动态路由选择算法,或者允许在数据报旅行期间改变路由决策,则有可能造成回路。最坏的情况是数据报在互联网中无休止地巡回,不能到达目的地并浪费大量的网络资源。

解决这个问题的办法是规定数据报有一定的生存期,生存期的长短以它经过的路由器的多少计数。每经过一个路由器,计数器加 1,计数器超过一定的计数值,数据报就被丢弃。当然也可以用一个全局的时钟记录数据报的生存期,在这种方案下,生成数据报的时间被记录在报头中,每个路由器查看这个记录,决定是继续转发,还是丢弃它。

2. 分段和重装配

每个网络可能规定了不同的最大分组长度。当分组在互联网中传送时可能要进入一个最大分组长度较小的网络,这时需要对它进行分段,这又引出了新的问题:在哪里对它进行重装配? 一种办法是在目的地重装配。但这样只会把数据报越分越小,即使后续子网允许较大的分组通过,但由于途中的短报文无法装配,也会使通信效率下降。

另外一种办法是允许中间的路由器进行重装配,这种方法也有缺点。首先是路由器必须提供重装配缓冲区,并且要设法避免重装配死锁;其次是由一个数据报分出的小段都必须经过同一个出口路由器,才能再行组装,这就排除了使用动态路由选择算法的可能性。

关于分段和重装配问题的讨论还在继续,已经提出了各种各样的方案。下面介绍在DoD和ISO IP协议中使用的方法,这个方法有效地解决了以上提出的部分问题。

IP协议使用了4个字段处理分段和重装配问题。一个是报文ID字段,它唯一地标识了某个站某一个协议层发出的数据。在DoD(美国国防部)的IP协议中,ID字段由源站和目标站地址、产生数据的协议层标识符以及该协议层提供的顺序号组成。第二个字段是数据长度,即字节数。第三个字段是偏置值,即分段在原来数据报中的位置,以8个字节(64位)的倍数计数。最后是M标志,表示是否为最后一个分段。

当一个站发出数据报时对长度字段的赋值等于整个数据字段的长度,偏置值为0,M标志置False(用0表示)。如果一个IP模块要对该报文分段,则按以下步骤进行。

(1) 对数据块的分段必须在64位的边界上划分,因而除最后一段外,其他段长都是64位的整数倍。

(2) 对得到的每一分段都加上原来数据报的IP头,组成短报文。

(3) 每一个短报文的长度字段置为它包含的字节数。

(4) 第一个短报文的偏置值为0,其他短报文的偏置值为它前边所有报文长度之和(字节数)除以8。

(5) 最后一个报文的M标志置为0(False),其他报文的M标志置为1(True)。

表6-2给出一个分段的例子。

重装配的IP模块必须有足够大的缓冲区。整个重装配序列以偏置值为0的分段开始,以M标志为0的分段结束,全部由同一个ID的报文组成。

表 6-2 数据报分段的例子

	长度	偏置值	M标志
原来的数据报	475	0	0
第一个分段	240	0	1
第二个分段	235	30	0

数据报服务中可能出现一个或多个分段不能到达重装配点的情况。为此,采用两种对策应付这种意外。一种是在重装配点设置一个本地时钟,当第一个分段到达时把时钟置为重装配周期值,然后递减,如果在时钟值减到零时还没等齐所有的分段,则放弃重装配。另外一种对策与前面提到的数据报生存期有关,目标站的重装配功能在等待的过程中继续计算已到达的分段的生存期,一旦超过生存期,就不再进行重装配,丢弃已到达的分段。显然这种计算生存期的办法必须有全局时钟的支持。

3. 差错控制和流控

无连接的网络操作不保证数据报的成功提交,当路由器丢弃一个数据报时,要尽可能地向源点返回一些信息。源点的IP实体可以根据收到的出错信息改变发送策略或者把情况报告上层协议。丢弃数据报的原因可能是超过生存期、网络拥塞、FCS校验出错等。在最后一种情况下可能无法返回出错信息,因为源地址字段已不可辨认了。

路由器或接收站可以采用某种流控机制来限制发送速率。对于无连接的数据报服务,可采用的流控机制是很有限的。最好的办法也许是向其他站或路由器发送专门的流控分组,使其改变发送速率。

6.3.3 IP 协议数据单元

这里讨论 DoD 的 IP 协议数据单元,主要的服务原语有两个:发送原语用于发送数据,提交原语用于通知用户某个数据单元已经来到。也可以增加一条错误原语,通知用户请求的服务无法完成,这一条原语不包含在标准中。

IP 协议的数据格式如图 6-19 所示,其中的字段介绍如下。

版本号	IHL	服务类型			总长度
标识符			D	M	段偏置值
生存期		协议		头检查和	
源地址					
目标地址					
任选数据 + 补丁					
用户数据					

图 6-19 IP 协议格式

(1) 版本号:协议的版本号,不同版本的协议格式或语义可能不同,现在常用的是 IPv4,正在逐渐过渡到 IPv6。

(2) IHL:IP 头长度,以 32 位字计数,最小为 5,即 20 个字节。

(3) 服务类型:用于区分不同的可靠性、优先级、延迟和吞吐率的参数。

(4) 总长度:包含 IP 头在内的数据单元的总长度(字节数)。

(5) 标识符:唯一标识数据报的标识符。

(6) 标志:包括 3 个标志,一个是 M 标志,用于分段和重装配;另一个是禁止分段标志,如果认为目标站不具备重装配能力,则可使这个标志置位,这样如果数据报要经过一个最大分组长度较小的网络时,就会被丢弃,因而最好是使用源路由以避免这种灾难发生;第三个标志当前没有启用。

(7) 段偏置值:指明该段处于原来数据报中的位置。

(8) 生存期:用经过的路由器个数表示。

(9) 协议:上层协议(TCP 或 UDP)。

(10) 头检查和:对 IP 头的校验序列。在数据报传输过程中 IP 头中的某些字段可能改变(例如生存期,以及与分段有关的字段),所以检查和要在每一个经过的路由器中进行校验和重新计算。检查和是对 IP 头中的所有 16 位字进行 1 的补码相加得到的,计算时假定检查和字段本身为 0。

(11) 源地址:给网络和主机地址分别分配若干位,例如,7 和 24、14 和 16、21 和 8 等。

（12）目标地址：同上。

（13）任选数据：可变长，包含发送者想要发送的任何数据。

（14）补丁：补齐32位的边界。

（15）用户数据：以字节为单位的用户数据，和IP头加在一起的长度不超过65535B。

6.4 ICMP 协议

ICMP(Internet Control Message Protocol)与IP协议同属于网络层，用于传送有关通信问题的消息，例如数据报不能到达目标站，路由器没有足够的缓存空间，或者路由器向发送主机提供最短通路信息等。ICMP报文封装在IP数据报中传送，因而不保证可靠的提交。ICMP报文有11种之多，报文格式如图6-20所示。其中的类型字段表示ICMP报文的类型，代码字段可表示报文的少量参数，当参数较多时写入32位的参数字段，ICMP报文携带的信息包含在可变长的信息字段中，校验和字段是关于整个ICMP报文的校验和。

类型	代码	校验和
参数		
信息（可变长）		

图 6-20　ICMP 报文格式

下面简要解释ICMP各类报文的含义。

（1）目标不可到达（类型3）：如果路由器判断出不能把IP数据报送达目标主机，则向源主机返回这种报文。另一种情况是目标主机找不到有关的用户协议或上层服务访问点，也会返回这种报文。出现这种情况的原因可能是IP头中的字段不正确；或是数据报中说明的源路由无效；也可能是路由器必须把数据报分段，但IP头中的D标志已置位。

（2）超时（类型11）：路由器发现IP数据报的生存期已超时，或者目标主机在一定时间内无法完成重装配，则向源端返回这种报文。

（3）源抑制（类型4）：这种报文提供了一种流量控制的初等方式。如果路由器或目标主机缓冲资源耗尽而必须丢弃数据报，则每丢弃一个数据报就向源主机发回一个源抑制报文，这时源主机必须减小发送速度。另外一种情况是系统的缓冲区已用完，并预感到行将发生拥塞，则发出源抑制报文。但是与前一种情况不同，涉及的数据报尚能提交给目标主机。

（4）参数问题（类型12）：如果路由器或主机判断出IP头中的字段或语义出错，则返回这种报文，报文头中包含一个指向出错字段的指针。

（5）路由重定向（类型5）：路由器向直接相连的主机发出这种报文，告诉主机一个更短的路径。例如路由器R1收到本地网络上的主机发来的数据报，R1检查它的路由表，发现要把数据报发往网络X，必须先转发给路由器R2，而R2又与源主机在同一网络中。于是R1向源主机发出路由重定向报文，把R2的地址告诉它。

(6) 回声(请求/响应,类型 8/0):用于测试两个结点之间的通信线路是否畅通。收到回声请求的结点必须发出回声响应报文。该报文中的标识符和序列号用于匹配请求和响应报文。当连续发出回声请求时,序列号连续递增。常用的 PING 工具就是这样工作的。

(7) 时间戳(请求/响应,类型 13/14):用于测试两个结点之间的通信延迟时间。请求方发出本地的发送时间,响应方返回自己的接收时间和发送时间。这种应答过程如果结合强制路由的数据报实现,则可以测量出指定线路上的通信延迟。

(8) 地址掩码(请求/响应,类型 17/18):主机可以利用这种报文获得它所在的 LAN 的子网掩码。首先主机广播地址掩码请求报文,同一 LAN 上的路由器以地址掩码响应报文回答,告诉请求方需要的子网掩码。了解子网掩码可以判断出数据报的目标结点与源结点是否在同一 LAN 中。

6.5　TCP 和 UDP

在 TCP/IP 协议簇中有两个传输协议:传输控制协议(Transmission Control Protocol,TCP)和用户数据报协议(User Datagram Protocol,UDP)。TCP 是面向连接的,而 UDP 是无连接的。本节详细讨论 TCP 协议的控制机制,并简要介绍 UDP 协议的特点。

1. TCP 服务

TCP 协议提供面向连接的可靠的传输服务,适用于各种可靠的或不可靠的网络。TCP 用户送来的是字节流形式的数据,这些数据缓存在 TCP 实体的发送缓冲区中。一般情况下,TCP 实体自主地决定如何把字节流分段,组成 TPDU 发送出去。在接收端,也是由 TCP 实体决定何时把积累在接收缓冲区中的字节流提交给用户。分段的大小和提交的频度是由具体的实现根据性能和开销权衡决定的,TCP 规范中没有定义。显然,即使两个 TCP 实体的实现不同,也可以互操作。

另外,TCP 也允许用户把字节流分成报文,用推进(PUSH)命令指出报文的界限。发送端 TCP 实体把 PUSH 标志之前的所有未发数据组成 TPDU 立即发送出去,接收端 TCP 实体同样根据 PUSH 标志决定提交的界限。

2. TCP 段头格式

TCP 只有一种类型的 PDU,叫做 TCP 段,段头(也叫 TCP 头或传输头)的格式如图 6-21 所示,其中的字段介绍如下。

(1) 源端口(16 位):说明源服务访问点。

(2) 目标端口(16 位):表示目标服务访问点。

(3) 发送顺序号(32 位):本段中第一个数据字节的顺序号。

(4) 应答顺序号(32 位):捎带应答的顺序号,指明接收方期望接收的下一个数据字节的顺序号。

源端口							目标端口	
发送顺序号								
接收顺序号								
偏置值	保留	URG	ACK	PSH	RST	SYN	FIN	窗口
检查和							紧急指针	
任选项＋补丁								
用户数据								

图 6-21　TCP 传输头格式

(5) 偏置值(4 位)：传输头中的 32 位字的个数。因为传输头有任选部分,长度不固定,所以需要偏置值。

(6) 保留手段(6 位)：未用,所有实现必须把这个手段置全 0。

(7) 标志字段(6 位)：表示各种控制信息,其中

* URG——紧急指针有效;
* ACK——应答顺序号有效;
* PSH——推进功能有效;
* RST——连接复位为初始状态,通常用于连接故障后的恢复;
* SYN——对顺序号同步,用于连接的建立;
* FIN——数据发送完,连接可以释放。

(8) 窗口(16 位)：为流控分配的信贷数。

(9) 检查和(16 位)：段中所有 16 位字按模 $2^{16}-1$ 相加的和,然后取 1 的补码。

(10) 紧急指针(16 位)：从发送顺序号开始的偏置值,指向字节流中的一个位置,此位置之前的数据是紧急数据。

(11) 任选部分(长度可变)：目前只有一个任选项,即建立连接时指定的最大段长。

(12) 补丁：补齐 32 位字边界。

下面对某些字段作进一步的解释。端口编号用于标识 TCP 用户,即上层协议,一些经常使用的上层协议,例如 Telnet(远程终端协议)、FTP(文件传输协议)或 SMTP(简单邮件传输协议)等都有固定的端口号,这些公用端口号可以在 RFC(Request For Comment)中查到,任何实现都应该按规定保留这些公用端口编号,除此之外的其他端口编号由具体实现分配。

前面提到,TCP 是对字节流进行传送,因而发送顺序号和应答顺序号都是指字节流中的某个字节的顺序号,而不是指整个段的顺序号。例如某个段的发送顺序号为 1000,其中包含 500 个数据字节,则段中的第一个字节的顺序号为 1000,按照逻辑顺序,下一个段必然从第 1500 个数据字节处开始,其发送顺序号应为 1500。为了提高带宽的利用率,TCP 采用积累应答的机制。例如从 A 到 B 传送了 4 个段,每段包含 20 个字节数据,这 4 个段的发送顺序号分别为 30、50、70 和 90。在第 4 次传送结束后,B 向 A 发回一个 ACK 标志置位的段,其中的应答顺序号为 110(即 90＋20),一次应答了 4 次发送的所有

字节,表示从起始字节到109B都已正确接收。

同步标志 SYN 用于连接建立阶段。TCP 用三次握手过程建立连接,首先是发起方发送一个 SYN 标志置位的段,其中的发送顺序号为某个值 X,称为初始顺序号 ISN(Initial Sequence Number),接收方以 SYN 和 ACK 标志置位的段响应,其中的应答顺序号应为 X+1(表示期望从第 X+1 个字节处开始接收数据),发送顺序号为某个值 Y(接收端指定的 ISN)。这个段到达发起端后,发起端以 ACK 标志置位,应答顺序号为 Y+1 的段回答,连接就正式建立了。可见所谓初始顺序号是收发双方对连接的标识,也与字节流的位置有关。因而对发送顺序号更准确的解释应该是:当 SYN 未置位时表示本段中第一个数据字节的顺序号;当 SYN 置位时它是初始顺序号 ISN,而段中第一个数据字节的顺序号应为 ISN+1,正好与接收方期望接收的数据字节的位置对应,如图 6-22 所示。

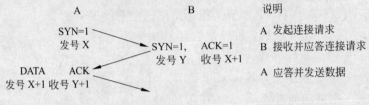

图 6-22　TCP 连接的建立

所谓紧急数据是 TCP 用户认为很重要的数据,例如键盘中断等控制信号。当 TCP 段中的 URG 标志置位时,紧急指针表示距离发送顺序号的偏置值,在这个字节之前的数据都是紧急数据。紧急数据由上层用户使用,TCP 只是尽快地把它提交给上层协议。

窗口字段表示从应答顺序号开始的数据字节数,即接收端期望接收的字节数,发送端根据这个数字扩大自己的窗口。窗口字段、发送顺序号和应答顺序号共同实现信贷滑动窗口协议。

源地址		
目标地址		
0	协议	段长
传输头		
用户数据		

图 6-23　TCP 检查和的范围

检查和的检查范围包括整个 TCP 段和伪段头(Pseudo-Header)。伪段头是 IP 头的一部分,如图 6-23 所示。伪段头和 TCP 段一起处理有一个好处,如果 IP 把 TCP 段提交给错误的主机,TCP 实体可根据伪段头中的源地址和目标地址字段检查出错误。

由于 TCP 是和 IP 配合工作的,所以有些用户参数由 TCP 直接传送给 IP 层处理,这些参数包含在 IP 头中,例如优先级、延迟时间、吞吐率、可靠性和安全级别等。TCP 头和 IP 头合在一起,代表了传送一个数据单元的开销,共 40 个字节。

图 6-24 表示 TCP 的连接状态图。事实上,在 TCP 协议运行过程中,有多个连接处于不同的状态。

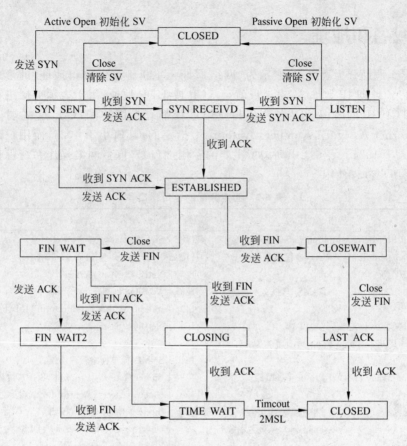

图 6-24 TCP 连接状态图

3. 用户数据报协议

UDP 也是常用的传输层协议,它对应用层提供无连接的传输服务,虽然这种服务是不可靠的,不保证顺序的提交,但这并没有减少它的使用价值。相反,由于协议开销少而在很多场合相当实用,特别是网络管理方面,大都使用 UDP 协议。

UDP 运行在 IP 协议层之上,由于它不提供连接,所以只是在 IP 协议之上加上端口寻址能力,这个功能表现在 UDP 头上,如图 6-25 所示。

图 6-25 UDP 头

UDP 头包含源端口号和目标端口号。段长指整个 UDP 段的长度,包括头部和数据部分。检查和与 TCP 相同,但是是任选的,如果不使用检查和,则这个字段置 0。由于 IP 的检查和只作用于 IP 头,并不包括数据部分,所以当 UDP 的检查和字段为 0 时,实际上对用户数据不进行校验。

6.6　域名和地址

Internet 地址分为 3 级,可表示为"网络地址·主机地址·端口地址"的形式。其中网络和主机地址即 IP 地址,端口地址就是 TCP 或 UDP 地址,用于表示上层进程的服务访问点。TCP/IP 网络中的大多数公共应用进程都有专用的端口号,这些端口号是由 IANA(Internet Assigned Numbers Authority)指定的,其值小于 1024,而用户进程的端口号一般大于 1024。表 6-3 中列出了主要的专用端口号,许多网络操作系统保护这些端口号,限制用户进程使用。

表 6-3　固定分配的专用端口号

端口号	描　　述	端口号	描　　述
1	TCP Port Service Multiplexer (TCPMUX)	118	SQL Services
5	Remote Job Entry (RJE),远程作业	119	Newsgroup (NNTP)
7	ECHO,回声	137	NetBIOS Name Service
18	Message Send Protocol (MSP),报文发送协议	139	NetBIOS Datagram Service
20	FTP-Data,文件传输协议	143	Interim Mail Access Protocol (IMAP)
21	FTP-Control,文件传输协议	150	NetBIOS Session Service
22	SSH Remote Login Protocol,远程登录	156	SQL Server
23	Telnet,远程登录	161	SNMP,简单网络管理协议
25	Simple Mail Transfer Protocol (SMTP)	179	Border Gateway Protocol (BGP),边界网关协议
29	MSG ICP	190	Gateway Access Control Protocol (GACP)
37	Time	194	Internet Relay Chat (IRC)
42	Host Name Server (Nameserv),主机名字服务	197	Directory Location Service (DLS)
43	WhoIs	389	Lightweight Directory Access Protocol (LDAP)
49	Login Host Protocol (Login)	396	Novell Netware over IP
53	Domain Name System (DNS),域名系统	443	HTTPS
69	Trivial File Transfer Protocol (TFTP)	444	Simple Network Paging Protocol (SNPP)
70	Gopher Services	445	Microsoft-DS
79	Finger	458	Apple QuickTime
80	HTTP 超文本传输协议	546	DHCP Client,动态主机配置协议,客户端
103	X. 400 Standard,电子邮件标准	547	DHCP Server,动态主机配置协议,服务器端
108	SNA Gateway Access Server	563	SNEWS
109	POP2	569	MSN
110	POP3	1080	Socks
115	Simple File Transfer Protocol (SFTP)		

6.6.1　域名系统

网络用户希望用名字来标识主机,有意义的名字可以表示主机的账号、工作性质、所属的地域或组织等,从而便于记忆和使用。Internet 的域名系统 DNS(Domain Name System)就是为这种需要而开发的。

DNS 是一种分层命名系统。名字由若干标号组成,标号之间用圆点分隔。最右边的标号是主域名,最左边的标号是主机名。中间标号是各级子域名,从左到右按由小到大的

顺序排列,例如:

xinu. cs. purdue. edu

是一个域名,其中 xinu 是主机名,cs 是子域名,表示计算机科学系,purdue 也是子域名,表示普渡大学,edu 是主域名。

最高一层的主域名由 InterNIC 管理,表 6-4 中所示的是 InterNIC 管理的与美国有关的主域名。主域名中也包含国家代码,例如中国的代码为 CN,美国的代码是 US 等。

表 6-4　与美国有关的主域名

COM	商业机构等营利性组织
EDU	教育机构,学术组织,国家科研中心等
GOV	美国非军事性的政府机关
MIL	美国的军事组织
NET	网络信息中心(NIC)和网络操作中心(BIC)等
ORG	非营利性组织,例如技术支持小组,计算机用户小组等
U.S	美国的家用计算机组织或小型地方组织等
INT	国际组织

各个子域由地区 NIC 管理。图 6-26 所示是 CNNIC 规划的 CN 下第二级子域名和域名树系统。其中 AC 为中科院系统的机构,EDU 为教育系统的院校和科研单位,GO 为政府机关,CO 为商业机构,OR 为民间组织和协会,BJ 为北京地区,SH 为上海地区,ZJ 为浙江地区等。

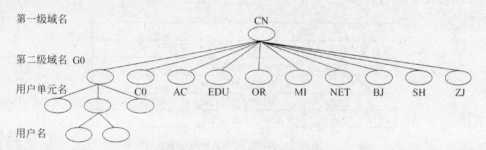

图 6-26　在 CN 域名下的域名树

域名到 IP 地址的变换由 DNS 服务器实现。一般子网中都有一个域名服务器,该服务器管理本地子网所连接的主机,也为外来的访问提供 DNS 服务。这种服务采用典型的客户机/服务器访问方式:客户机程序把主机域名发送给服务器,服务器返回对应的 IP 地址。有时被询问的服务器不包含查询的主机记录,根据 DNS 协议,服务器会提供进一步查询的信息,也许是包括相近信息的另外一台 DNS 服务器的地址。

特别需要指出的是域名与网络地址是两个不同的概念。虽然大多数连网的主机不但有一个唯一的网络地址,还有一个域名,但是也有的主机没有网络地址,只有域名。这种机器用电话线连接到一个有 IP 地址的主机上(电子邮件同关),通过拨号方式访问 IP 主机,只能发送和接收电子邮件。另一方面,高级的域名可能包括几个网络,但域名树的结构不一定与网络结构对应。还有一种情况是同一个子网中的主机可能属于不同的子域,虽然这种情况对 C 类网络很少见。

6.6.2   地址分解协议

IP地址是分配给主机的逻辑地址,在互联网络中表示唯一的主机。似乎有了IP地址就可以方便地访问某个子网中的某个主机,寻址问题就解决了。其实不然,还必须考虑主机的物理地址问题。

由于互连的各个子网可能源于不同的组织,运行不同的协议(异构性),因而可能采用不同的编址方法。任何子网中的主机至少都有一个在子网内部唯一的地址,这种地址都是在子网建立时一次性指定的,甚至可能是与网络硬件相关的。我们把这个地址叫做主机的物理地址或硬件地址。

物理地址和逻辑地址的区别可以从两个角度看:从网络互连的角度看,逻辑地址在整个互联网络中有效,而物理地址只是在子网内部有效;从网络协议分层的角度看,逻辑地址由Internet层使用,而物理地址由子网访问子层(具体地说就是数据链路层)使用。

由于有两种主机地址,因而需要一种映像关系把这两种地址对应起来。在Internet中是用地址分解协议(Address Resolution Protocol,ARP)来实现逻辑地址到物理地址映像的。ARP分组的格式如图6-27所示,各字段的含义解释如下。

(1) 硬件类型:网络接口硬件的类型,对以太网此值为1。

(2) 协议类型:发送方使用的协议,0800H表示IP协议。

(3) 硬件地址长度:对以太网,地址长度为6B。

(4) 协议地址长度:对IP协议,地址长度为4B。

硬件类型		协议类型
硬件地址长度	协议地址长度	操作
发送结点硬件地址		
发送结点协议地址		
目标结点硬件地址		
目标结点协议地址		

图6-27   ARP/RARP分组格式

(5) 操作:

- 1——ARP请求;
- 2——ARP响应;
- 3——RARP请求;
- 4——RARP响应。

通常Internet应用程序把要发送的报文交给IP,IP协议当然知道接收方的逻辑地址(否则就不能通信了),但不一定知道接收方的物理地址。在把IP分组向下传送给本地数据链路实体之前可以用两种方法得到目标物理地址。

(1) 查本地内存的ARP地址映像表,通常ARP地址映像表的逻辑结构如表6-5所示。可

表6-5   ARP地址映像表的例子

IP地址	以太网地址
130.130.87.1	08 00 39 00 29 D4
129.129.52.3	08 00 5A 21 17 22
192.192.30.5	08 00 10 99 A1 44

以看出这是 IP 地址和以太网地址的对照表。

（2）如果 ARP 表查不到，就广播一个 ARP 请求分组，这种分组可经过路由器进一步转发，到达所有联网的主机。它的含义是："如果你的 IP 地址是这个分组的目标地址，请回答你的物理地址是什么。"收到该分组的主机一方面可以用分组中的两个源地址更新自己的 ARP 地址映像表，一方面用自己的 IP 地址与目标 IP 地址字段比较，若相符则发回一个 ARP 响应分组，向发送方报告自己的硬件地址，若不相符则不予回答。

所谓代理 ARP(Proxy ARP)就是路由器"假装"目标主机来回答 ARP 请求，所以源主机必须先把数据帧发给路由器，再由路由器转发给目标主机。这种技术不需要配置默认网关，也不需要配置路由信息，就可以实现子网之间的通信。

用于说明代理 ARP 的例子如图 6-28 所示，设子网 A 上的主机 A (172.16.10.100) 需要与子网 B 上的主机 D (172.16.20.200)通信。图中的主机 A 有一个 16 位的子网掩码，这意味着主机 A 认为它直接连接到网络 172.16.0.0。当主机 A 需要与它直接连接的设备通信时，它就向目标发送一个 ARP 请求。主机 A 需要主机 D 的 MAC 地址时，它在子网 A 上广播的 ARP 请求分组是：

发送者的 MAC 地址	发送者的 IP 地址	目标的 MAC 地址	目标的 IP 地址
00-00-0c-94-36-aa	172.16.10.100	00-00-00-00-00-00	172.16.20.200

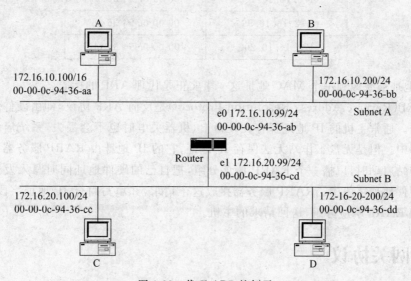

图 6-28 代理 ARP 的例子

这个请求的含义是要求主机 D (172.16.20.200)回答它的 MAC 地址。ARP 请求分组被包装在以太帧中，其源地址是 A 的 MAC 地址，而目标地址是广播地址(FFFF. FFFF.FFFF)。由于路由器不转发广播帧，所以这个 ARP 请求只能在子网 A 中传播，到不了主机 D。如果路由器知道目标地址(172.16.20.200)在另外一个子网中，它就以自己的 MAC 地址回答主机 A，路由器发送的应答分组是：

发送者的 MAC 地址	发送者的 IP 地址	目标的 MAC 地址	目标的 IP 地址
00-00-0c-94-36-ab	172.16.20.200	00-00-0c-94-36-aa	172.16.10.100

这个应答分组包装在以太帧中,以路由器的 MAC 地址为源地址,以主机 A 的 MAC 地址为目标地址,ARP 应答帧是单播传送的。在接收到 ARP 应答后,主机 A 就更新它的 ARP 表:

IP Address	MAC Address
172.16.20.200	00-00-0c-94-36-ab

从此以后主机 A 就把所有给主机 D (172.16.20.200)的分组发送给 MAC 地址为 00-00-0c-94-36-ab 的主机,这就是路由器的网卡地址。

通过这种方式,子网 A 中的 ARP 映像表都把路由器的 MAC 地址当作子网 B 中主机的 MAC 地址。例如主机 A 的 ARP 映像表如下所示。

IP Address	MAC Address
172.16.20.200	00-00-0c-94-36-ab
172.16.20.100	00-00-0c-94-36-ab
172.16.10.99	00-00-0c-94-36-ab
172.16.10.200	00-00-0c-94-36-bb

多个 IP 地址被映像到一个 MAC 地址这一事实正是代理 ARP 的标志。

RARP(Reverse Address Resolution Protocol)是反向 ARP 协议,即由硬件地址查找逻辑地址。通常主机的 IP 地址保存在硬盘上,机器关电时也不会丢失,系统启动时自动读入内存中。但是无盘工作站无法保存 IP 地址,它的 IP 地址由 RARP 服务器保存。当无盘工作站启动时,广播一个 RARP 请求分组,把自己的硬件地址同时写入发送方和接收方的硬件地址字段中。RARP 服务器接收这个请求,并填写目标 IP 地址字段,把操作字段改为 RARP 响应分组,送回请求的主机。

6.7 网关协议

Internet 中的路由器叫做 IP 网关。网关执行复杂的路由算法,需要大量而及时的路由信息。网关协议就是用于网关之间交换路由信息的协议。

1. 自治系统

自治系统是由同构型的网关连接的互联网,这样的系统往往是由一个网络管理中心控制的。自治系统内部的网关之间执行内部网关协议(Interior Gateway Protocol,IGP),互相交换路由信息。一般来说,IGP 是自治系统内部专用的,为特定的应用服务,在自治系统之外是无效的。

一个互联网也可能由不同的自治系统互连而成,例如若干个校园网通过广域网互连就是这种情况,如图 6-29 所示。在这种情况下,不同的自治系统可能采用不同的路由表,不同的路由选择算法。在不同自治系统之间用外部网关协议(Exterior Gateway Protocol,EGP)交换路由信息。可以想见,EGP 比 IGP 传送的信息要少一些,因为 EGP 只涉及自治系统之间的路由信息,而与系统内部路由无关。换言之 EGP 以自治系统为结点,通告各个网关可到达哪些系统。

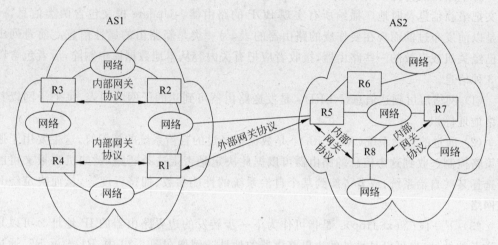

图 6-29　内部网关协议和外部网关协议

2. 外部网关协议

最新的 EGP 协议叫做 BGP(Border Gateway Protocol)。BGP 的主要功能是控制路由策略,例如是否愿意转发过路的分组等。BGP 的 4 种报文表示在表 6-6 中,这些报文通过 TCP 连接传送。在 BGP 中用上述 4 种报文可实现以下 3 个功能过程。

表 6-6　BGP 的 4 种报文

报 文 类 型	功 能 描 述
建立(Open)	建立邻居关系
更新(Update)	发送新的路由信息
保持活动状态(Keepalive)	对 Open 的应答/周期性地确认邻居关系
通告	报告检测到的错误

1) 建立邻居关系

位于不同自治系统中的两个路由器首先要建立邻居关系,然后才能周期性地交换路由信息。建立邻居关系的过程是一个路由器发送 Open 报文,另一个路由器若愿意接受请求则以 Keepalive 报文应答。至于路由器如何知道对方的 IP 地址,协议中并没有规定,可以由管理人员在配置时提供。Open 报文中包含发送者的 IP 地址及其所属自治系统的标识,另外还有一个保持时间参数,即定期交换信息的时间长度。接收者把 Open 报文中的保持时间与自己的保持时间计数器比较,选取其中的较小者,这个数就是一次交换信息保持有效的最长时间。建立邻居关系的一对路由器以选定的周期交换路由信息。

2) 邻居可到达性

这个过程维护邻居关系的有效性。通过周期地互相发送 Keepalive 报文,双方都知道对方的活动状态。

3) 网络可到达性

每个路由器保持一个数据库,记录着它可到达的所有子网。当情况有变化时用更新报文把最新信息及时地广播给所有实现 BGP 的路由器。Update 报文包含两类信息,一类是以前发布过的而现在要作废的路由器的表,另一类是新路由的属性信息。前者列出了已经关机或失效的一些路由器,接收者应把有关内容从本地数据库中删除,后者包含以下 3 种信息。

(1) 网络层可到达信息(NLRI):是发送路由器可到达的子网的列表,每个子网以其网络地址标识。

(2) 通过的自治系统(AS_Path):是数据报经过的自治系统的标识符,这主要用于通信策略控制。收到这个信息的路由器可以据此决定是否走这条通路,例如机密报文可能要选择某些自治系统;或者了解到某个自治系统的性能参数、拥挤程度等,从而决定绕开该网络。

(3) 下一段(Next-Hop):是指可作为下一步转发的边界路由器的 IP 地址。可以是发送者的地址,也可以是另外的边界路由器的地址。例如在图 6-29 中,R1 告诉 R5,通过 R2 也可以到达 AS1。虽然 R2 没有实现 BGP,也没有和 R5 建立邻居关系,但是 R1 通过 IGP 知道了与 R2 有关的信息。

3. 内部网关协议

Internet 的内部路由协议经过了几次大的变化。最初的 RIP 协议是基于 Bellman-Ford 算法的延迟矢量协议。这个协议在网络规模不大时工作得较好,当网络规模扩大后因为交换的路由信息太多而显得效率很低。于是在 1979 年 5 月被另一个路由协议——基于 Dijkstra 算法的链路状态协议所取代。从 1988 年开始,IETF 开始研制新的路由协议,这就是 OSPF(Open Shortest Path First)协议。20 世纪 90 年代 OSPF 正式成为新的内部路由协议标准(RFC 1247)。很多路由器制造商都支持新标准,该协议广泛应用在 TCP/IP 网络中。

OSPF 基本上仍是一种链路状态协议。OSPF 的路由器维护一个本地链路状态表,并随时向其他相邻的路由器发送关于链路状态的更新信息。通过周期地扩散传播链路状态信息,每个路由器都保持了关于网络拓扑结构的全局数据库。同时 OSPF 路由器根据用户指定的链路费用标准(延迟、带宽或收费率等)计算最短通路,由到达各个目标的最短通路构成路由表。表 6-7 列出了 OSPF 协议的 5 种报文,这些报文封装在 IP 数据报中传送。

当一个路由器启动时首先向邻接的路由器发送 Hello 报文,表明自己存在。如果收到应答,该路由器就知道了自己有哪些邻居。

表 6-7　OSPF 的 5 种报文类型

报 文 类 型	功 能 描 述	报 文 类 型	功 能 描 述
Hello	用于发现相邻的路由器	数据库描述	宣布发送者的更新信息
链路状态更新	提供发送者到相邻结点的通路状态	链路状态请求	向对方请求链路状态信息
链路状态应答	对链路状态更新报文的应答		

在正常情况下,每个路由器周期性地向相邻路由器发送链路状态更新报文(见图 6-30)。这种报文包含各邻接链路的活动状态和通信费用。当这种报文在自治系统中扩散传播时,各个路由器就据此更新自己的网络拓扑数据库。为了可靠,报文中包含顺序号,并且要求应答。这样接收路由器可以选择接受最新的报文,丢弃过时的报文。

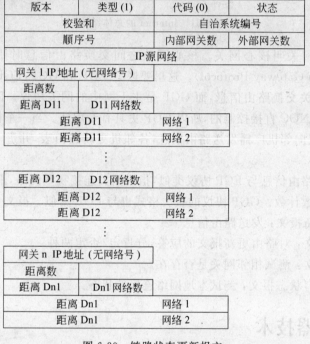

图 6-30　链路状态更新报文

当路由器启动一条新的通信链路时发送数据库描述报文。这种报文描述了发送者保持的所有链路状态,并且对每一链路状态项有一个编号。接收者可根据编号大小选择使用最新的链路状态信息。

路由器还可以利用链路状态请求报文向其他路由器索取链路状态信息。这个算法的效果就是每一对相邻的路由器可以互相比较数据库中的信息,选择最新的数据。新的链路状态信息在网络中不断扩散,而过时的数据逐渐被淘汰。

4. 核心网关协议

Internet 中有一个主干网,所有的自治系统都连接到主干网上。这样,Internet 的总体结构可表示为图 6-31 所示的形式,分为主干网和外围部分,后者包含所有的自治系统。

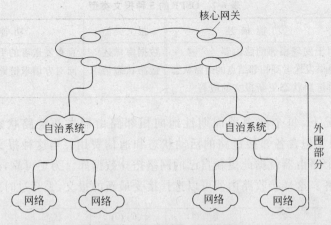

图 6-31　Internet 的总体结构

主干网中的网关叫核心网关。核心网关之间交换路由信息时使用核心网关协议 GGP(Gateway-to-Gateway Protocol)。这里要区分 EGP 和 GGP，EGP 用于两个不同自治系统之间的网关交换路由信息，而 GGP 是主干网中的网关协议。因为主干网中的核心网关是由 InterNOC 直接控制的，所以 GGP 更具有专用性。当一个核心网关加入主干网时用 GGP 协议向邻机广播发送路由信息，各邻机更新路由表，并进一步传播新的路由信息。

网关交换的路由信息与 EGP 协议类似，指明网关连接哪些网络，距离是多少，距离也是以中间网关个数计数。GGP 协议的报文格式也与 EGP 类似。报文分为以下 4 类。

(1) 路由更新报文：发送路由信息。

(2) 应答报文：对路由更新报文的应答，分肯定/否定两种。

(3) 测试报文：测试相邻网关是否存在。

(4) 网络接口状态报文：测试本地网络连接的状态。

6.8　路由器技术

互联网发展过程中还有许多问题需要解决。问题之一是随着网络互连规模的扩大和信息流量的增加，路由器逐渐成为网络通信的瓶颈。自 20 世纪 80 年代以来，路由器以其高度的灵活性和安全性在局域网分隔和广域互连中得到了广泛应用，然而路由器是无连接的设备，它对每个数据报独立地进行路由选择，哪怕是同一对主机之间的通信，都要对各个数据包单独处理，这样的开销使得路由器的吞吐率相对于交换机大为降低。解决这个问题的方法已经提出了许多种，都可归纳为第三层交换技术，我们随后将介绍这些技术。

互联网面临的另外一个问题是 IP 地址短缺问题。解决这个问题有所谓长期的或短期的两种解决方案。长期的解决方案就是使用具有更大地址空间的 IPv6 协议，短期的解决方案有网络地址翻译 NAT(Network Address Translators)和无类别的域间路由技术 CIDR (Classless Inter-Domain Routing)等，这些技术都是在现有的 IPv4 路由器中实现的。

6.8.1　NAT 技术

NAT 技术主要解决 IP 地址短缺问题,最初提出的建议是在子网内部使用局部地址,而在子网外部使用少量的全局地址,通过路由器进行内部和外部地址的转换。局部地址是在子网内部独立编址的,可以与外部地址重叠。这种想法的基础是假定在任何时候子网中只有少数计算机需要与外部通信,可以让这些计算机共享少量的全局 IP 地址。后来根据这种技术又开发出其他一些应用,下面讲述两种最主要的应用。

第一种应用是动态地址翻译(Dynamic Address Translation)。为此首先引入存根域的概念,所谓存根域(Stub Domain)就是内部网络的抽象,这样的网络只处理源和目标都在子网内部的通信。任何时候存根域内只有一部分主机要与外界通信,甚至还有许多主机可能从不与外界通信,所以整个存根域只需共享少量的全局 IP 地址。存根域有一个边界路由器,由它来处理域内主机与外部网络的通信。我们假定:

- m——需要翻译的内部地址数;
- n——可用的全局地址数(NAT 地址)。

当 m:n 翻译满足条件(m≥1 and m≥n)时,可以把一个大的地址空间映像到一个小的地址空间。所有 NAT 地址放在一个缓冲区中,并在存根域的边界路由器中建立一个局部地址和全局地址的动态映像表,如图 6-32 所示。这个图显示的是把所有 B 类网络 138.201.0.0 中的 IP 地址翻译成 C 类网络 178.201.112.0 中的 IP 地址。这种 NAT 地址重用有如下特点。

(1) 只要缓冲区中存在尚未使用的 C 类地址,任何从内向外的连接请求都可以得到响应,并且在边界路由器的动态 NAT 表中为之建立一个映像表项。

(2) 如果内部主机的映像存在,就可以利用它建立连接。

(3) 从外部访问内部主机是有条件的,即动态 NAT 表中必须存在该主机的映像。

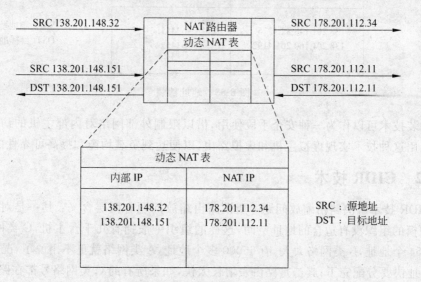

图 6-32　动态网络地址翻译

动态地址翻译的好处是节约了全局 IP 地址,而且不需要改变子网内部的任何配置,只需在边界路由器中设置一个动态地址变换表就可以工作了。

另外一种特殊的 NAT 应用是 m∶1 翻译,这种技术也叫做伪装(Masquerading),因为用一个路由器的 IP 地址可以把子网中所有主机的 IP 地址都隐蔽起来。如果子网中有多个主机同时都要通信,那么还要对端口号进行翻译,所以这种技术更经常被称为网络地址和端口翻译(Network Address Port Translation,NAPT)。在很多 NAPT 实现中专门保留一部分端口号给伪装使用,叫做伪装端口号。图 6-33 中所示的 NAT 路由器中有一个伪装表,通过这个表对端口号进行翻译,从而隐藏了内部网络 138.201.0.0 中的所有主机。可以看出,这种方法有如下特点。

(1) 出口分组的源地址被路由器的外部 IP 地址所代替,出口分组的源端口号被一个未使用的伪装端口号所代替。

(2) 如果进来的分组的目标地址是本地路由器的 IP 地址,而目标端口号是路由器的伪装端口号,则 NAT 路由器就检查该分组是否为当前的一个伪装会话,并试图通过伪装表对 IP 地址和端口号进行翻译。

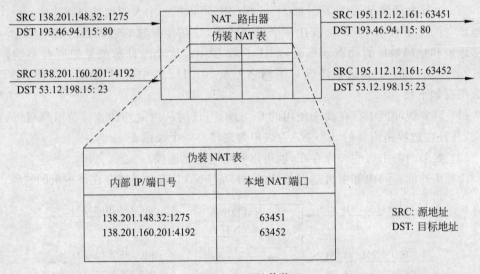

图 6-33　地址伪装

伪装技术可以作为一种安全手段使用,借以限制外部网络对内部主机的访问。另外还可以用这种技术实现虚拟主机和虚拟路由,以便达到负载均衡和提高可靠性的目的。

6.8.2　CIDR 技术

CIDR 技术解决路由缩放问题。所谓路由缩放问题有两层含义:其一是对于大多数中等规模的组织没有适合的地址空间,这样的组织一般拥有几千台主机,C 类网络太小,只有 254 个地址,B 类网络太大,有 65000 多个地址,A 类网络就更不用说了,况且 A 类和 B 类地址快要分配完了;其二是路由表增长太快,如果所有的 C 类网络号都在路由表中占一行,这样的路由表太大了,其查找速度将无法达到满意的程度。CIDR 技术就是解决这两个问题的,它可以把若干个 C 类网络分配给一个用户,并且在路由表中只占一行,这是一种将大块的地址空间合并为少量路由信息的策略。

为了说明 CIDR 的原理,让我们假定网络服务提供商 RA 有一个由 2048 个 C 类网络组成的地址块,网络号从 192.24.0.0 到 192.31.255.0,这种地址块叫做超网(Supernet)。对于这个地址块的路由信息可以用网络号 192.24.0.0 和地址掩码 255.248.0.0 来表示,简写为 192.24.0.0/13。

我们再假定 RA 连接 6 个用户:

- 用户 C1 最多需要 2048 个地址,即 8 个 C 类网络;
- 用户 C2 最多需要 4096 个地址,即 16 个 C 类网络;
- 用户 C3 最多需要 1024 个地址,即 4 个 C 类网络;
- 用户 C4 最多需要 1024 个地址,即 4 个 C 类网络;
- 用户 C5 最多需要 512 个地址,即 2 个 C 类网络;
- 用户 C6 最多需要 512 个地址,即 2 个 C 类网络。

假定 RA 对 6 个用户的地址分配如下。

- C1:分配 192.24.0 到 192.24.7,这个网络块可以用超网路由 192.24.0.0 和掩码 255.255.248.0 表示,简写为 192.24.0.0/21;
- C2:分配 192.24.16 到 192.24.31,这个网络块可以用超网路由 192.24.16.0 和掩码 255.255.240.0 表示,简写为 192.24.16.0/20;
- C3:分配 192.24.8 到 192.24.11,这个网络块可以用超网路由 192.24.8.0 和掩码 255.255.252.0 表示,简写为 192.24.8.0/22;
- C4:分配 192.24.12 到 192.24.15,这个网络块可以用超网路由 192.24.12.0 和掩码 255.255.252.0 表示,简写为 192.24.12.0/22;
- C5:分配 192.24.32 到 192.24.33,这个网络块可以用超网路由 192.24.32.0 和掩码 255.255.254.0 表示,简写为 192.24.32.0/23;
- C6:分配 192.24.34 到 192.24.35,这个网络块可以用超网路由 192.24.34.0 和掩码 255.255.254.0 表示,简写为 192.24.34.0/23。

我们还假定 C4 和 C5 是多宿主网络(Multi-Homed Network),除过 RA 之外还与网络服务供应商 RB 连接。RB 也拥有 2048 个 C 类网络号,从 192.32.0.0 到 192.39.255.0,这个超网可以用网络号 192.32.0.0 和地址掩码 255.248.0.0 来表示,简写为 192.32.0.0/13。另外还有一个 C7 用户,原来连接 RB,现在连接 RA,所以 C7 的 C 类网络号是由 RB 赋予的。

C7 分配 192.32.0 到 192.32.15,这个网络块可以用超网路由 192.32.0.0 和掩码 255.255.240.0 表示,简写为 192.32.0.0/20。

对于多宿主网络,我们假定 C4 的主路由是 RA,而次路由是 RB;C5 的主路由是 RB,而次路由是 RA。另外我们也假定 RA 和 RB 通过主干网 BB 连接在一起。这个连接如图 6-34 所示。

路由发布遵循"最大匹配"的原则,要包含所有可以到达的主机地址。据此 RA 向 BB 发布的路由信息包括它拥有的网络地址块 192.24.0.0/13 和 C7 的地址块 192.24.12.0/22。由于 C4 是多宿主网络并且主路由通过 RA,所以 C4 的路由要专门发

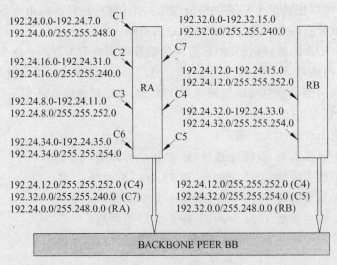

图 6-34　CIDR 的例子

布。C5 也是多宿主网络,但是主路由是 RB,所以 RA 不发布它的路由信息。总之 RA 向 BB 发布的路由信息是:

　　　　192.24.12.0/255.255.252.0 primary　　　　(C4 的地址块)

　　　　192.32.0.0/255.255.240.0 primary　　　　(C7 的地址块)

　　　　192.24.0.0/255.248.0.0 primary　　　　(RA 的地址块)

RB 发布的信息包括 C4 和 C5,以及它自己的地址块,RB 向 BB 发布的路由信息是:

　　　　192.24.12.0/255.255.252.0 secondary　　　(C4 的地址块)

　　　　192.24.32.0/255.255.254.0 primary　　　　(C5 的地址块)

　　　　192.32.0.0/255.248.0.0 primary　　　　(RB 的地址块)

6.8.3　第三层交换技术

　　所谓第三层交换是指利用第二层交换的高带宽和低延迟优势尽快地传送网络层分组的技术。交换与路由不同,前者由硬件实现,速度快,而后者由软件实现,速度慢。三层交换机的工作原理可以概括为:一次路由,多次交换。就是说,当三层交换机第一次收到一个数据包时必须通过路由功能寻找转发端口,同时记住目标 MAC 地址和源 MAC 地址,以及其他有关信息,当再次收到目标地址和源地址相同的帧时就直接进行交换了,不再调用路由功能。所以三层交换机不但具有路由功能,而且比通常的路由器转发得更快。

　　IETF 开发的多协议标记交换 MPLS(Multiprotocol Label Switching,RFC3031)把第 2 层的链路状态信息(带宽、延迟、利用率等)集成到第 3 层的协议数据单元中,从而简化和改进了第 3 层分组的交换过程。理论上,MPLS 支持任何第 2 层和第 3 层协议。MPLS 包头的位置介于第 2 层和第 3 层之间,可称为第 2.5 层,标准格式如图 6-35 所示。MPLS 可以承载的报文通常是 IP 包,当然也可以直接承载以太帧、AAL5 包,甚至 ATM 信元等。可以承载 MPLS 的第 2 层协议可以是 PPP、以太帧、ATM 和帧中继等,如图 6-36 所示。

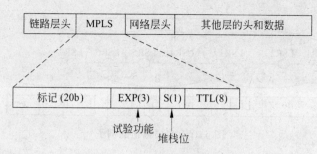

图 6-35 MPLS 标记的标准格式

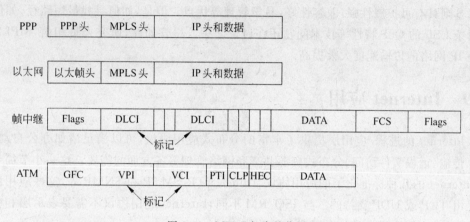

图 6-36 MPLS 包头的位置

当分组进入 MPLS 网络时,标记边沿路由器(Label Edge Router,LER)就为其加上一个标记,这种标记不仅包含了路由表项中的信息(目标地址、带宽、延迟等),而且还引用了 IP 头中的源地址字段、传输层端口号、服务质量等。这种分类一旦建立,分组就被指定到对应的标记交换通道(Label Switch Path,LSP)中,标记交换路由器(Label Switch Router,LSR)将根据标记来处置分组,不再经过第 3 层转发,从而加快了网络的传输速度。

MPLS 可以把多个通信流汇聚成为一个转发等价类(Forward Equivalent Class,FEC)。LER 根据目标地址和端口号把分组指派到一个等价类中,在 LSR 中只需根据等价类标记查找标记信息库(Label Information Base,LIB),确定下一跳的转发地址。这样做使得协议更具伸缩性。

MPLS 标记具有局部性,一个标记只是在一定的传输域中有效。在图 6-37 中,有 A、B、C 3 个传输域和两层路由。在 A 域和 C 域内,IP 包的标记栈只有一层标记 L1,而在 B 域内,IP 包的标记栈中有两层标记 L1 和 L2。LSR4 收到来自 LSR3 的数据包后,将 L1 层的标记换成目标 LSR7 的路由值,同时在标记栈增加一层标记 L2,称作入栈。在 B 域内,只需根据标记栈的最上层 L2 标记进行交换即可。LSR7 收到来自 LSR6 的数据包后,应首先将数据包最上层的 L2 标记弹出,其下层 L1 标记变成最上层标记,称作出栈,然后在 C 域中进行路由处理。

MPLS 转发处理简单,提供显式路由,能进行业务规划,提供 QoS 保障,提供多种分

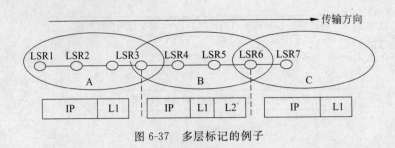

图 6-37　多层标记的例子

类粒度,用一种转发方式实现各种业务的转发。与以 ATM 为核心的 IPoA 技术相比,MPLS 则具有可扩展性强,兼容性好,易于管理等优点。但是,如何寻找最短路径,如何管理每条 LSP 的 QoS 特性等技术问题还在讨论之中。尽管如此,研究人员相信,MPLS 将会使 IP 网络的传输速度大大提高。

6.9　Internet 应用

　　Internet 的进程/应用层提供了丰富的分布式应用协议,可以满足诸如办公自动化、信息传输、远程文件访问、分布式资源共享和网络管理等各方面的需要。这一小节简要介绍 Internet 的几种标准化了的应用协议 Telnet、FTP、SMTP 和 SNMP 等,这些应用协议都是由 TCP 或 UDP 支持的。与 ISO/RM 不同,Internet 应用协议不需要表示层和会话层的支持,应用协议本身包含了有关的功能。

6.9.1　远程登录协议

　　远程登录(Telnet)是 ARPAnet 最早的应用之一,这个协议提供了访问远程主机的功能,使本地用户可以通过 TCP 连接登录在远程主机上,像使用本地主机一样使用远程主机的资源。在本地终端与远程主机具有异构性时,也不影响它们之间的相互操作。

　　终端与主机之间的异构性表现在对键盘字符的解释不同,例如 PC 键盘与 IBM 大型机的键盘可能相差很大,使用不同的回车换行符、不同的中断键等。为了使异构性的机器之间能够互操作,Telnet 定义了网络虚拟终端 NVT(Network Virtual Terminal)。NVT 代码包括标准的 7 单位 ASCII 字符集和 Telnet 命令集。这些字符和命令提供了本地终端和远程主机之间的网络接口。

　　Telnet 采用客户机/服务器工作方式。用户终端运行 Telnet 客户程序,远程主机运行 Telnet 服务器程序。客户机与服务器程序之间执行 Telnet NVT 协议,而在两端则分别执行各自的操作系统功能,如图 6-38 所示。

　　Telnet 提供一种机制,允许客户机程序和服务器程序协商双方都能接受的操作选项,并提供一组标准选项用于迅速建立需要的 TCP 连接。另外,Telnet 对称地对待连接的两端,并不是专门固定一端为客户端,另一端为服务器端,而是允许连接的任一端与客户机程序相连,另一端与服务器程序相连。

　　Telnet 服务器可以应付多个并发的连接。通常,Telnet 服务进程等待新的连接,并

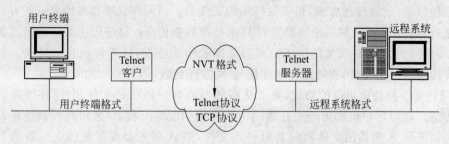

图 6-38　Telnet 客户机/服务器概念模型

为每一个连接请求产生一个新的进程。当远程终端用户调用 Telnet 服务时,终端机器上就产生一个客户程序,客户程序与服务器的固定端口(23)建立 TCP 连接,实现 Telnet 服务。客户程序接收用户终端的键盘输入,并发送给服务器。同时服务器送回字符,通过客户机软件的转换显示在用户终端上。用户就是通过这样的方式来发送 Telnet 命令,调用服务器主机的资源完成计算任务。例如,当用户在 PC 上输入命令行 telnet alpha,则会从 Internet 上收到一个叫做 alpha 的主机的登录提示符,在提示符的指示下再输入用户名和口令字就可以使用 alpha 机器的资源了。如果从 alpha 机器上退出,PC 又回到本地操作系统控制之下了。

6.9.2 文件传输协议

文件传输协议 FTP(File Transfer Protocol)也是 Internet 最早的应用层协议。这个协议用于主机间传送文件,主机类型可以相同,也可以不同,还可以传送不同类型的文件,例如二进制文件,或文本文件等。

图 6-39 所示为 FTP 客户机/服务器模型。客户机与服务器之间建立两条 TCP 连接,一条用于传送控制信息,一条用于传送文件内容。FTP 的控制连接使用了 Telnet 协议,主要是利用 Telnet 提供的简单的身份认证系统,供远程系统鉴别 FTP 用户的合法性。

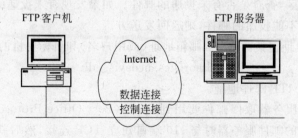

图 6-39　FTP 的客户机/服务器概念模型

FTP 服务器软件的具体实现依赖于操作系统。一般情况是,在服务器一侧运行后台进程 S,等待出现在 FTP 专用端口(21)上的连接请求。当某个客户机向这个专用端口请求建立连接时,进程 S 便激活一个新的 FTP 控制进程 N,处理进来的连接请求。然后 S 进程返回,等待其他客户机访问。进程 N 通过控制连接与客户机进行通信,要求客户在进行文件传送之前输入登录标识符和口令字。如果登录成功,用户可以通过控制连接列出远程目录,设置传送方式,指明要传送的文件名。当用户获准按照所要求的方式传送文件之后,进程 N 激活另一个辅助进程 D 来处理数据传送。D 进程主动开通第二条数据连接(端口号为 20),并在文件传送完成后立即关闭此连接,D 进程也自动结束。如果用户还要传送另一个文件,再通过控制连接与 N 进程会话,请求另一次传送。

FTP 是一种功能很强的协议,除了从服务器向客户机传送文件之外,还可以进行第三方传送。这时客户机必须分别开通同两个主机(比如 A 和 B)之间的控制连接。如果客户机获准从 A 机传出文件和向 B 机传入文件,则 A 服务器程序就建立一条到 B 服务器程序的数据连接。客户机保持文件传送的控制权,但不参与数据传送。

所谓匿名 FTP 是这样一种功能:用户通过控制连接登录时采用专门的用户标识符 anonymous,并把自己的电子邮件地址作为口令输入,这样可以从网上提供匿名 FTP 服务的服务器下载文件。Internet 中有很多匿名 FTP 服务器,提供一些免费软件或有关 Internet 的电子文档。

FTP 提供的命令十分丰富,包括文件传送、文件管理、目录管理和连接管理等一般文件系统具有的操作功能,还可以用 help 命令查阅各种命令的使用方法。

6.9.3 简单邮件传输协议

电子邮件(E-mail)是 Internet 中使用最多的网络服务之一,广泛使用的电子邮件协议是简单邮件传输协议 SMTP(Simple Mail Transfer Protocol)。这个协议也使用客户机/服务器操作方式,也就是说,发送邮件的机器起 SMTP 客户的作用,连接到目标端的 SMTP 服务器上。而且只有在客户机成功地把邮件传送给服务器之后,才从本地删除报文。这样,通过端到端的连接保证了邮件的可靠传输。

发送端后台进程通过本地的通信主机登记表或 DNS 服务器把目标机器标识变换成网络地址,并且与远程邮件服务器进程(端口号为 25)建立 TCP 连接,以便投递报文。如果连接成功,发送端后台进程就把报文复制到目标端服务器系统的假脱机存储区,并删除本地的邮件报文副本;如果连接失败,就记录下投递时间,然后结束。服务器邮件系统定期扫描假脱机存储区,查看是否有未投递的邮件。如果发现有未投递的邮件,便准备再次发送。对于长时间不能投递的邮件,则返回发送方。

通常 E-mail 地址包括两部分:邮箱地址(或用户名)和目标主机的域名。例如:

elinor@cs. ucdavis. edu

就是一个标准的 SMTP 邮件地址。

接收方从邮件服务器取回邮件要用到 POP3(Post Office Protocol 第三版)协议,当接收用户呼叫 ISP 的邮件服务器时与 110 端口建立 TCP 连接,然后就可以下载邮件,如图 6-40 所示。

SMTP 邮件采用 RFC 822 规定的格式,这种邮件只能是用英语书写的、采用 ASCII 编码的文本(Text)文件。MIME(Multipurpose Internet Mail Extensions)是 SMTP 邮件的扩充,定义了新的报文结构和编码规则,适用于在互联网上传输多国文字书写的多媒体邮件。

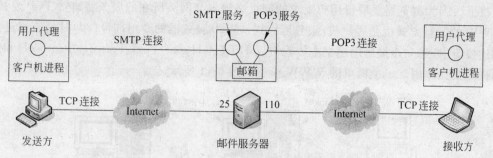

图 6-40　电子邮件服务概念模型

6.9.4　超文本传输协议

WWW(World Wide Web)服务是由分布在 Internet 中的成千上万个超文本文档链接成的网络信息系统。这种系统采用统一的资源定位器和精彩鲜艳的声音图文用户界面,可以方便地浏览网上的信息和利用各种网络服务。WWW 已成为网民不可缺少的信息查询工具。

WWW 服务是欧洲核子研究中心 CEPRN(Conseil European Pour Recherches Nucleaires)开发的,最初是为了参与核物理实验的科学家之间通过网络交流研究报告、装置蓝图、图画、照片和其他文档而设计的一种网络通信工具。1989 年 3 月,物理学家 Tim Berners-Lee 提出初步的研究报告,18 个月后有了初始的系统原型。1993 年 2 月发布了第一个图形式的浏览器 Mosaic,它的作者 Marc Andreesen 在 NCSA(National Center for Supercomputing Applications)成立了网景通信公司(Netscape Communications),开始提供 Web 服务器访问。今天,主要的数据库厂商(例如 Sybase、Oracle 等)都支持 Web 服务器,流行的操作系统都有自己的 Web 浏览器。WWW 几乎成了 Internet 的同义语。Web 技术还被用于构造企业内部网(Intranet)。

Web 技术是一种综合性网络应用技术,关系到网络信息的表示、组织、定位、传输、显示以及客户和服务器之间的交互作用等。通常文字信息组织成线性的 ASCII 文本文件,而 Web 上的信息组织是非线性的超文本文件(Hypertext)。简单地说,超文本可以通过超链接(Hyperlink)指向网络上的其他信息资源。超文本互相链接成网状结构,使得人们可以通过链接追索到与当前结点相关的信息。这种信息浏览方法正是人们习惯的联想式、跳跃式的思维方式的反映。更具体地说,一个超文本文件叫做一个网页(WebPage),网页中包含指向有关网页的指针(超链接)。如果用户选择了某一个指针,则有关的网页就显示出来。超链接指向的网页可能在本地,也可能在网上别的地方。

Web 上的信息不仅是超文本文件,还可以是语音、图形、图像和动画等。就像通常的多媒体信息一样,这里有一个对应的名称叫超媒体(Hypermedia)。超媒体包括了超文本,也可以用超链接连接起来,形成超媒体文档。超媒体文档的显示、搜索、传输功能全都由浏览器(Browser)实现。现在基于命令行的浏览器已经过时了,声像图形结合的浏览器得到了广泛的应用,例如 Netscape 的 Navigator 和微软的 Internet Explorer 等。

运行 Web 浏览器的计算机要直接连接 Internet 或者通过拨号线路连接到 Internet

主机上。因为浏览器要取得用户要求的网页必须先与网页所在的服务器建立 TCP 连接。WWW 的运行方式也是客户机/服务器方式。Web 服务器的专用端口(80)时刻监视进来的连接请求,建立连接后用超文本传输协议 HTTP(Hyper Text Transfer Protocol)和用户进行交互作用。一个简单的 WWW 模型如图 6-41 所示。

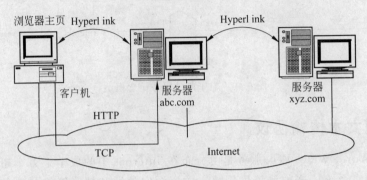

图 6-41　简单的 WWW 模型

　　HTTP 是为分布式超文本信息系统设计的一个协议。这个协议简单有效而且功能强大,可以传送多媒体信息,可适用于面向对象的作用,是 Web 技术中的核心协议。HTTP 协议的特点是建立一次连接,只处理一个请求,发回一个应答,然后连接就释放了,所以被认为是无状态的协议,即不能记录以前的操作状态,因而也不能根据以前操作的结果连续操作。这样做固然有其不方便之处,但主要的好处是提高了协议的效率。

　　浏览器通过统一资源定位器 URL(Uniform Resource Locators)对信息进行寻址。URL 由 3 部分组成,指出了用户要求的网页的名字,网页所在的主机的名字,以及访问网页的协议。例如:

$$\text{http://www.w3.org/welcone.html}$$

是一个 URL,其中 http 是协议名称,www.w3.org 是服务器主机名,welcome.html 是网页文件名。

　　如果用户选择了一个要访问的网页,则浏览器和 Web 服务器的交互过程如下:

(1) 浏览器接收 URL。

(2) 浏览器通过 DNS 服务器查找 www.w3.org 的 IP 地址。

(3) DNS 给出 IP 地址 18.23.0.32。

(4) 浏览器与主机(18.23.0.32)的端口 80 建立 TCP 连接。

(5) 浏览器发出请求 GET/welcome.html 文件。

(6) www.w3.org 服务器发送 welcome.html 文件。

(7) 释放 TCP 连接。

(8) 浏览器显示 welcome.html 文件。

其中第(5)步的 GET 是 HTTP 协议提供的少数操作方法中的一种,其含义是读一个网页。常用的还有 HEAD(读网页头信息)和 POST(把消息加到指定的网页上)等。另外,要说明的是很多浏览器不但支持 HTTP 协议,还支持 FTP、Telnet、Gopher 等,使用方法与 HTTP 完全一样。

超文本标记语言 HTML(Hyper Text Markup Language)是制作网页的语言。就像编辑程序一样,HTML 可以编辑出图文并茂、彩色丰富的网页,但这种编辑不是像 Microsoft Word 那样的"所见即所得"的编辑方式,而是像"华光"那种排版程序一样,在正文中加入一些排版命令。HTML 中的命令叫做"标记"(Tag),就像编辑们在稿件中画的排版标记一样,这就是超文本标记语言的来由。HTML 的标记用一对尖括号表示,例如⟨HEAD⟩和⟨/HEAD⟩分别表示网页头部的开始和结束,而⟨BODY⟩和⟨/BODY⟩则分别表示网页主体的开始和结束。图 6-42 所示是一个简单网页的例子,其中的⟨TITLE⟩和⟨/TITLE⟩之间的部分是网页的主题,主题并不显示,有时用于标识网页的窗口。⟨HI⟩和⟨/HI⟩表示第 1 层标题,HTML 允许最多设置 6 层小标题。最后,⟨P⟩表示前一段结束和下一段开始。

⟨TITLE⟩简单网页的例子⟨/TITLE⟩

⟨HI⟩Welcome to Xi'an Home Page⟨/HI⟩

We are so happy that you have chosen to visit this Home page⟨P⟩

You can find all the information you may need.

(a) HTML 文件

Welcome to Xi'an Home Page

We are so happy that you have chosen to visit this Home Page

You can find all the information you may need.

(b) 显示的网页

图 6-42 简单网页的例子

最重要的是 HTML 可以建立超链接,指向 Web 中的其他信息资源。这个功能是由标记⟨A⟩和⟨/A⟩实现的。例如:

< A HREF = "http://www.nasa.gov" > NASA'S home page < /A >

定义了一个超链接。网页中会显示一行:

NASA'S home page

如果用户选择了这一行,则浏览器根据 URL 中的

http://www.nasa.gov

寻找对应的网页并显示在屏幕上。HTML 还能处理表格、图像等多种形式的信息,它的强大描述能力使屏幕表现得丰富多彩。

用 Java 语言写的小程序(Applets)嵌入 HTML 文件中,可以使网页活动起来,用来设计动态的广告、卡通动画片和瞬息变换的股票交易大屏幕等。Java 语言的简单性、可移植性、分布性、安全性和面向对象的特点使它成为网络时代的宠儿。

与 WWW 有关的另一个重要协议是公共网关接口 CGI(Common Gateway Interface)。当 Web 用户要使用某种数据库系统时可以写一个 CGI 程序(叫做脚本 Script),作为 Web 与数据库服务器之间的接口。这种脚本程序用户可通过浏览器与数据库服务器交互作用,使得在线购物、远程交易等实时数据库访问很容易实现。CGI 脚本程序跨越了不同服务器的界限,可运行在任何数据库管理系统上。

6.9.5　简单网络管理协议

　　网络管理系统是用于监视和控制网络运行、优化网络性能的一组工具。这些工具集成了专用的硬件和在网络设备上运行的管理软件,提供一致的用户接口,辅助操作人员完成管理任务。

　　ISO定义了完善的网络管理标准,但是目前还没有符合ISO网管标准的产品,特别是目前运行的很多网络(例如Internet)并不符合OSI参考模型,完全按照ISO标准开发可供实用的网络管理系统还有很多困难。

　　1988年8月,简单网络管理协议SNMP(Simple Network Management Protocol)标准(RFC 1065～1067)出台,以其简单性和容易实现而得到了很多厂商的支持。一些制造商生产出了基于SNMP的网络工作站,一些厂家则推出了SNMP软件包,SNMP迅速成为主导的网络管理标准。随着SNMP的广泛应用,也暴露出了一些缺陷和问题,主要是操作效率不高和缺乏安全功能,这就导致出现了1993年的SNMP第二版——SNMPv2(RFC 1441～1452)。新标准对SNMPv1的功能进行了扩充,纠正了一些不合理的规定,重新定义了完善的安全机制,得到了更多的注意和支持。第二版的安全性能在1998年发布的SNMPv3(RFC 2271～2275)中进一步得到了完善和确认,已经成为网络管理方面事实上(de facto)的标准。

　　实际上SNMP并不能直接对网络进行管理,但它可以支持网络管理应用程序的开发和运行。也就是说,SNMP提供了网络管理的基础架构(Infrastructure for Network Management),由以下4部分组成。

　　(1)被管理结点。

　　(2)管理站。

　　(3)管理信息库。

　　(4)管理协议。

　　这4个组成部分如图6-43所示,下面给出简要的解释。

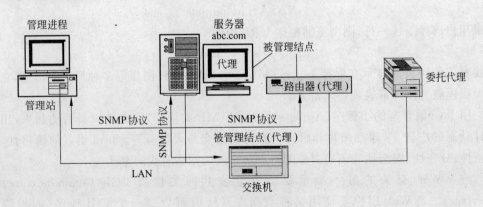

图6-43　SNMP管理模型

　　被管理结点可以是主机、路由器、交换机、打印机或其他能向外界提供操作状态信息的设备。被管理结点中运行一个叫做代理(Agent)的管理进程。为了满足管理的需要,

　　SNMP 要求所有的联网设备都要有一定的智能,无论其实现如何(硬件/软件),都要向管理站提供状态信息,并可以按照管理站给出的命令设置和改变状态,代理进程就起这个作用。

　　管理站是一台运行管理员软件(Manager)的主机。管理员软件可能由多个合作进程组成,在用户开发的管理应用程序的控制下对网络实施全面的管理。管理员软件的基本功能是与分布在网络中的代理程序通信,向代理程序询问设备的状态,或向代理程序发出改变状态的指示。管理应用程序、管理员程序和代理程序起的作用不同,管理应用程序是用户开发的,体现了用户设定的管理目标;管理员程序支持管理应用程序的运行,提供主要的管理功能,而且要有友好的用户接口;代理程序只具有简单的记录状态和通信功能,它的存在和运行对设备的影响很小。

　　SNMP 定义了设备之间交换的管理信息的结构和网络管理的数据类型,这些定义组成了管理信息结构 SMI(Structure of Management Information)。SMI 可以看成是定义管理信息的形式语言,SNMP 模型正是用这种形式语言说明谁应该提供什么信息和怎样利用这些信息进行管理。限于篇幅我们不能介绍 SMI 的详细内容,但必须指出 SMT 的两个特点。SMI 中表示管理信息的基本单位是对象(Object),这里的对象与面向对象系统中的对象不同,只有表示状态的数据,没有操作方法,因而只能被动地接受外界的访问。一些对象的集合组成了管理信息库 MIB(Management Information Base)。每个被管理结点中都有一个 MIB,分布在网络中的所有 MIB 组成了网络管理用的分布式数据库。另外 SMI 描述对象、模块和 MIB 结构的语言是抽象句法表示 ASN.1。采用这种标准的表示方法及其传送语法,消除了设备异构性的影响,使得在多制造商环境下能实现全面的网络管理。

　　管理员程序与代理程序之间用 SNMP 协议通信。这个协议规定管理员程序可以用Get 操作向代理程序询问被管理结点的状态,或用 Set 操作通知代理程序修改被管理结点的状态。另外,在发生异常事件(例如设备重启动、线路故障、网络拥挤等,这些事件在MIB 中都有严格的定义)的情况下代理程序可以用陷入(Trap)报文通知管理站,然后由管理员程序根据情况采取适当措施。由于从代理程序到管理站的通信是不可靠的(例如,没有应答),所以 SNMP 要求管理员程序要根据异常事件报告进一步发出询问报文,以获取可靠的状态信息,这叫做陷入制导的轮询。

　　老式的或不是专为联网而制造的设备可能没有代理功能,为此 SNMP 定义了委托代理程序(Proxy Agent)。这种代理程序监视一个或多个非 SNMP 设备并代表这些设备与管理员程序通信。委托代理与非 SNMP 设备之间可以使用特殊的专用协议交换管理信息。

　　SNMPv3 增加了安全和认证机制。因为管理站有全面的管理功能,甚至能把一个设备完全关闭,所以管理站发出的信息要值得信赖,不能被冒名顶替。在 SNMPv1 中管理站用普通的口令证明自己的身份,在 SNMPv3 中则采用严谨的安全保密技术。这些技术包括加密、认证和访问控制。加密技术保证重要的管理信息在传送过程中不会被泄露给无关的接收者,认证技术是确认发信者的合法身份,也保证信息不会被篡改;而访问控制技术则确定了各种网络元素对网络管理信息的访问权限。SNMPv3 的报文格式中允许使用这些技术管理信息的安全性。

6.10 IPv6 简介

基于 IPv4 的因特网已运行多年,随着网络应用的普及和扩展,IPv4 协议的缺陷逐渐暴露,主要问题有:

1. 网络地址短缺

IPv4 地址为 32 位,只能提供大约 40 亿个地址,而且两级编址造成了很多无用的地址"空洞",地址空间浪费很大。另一方面,随着 TCP/IP 应用的扩大,对网络地址的需求迅速增加,有的主机分别属于多个网络,需要多个 IP 地址,有些非主机设备,例如自动柜员机和有线电视机也要求分配 IP 地址。一系列新需求的出现都加剧了 IP 地址的紧缺,虽然采用了诸如 VLSM、CIDR 和 NAT 等辅助技术,但是并没有彻底解决问题。

2. 路由速度慢

随着网络规模的扩大,路由表越来越大,路由处理速度越来越慢。这是因为 IPv4 头部字段多达 13 个,路由器处理的信息量很大,而且大部分处理操作都要用软件实现,这使得路由器已经成为现代通信网络的瓶颈。设法简化路由处理成为提高网络传输速度的关键技术。

3. 缺乏安全功能

随着互联网的广泛应用,网络安全成为迫切需要解决的问题。IPv4 没有提供安全功能,阻碍了互联网在电子商务等信息敏感领域的应用。近年来在 IPv4 基础上针对不同的应用研究出了一些安全成果,例如 IPSec、SLL 等。这些成果需要进一步的整合,以便为各种应用领域提供统一的安全解决方案。

4. 不支持新的业务模式

IPv4 不支持许多新的业务模式,例如语音、视频等实时信息传输需要 QoS 支持,P2P 应用还需要端到端的 QoS 支持,移动通信需要灵活地接入控制,也需要更多的 IP 地址等。这些新业务的出现对互联网的应用提出了一些难以解决的问题,需要对现行的 IP 协议作出某些根本性的变革。

针对 IPv4 面临的问题,IETF 在 1992 年 7 月发出通知,征集对下一代 IP 协议(IPng)的建议。在对多个建议筛选的基础上,1995 年 1 月 IETF 发表了 REC 1752(The Recommendation of the IP Next Generation Protocol)文档,阐述了对下一代 IP 的需求,定义了新的协议数据单元格式,这是 IPv6 研究中的里程碑事件。随后的一些 RFC 文档给出了 IPv6 协议的一些细节定义,许多研究成果都包含在 1998 年 12 月发表的 RFC 2460 文档中。

6.10.1 IPv6 分组格式

IPv6 协议数据单元的格式如图 6-44(a)所示,整个 IPv6 分组由一个固定头部和若干个扩展头部以及上层协议提供的负载组成。扩展头部是任选的,转发路由器只处理与其有关的部分,这样就简化了路由器的转发操作,加速了路由处理速度。IPv6 的固定头部如图 6-44(b)所示,其中的各个字段解释如下。

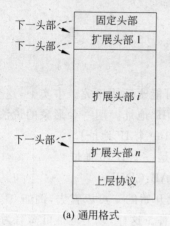

版本	通信类型	流标记

(a) 通用格式   (b) 固定头部

图 6-44 IPv6 分组

(1) 版本(4b):指示 IP 第六版。

(2) 通信类型(8b):这个字段用于区分不同的 IP 分组,相当于 IPv4 中的服务类型字段,通信类型的详细定义还在研究和实验之中。

(3) 流标记(20b):原发主机用这个字段来标识某些需要特别处理的分组,例如特别的服务质量或者实时数据传输等,流标记的详细定义还在研究和实验之中。

(4) 负载长度(16b):表示除了 IPv6 固定头部的负载长度,扩展头包含在负载长度之内。

(5) 下一头部(8b):指明下一个头部的类型,可能是 IPv6 的扩展头部,也可能是高层协议的头部。

(6) 跳数限制(8b):用于检测路由循环,每个转发分组的路由器对这个字段减一,如果变成零,分组被丢弃。

(7) 源地址(128b):发送结点的地址。

(8) 目标地址(128b):接收结点的地址。

IPv6 的扩展头部有下面一些选项。

(9) 逐跳头部:如果这个选项存在,其中所携带的信息必须由沿途各个路由器检查处理。目前只定义了两个选项,"特大净负荷"选项用于发送大于 64KB 的分组,这种分组是为了最佳地利用传输介质的有效容量传送大量的视频数据,"路由器警戒"选项说明该分组的内容是路由器必须处理的,例如 RSVP 协议可以通过这个选项预约通信资源。

(10) 目标头部:这个选项中的信息由目标结点检查处理。

(11) 路由选择头部：这个选项由一个或多个路由器地址的列表组成,类似于 IPv4 的松散路由,列表中的所有地址都是到达目标的路径中必须经过的路由器,但是路径中的某些路由器的地址可能不出现在列表中。

(12) 分段头部：这个选项处理数据报的分段问题,其中包含了数据报标识、分段编号和是否最后一个分段的标志。与 IPv4 不同,在 IPv6 中,只能由原发结点进行分段,中间路由器不能分段,其目的是简化路由处理。

(13) 认证头部：由接收者进行身份认证。

(14) 安全封装负荷头部：用于对分组内容进行加密。

6.10.2 IPv6 地址

IPv6 地址扩展到 128 位。2^{128} 足够大,这个地址空间可能永远用不完。事实上,这个数大于阿伏加德罗常数,足够为地球上每个分子分配一个 IP 地址。用一个形象的说法,这么大的地址空间允许整个地球表面上每平方米配置 7×10^{23} 个 IP 地址！

IPv6 地址采用冒号分隔的十六进制数表示,例如下面是一个 IPv6 地址

8000:0000:0000:0000:0123:4567:89AB:CDEF

为了便于书写,规定了一些简化写法。首先,每个字段开始的 0 可以省去,例如 0123 可以简写为 123;其次一个或多个 0000 可以用一对冒号代替。这样,以上地址可简写为

8000::123:4567:89AB:CDEF

还有,IPv4 地址仍然保留十进制表示法,只需在前面加上一对冒号,就成为 IPv6 格式,例如

::192.168.10.1

IPv6 地址分为 3 种类型。

(1) 单播：表示传统的点对点通信。

(2) 组播：也叫点对多点通信,即把信息发送给一组结点,在 IPv6 中,传统的广播成为组播的特例。

(3) 任意播：这是 IPv6 新增的一种通信类型,任意播的目标是一组结点,但在提交时只需提交给其中一个结点,通常是最近的一个结点。

习　　题

1. 列出 4 种用于网络互连的设备,以及它们工作的 OSI 协议层。

2. 为什么中继器不适合于连接通信协议不同的网络？

3. 在什么情况下适合用网桥作为互连设备？什么情况下适合用路由器作为互连设备？

4. 试比较虚电路中继和网际数据报,它们各自的优缺点是什么？

5. 网际互连和网络内部路由是否有关系？为什么？

6. 生成树算法适合于应用路由器的网际互连吗？

7. 有 4 个局域网 L1～L4 和 6 个网桥 B1～B6,网络拓扑如下：B1 和 B2 之间通过

L1 和 L2 并联,L2 和 L3 通过 B3 连通,L1 和 L3 通过 B4 连通;L3 和 L4 通过 B5 连通;L2 和 L4 通过 B6 连通,主机 H1 和 H2 分别连接在 L1 和 L3 上,若 H1 要和 H2 通信,

(1) 画出互连拓扑结构。

(2) 若网桥为透明网桥,其中的转发表都是空的,求生成树。

(3) 若网桥为源路由网桥,那么在广播发现帧的过程中,在 L2~L4 中发现帧各通过几次?

8. 一个传输层报文由 1500b 数据和 160b 的头部组成,这个报文进入网络层时加上了 160b 的 IP 头,然后通过两个网络,每个网络层又加上了 24b 的头部,如果目标网络的分组长度最大为 800b,那么有多少 b(包括头部)被提交给目标站的网络层协议?

9. 如果要把一个 IP 数据报分段,哪些字段要复制到每一个段头中,哪些字段只保留在第一个段头中?

10. IP 数据报长度为 1024B,当通过一个最大分组长度为 128B 的 X.25 网时要被分成若干段,那么分成多少段合适? 如果考虑 X.25 和 IP 分组的开销而不计低层的开销,则传输的效率是多少?

11. 假定要用单个站把一个局域网连接到 X.25 广域网上,这个站作为 X.25 网络的 DTE,那么还要在站上增加什么逻辑功能,才能允许局域网中的站访问 X.25 网络?

第7章

网络安全与网络管理

互联网正在迅速地改变着人们的生活方式和工作效率。个人和商业机构都将越来越多地通过互联网处理银行账务、纳税和购物。这无疑给社会生活带来了前所未有的便利，同时也不可避免地要求互联网运行得更加安全和可靠。本章介绍互联网在安全方面存在的问题及其解决方案，同时也介绍网络管理系统的体系结构和一些实用的网络管理方法。

7.1 网络安全的基本概念

计算机系统和网络中都存在一定的安全缺陷，安全威胁就是对网络系统安全缺陷的潜在利用。安全缺陷可能导致非授权访问、信息泄露、资源耗尽、资源被窃取或者破坏等安全威胁。概括地说，对网络安全的威胁主要有如下几种。

(1) 窃听：广播式通信网络允许监视器接收网上传输的信息，这种特性使得窃取网上的数据或者非授权访问很容易实现。

(2) 假冒：指一个实体假扮成另一个实体访问网络中的信息资源。

(3) 重放：重复发送一份报文或报文的一部分，以便产生攻击者预期的结果。

(4) 流量分析：通过对网上信息流的观察和分析可以推断网络通信量的大小、通信方向和频率等，这些信息可能被第三者加以利用。

(5) 破坏完整性：有意或无意地修改和破坏信息系统，或者在非授权方式下对网络中的数据进行修改。

(6) 拒绝服务：由于网络遭受攻击而不能提供正常的服务，使得授权的实体不能访问网络资源。

(7) 恶意程序危害：病毒、特洛伊木马和强行安装的软件等都是恶意程序，可以延缓网络通信的速率，或丢失网络信息系统中存放的机密数据。

网络攻击是指任何非授权的访问行为。攻击的形式从简单的使网络服务器无法提供正常的服务到完全破坏和控制网络服务器。在网络上可以成功实施攻击的程度依赖于网络系统安全配置的完善程度。对网络的攻击可以分为主动和被动两类。

(1) 被动攻击：攻击者通过监视网络信息流以获得某些机密信息。这种攻击可以是基于网络的(监测链路中的通信流)，或是基于系统的(用特洛伊木马盗取用户数据)。被动攻击难于被检测到，所以要加强预防，例如对数据进行加密等。

（2）主动攻击：这种攻击涉及对通信流的修改或创建伪装的通信流，主要形式有假冒、重放、欺骗、报文篡改和拒绝服务等。这种攻击无法预防，但却易于检测，所以对付的主要手段是安装防火墙或入侵检测系统等。

网络系统的安全措施有下面几种。

（1）访问控制：对网络用户分配一定的权限，使得用户只能完成许可的功能。

（2）数据加密：保护敏感信息不被第三者窃听。

（3）认证：鉴别用户的身份和报文的完整性，防止假冒和篡改。

（4）审计：对网络中的各种活动进行事后的审查，以发现安全漏洞和入侵行为。

网络安全的话题分散而复杂。互联网的不安全因素主要来自其先天不足的特性。互联网设计之初以提供广泛的互连、互操作、信息资源共享为目的，其侧重点并非在安全上。这在当初把互联网作为科学研究用途时是可行的，但是在电子商务等的应用广泛发展的今天，安全问题就成了互联网发展的障碍。互联网连接着成千上万的区域网络和运营商网络。网络规模越大，通信链路越长，其脆弱性和安全问题也随之增加。另一方面，虽然各种有关互联网的安全技术有了长足的发展，但是并没有形成完整的安全体系，还缺乏系统的安全标准，各种安全解决方案只能应付某一方面的安全威胁。网络安全和网络攻击这一对矛盾将长期存在。

7.2 数据加密

7.2.1 数据加密原理

数据加密是防止未经授权的用户访问敏感信息的手段，这是人们通常理解的安全措施，也是其他安全方法的基础。研究数据加密的科学叫做密码学（Cryptography），它又分为设计密码体制的密码编码学和破译密码的密码分析学。密码学有着悠久的历史，古代的军事家已经用密码传递军事情报了，而现代计算机的应用和计算机科学的发展又为这一古老的科学注入了新的活力。现代密码学是经典密码学的进一步发展和完善。由于加密和解密此消彼长的斗争永远不会停止，这门科学还在迅速发展之中。

一般的保密通信模型如图 7-1 所示。在发送端，把明文 P 用加密算法 E 和密钥 K 加密，变换成密文 C，即

$$C = E(K, P)$$

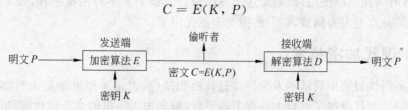

图 7-1 保密通信模型

在接收端利用解密算法 D 和密钥 K 对 C 解密得到明文 P，即

$$P = D(K, C)$$

这里加/解密函数 E 和 D 是公开的，而密钥 K（加解密函数的参数）是秘密的。在传送过

程中偷听者得到的是无法理解的密文,而他/她又得不到密钥,这就达到了对第三者保密的目的。

如果不论偷听者获取了多少密文,但是密文中没有足够的信息,使得可以确定出对应的明文,则这种密码体制是无条件安全的,或称为是理论上不可破解的。在无任何限制的条件下,目前所有的密码体制几乎都不是理论上不可破解的。能否破解给定的密码,取决于使用的计算资源。所以密码专家们研究的核心问题就是要设计出在给定计算费用的条件下,计算上(而不是理论上)安全的密码体制。下面分析几种曾经使用过的和目前正在使用的加密方法。

7.2.2 经典加密技术

所谓经典加密方法主要是指以下 3 种加密技术。

1. 替换加密(Substitution)

用一个字母替换另一个字母,例如 Caesar 密码(D 替换 a,E 替换 b……)。这种方法保留了明文的顺序,可根据自然语言的统计特性(例如字母出现的频率)破译。

2. 换位加密(Transposition)

按照一定的规律重排字母的顺序。例如以 CIPHER 作为密钥(仅表示顺序),对明文 attackbeginsatfour 加密,得到密文 abacnuaiotettgfksr,如图 7-2 所示。偷听者得到密文后检查字母出现的频率即可确定加密方法是换位密码。然后若能根据其他情况猜测出一段明文,就可确定密钥的列数,再重排密文的顺序进行破译。

密钥	CIPHER
顺序	145326
明文	attack
	begins
	atfour
密文	abacnuaiotettgfksr

图 7-2 换位加密的例子

3. 一次性填充(One-time Pad)

把明文变为比特串(例如用 ASCII 编码),选择一个等长的随机比特串作为密钥,对二者进行按位异或,得到密文。这样的密码理论上是不可破解的。但是这种密码有实际的缺陷。首先是密钥无法记忆,必须写在纸上,这在实践上是最不可取的;其次是密钥长度有限,有时可能不够使用;最后是这个方法对插入或丢失字符的敏感性,如果发送者与接收者在某一点上失去同步,以后的报文全都无用了。

7.2.3 现代加密技术

现代密码体制使用的基本方法仍然是替换和换位,但是采用更加复杂的加密算法和简单的密钥。而且增加了对付主动攻击的手段,例如加入随机的冗余信息,以防止制造假消息;加入时间控制信息,以防止旧消息重放。

替换和换位可以用简单的电路来实现。图 7-3(a)所示的设备称为 P 盒(Permutation Box),用于改变 8 位输入线的排列顺序。可以看出,左边输入端经 P 盒变换后的输出顺序为 36071245。图 7-3(b)所示的设备称为 S 盒(Substitution Box),起到了置换的作用,从左边输入的 3b 首先被解码,选择 8 根 P 盒输入中的 1 根,将其置 1,其他线置 0,经编码后在右边输出。可以看出,如果 01234567 依次输入,其输出为 24506713。

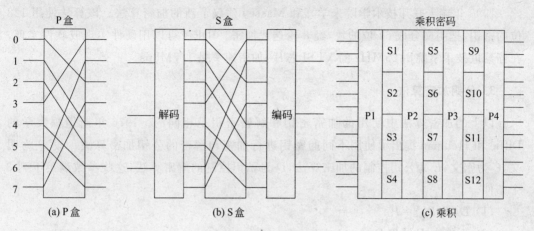

图 7-3　乘积密码的实现

把一串盒子连接起来,可以实现复杂的乘积密码(Priduct Cipher),如图 7-3(c)所示,它可以对 12b 进行有效的置换。P1 的输入有 12 根线,P1 的输出有 $2^{12}=4096$ 根线,由于第二级使用了 4 个 S 盒,所以每个 S 的输入只有 1024 根线,这就简化了 S 盒的复杂性。在乘积密码中配置足够多的设备,可以实现非常复杂的置换函数。下面介绍的 DES 算法就是用类似的方法实现的。

1. DES(Data Encryption Standard)

1977 年 1 月 NSA(National Security Agency)根据 IBM 的专利技术 Lucifer 制订了 DES。明文被分成 64 位的块,对每个块进行 19 次变换(替代和换位),其中 16 次变换由 56 位的密钥的不同排列形式控制(IBM 使用的是 128 位的密钥),最后产生 64 位的密文块。如图 7-4 所示。

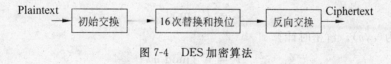

图 7-4　DES 加密算法

由于 NSA 减少了密钥,而且对 DES 的制订过程保密,甚至为此取消了 IEEE 计划的一次密码学会议。人们怀疑 NSA 的目的是保护自己的解密技术。因而对 DES 从一开始就充满了怀疑和争论。

1977 年 Diffie 和 Hellman 设计了 DES 解密机。只要知道一小段明文和对应的密文,该机器可以在一天之内穷试 2^{56} 种不同的密钥(这叫做穷举攻击)。这个机器估计当时的造价为 2 千万美元。同样的机器今天的造价是 1 百万美元,4 个小时就可完成同样的工作。

2. IDEA(International Data Encryption Algorithm)

1990 年瑞士联邦技术学院来学嘉和 Massey 建议了新的加密算法。该算法使用 128 位的密钥,把明文分成 64 位的块,经 8 轮迭代加密。IDEA 可以用硬件实现或软件实现,在苏黎世技术学院用 25MHz 的 VLSI 芯片,加密速率是 177Mbps。

3. 公钥加密算法

以上的加密算法中使用的加密密钥和解密密钥是相同的。1976 年斯坦福大学的 Diffie 和 Hellman 提出了使用不同的密钥进行加密和解密的公钥加密算法。设 P 为明文,C 为密文,E 为公钥控制的加密算法,D 为私钥控制的解密算法,这些参数满足下列 3 个条件。

(1) $D(E(P))=P$

(2) 不能由 E 导出 D。

(3) 选择明文攻击(选择任意明文—密文对以确定未知的密钥)不能破解 E。

加密时计算 $C=E(P)$,解密时计算 $P=D(C)$。加密和解密是互逆的,用公钥加密,私钥解密,可实现保密通信;用私钥加密,公钥解密,可实现数字签名。

4. RSA(Rivest,Shamir,and Adleman,1978 年)算法

这是一种公钥加密算法。方法是按照下面的要求选择公钥和密钥:

(1) 选择两个大素数 p 和 q(大于 10^{100})。

(2) 令 $n=p*q$ 和 $z=(p-1)*(q-1)$。

(3) 选择 d 与 z 互质。

(4) 选择 e,使 $e*d=1(\bmod z)$。

明文 P 被分成 k 位的块,k 是满足 $2^k<n$ 的最大的整数,于是有 $0\leqslant P<n$。加密时计算

$$C = P^e(\bmod n)$$

这样公钥为 (e,n)。解密时计算

$$P = C^d(\bmod n)$$

即私钥为 (d,n)。

我们用例子说明这个算法,设 $p=3$,$q=11$,$n=33$,$z=20$,$d=7$,$e=3$,$C=P^3(\bmod 33)$,$P=C^7(\bmod 33)$。则有

$$C = 2^3(\bmod 33) = 8(\bmod 33) = 8$$
$$P = 8^7(\bmod 33) = 2097152(\bmod 33) = 2$$

RSA 算法的安全性是基于大素数分解的困难性。攻击者可以分解已知的 n,得到 p 和 q,然后可得到 z;最后用 Euclid 算法,由 e 和 z 得到 d。然而要分解 200 位的数,需要 40 亿年;分解 500 位的数则需要 10^{25} 年。

7.3 认证

认证又分为实体认证和报文认证两种。实体认证是识别通信对方的身份,防止假冒,可以使用数字签名的方法。报文认证是验证消息在传送或存储过程中没有被篡改,通常使用报文摘要的方法。下面我们介绍 3 种身份认证的方法,前两种是基于共享密钥的,最后一种是基于公钥的认证。

1. 基于共享密钥的认证

大嘴青蛙认证协议(Wide-Mouth Frog)是 Burrows 发明的。这种算法采用了密钥分发中心 KDC,如图 7-5 所示。其中的 A 和 B 分别代表发送者和接收者,K_A 和 K_B 分别表示 A 和 B 与 KDC 之间的共享密钥。

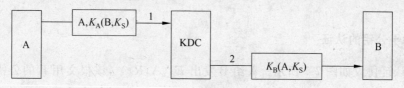

图 7-5 大嘴青蛙认证协议

认证过程是这样的。A 向 KDC 发出消息$\{A, K_A(B, K_S)\}$,说明自己要和 B 通信,并指定了与 B 会话的密钥 K_S。注意这个消息中的一部分(B, K_S)是用 K_A 加密了的,所以第三者不能了解消息的内容。KDC 知道了 A 的意图后就构造了一个消息$\{K_B(A, K_S)\}$发给 B。B 用 K_B 解密后就得到了 A 和 K_S,然后就可以与 A 用 K_S 会话了。

然而主动攻击者对这种认证方式可能进行重放攻击。例如 A 代表顾主,B 代表银行。第三者 C 为 A 工作,通过银行转账取得报酬。如果 C 为 A 工作了一次,得到了一次报酬,并偷听和复制了 A 和 B 之间就转账问题交换的报文。那么贪婪的 C 就可以按照原来的次序向银行重发报文 2,冒充 A 与 B 之间的会话,以便得到第二次、第三次……报酬。在重放攻击中攻击者不需要知道会话密钥 K_S,只要能猜测密文的内容对自己有利或是无利就可以达到攻击的目的。

2. Needham-Schroeder 认证协议

这是一种多次提问—响应协议,可以对付重放攻击,关键是每一个会话回合都有一个新的随机数在起作用,其应答过程如图 7-6 所示。首先是 A 向 KDC 发送报文 1,表明要与 B 通信。KDC 以报文 2 回答。报文 1 中加入了由 A 指定的随机数 R_A,KDC 的回答报文中也有 R_A,它的这个作用是保证报文 2 是新鲜的,而不是重放的。报文 2 中的 $K_B(A, K_S)$是 KDC 交给 A 的入场券,其中有 KDC 指定的会话键 K_S,并且用 B 和 KDC 之间的密钥加密,A 无法打开,只能原样发给 B。在发给 B 的报文 3 中,A 又指定了新的随机数 R_{A2},但是 B 发出的报文 4 中不能返回 $K_S(R_{A2})$,而必须返回 $K_S(R_{A2}-1)$,因为 $K_S(R_{A2})$可能被攻击者偷听了。这时 A 可以肯定通信对方确实是 B。要让 B 确信对方是 A,还要进行一次提问。报文 4 中有 B 指定的随机数 R_B，A 返回 R_B-1，证明这是对前一报文的应答。至此，通信双方都可以确认对方的身份，可以用 K_S 进行会话了。这个协议似乎是天衣无缝，但也不是不可以攻击的。

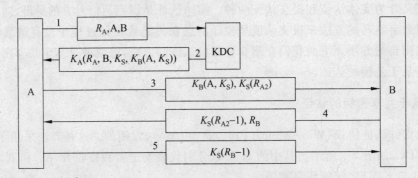

图 7-6   Needham-Schroeder 认证协议

3. 基于公钥的认证

这种认证协议如图 7-7 所示。A 给 B 发出 $E_B(A, R_A)$，该报文用 B 的公钥加密。B 返回 $E_A(R_A, R_B, K_S)$，用 A 的公钥加密。这两个报文中分别有 A 和 B 指定的随机数 R_A 和 R_B，因此能排除重放的可能性。通信双方都用对方的公钥加密，用各自的私钥解密，所以应答比较简单。其中的 K_S 是 B 指定的会话键。这个协议的缺陷是假定了双方都知道对方的公钥。但如果这个条件不成立呢？如果有一方的公钥是假的呢？

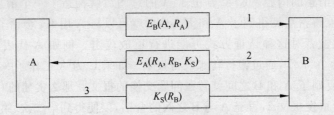

图 7-7   基于公钥的认证协议

7.4   数字签名

与人们手写签名的作用一样，数字签名系统向通信双方提供服务，使得 A 向 B 发送签名的消息 P，以便：

（1）B 可以验证消息 P 确实来源于 A。

（2）A 以后不能否认发送过 P。

（3）B 不能编造或改变消息 P。

下面介绍两种数字签名系统。

1. 基于密钥的数字签名

这种系统如图 7-8 所示。设 BB 是 A 和 B 共同信赖的仲裁人。K_A 和 K_B 分别是 A 和 B 与 BB 之间的密钥,而 K_{BB} 是只有 BB 掌握的密钥,P 是 A 发给 B 的消息,t 是时间戳。BB 解读了 A 的报文 $\{A, K_A(B, R_A, t, P)\}$ 以后产生了一个签名的消息 $K_{BB}(A, t, P)$,并装配成发给 B 的报文 $\{K_B(A, R_A, t, P, K_{BB}(A, t, P))\}$。B 可以解密该报文,阅读消息 P,并保留证据 $K_{BB}(A, t, P)$。由于 A 和 B 之间的通信是通过中间人 BB 的,所以不必怀疑对方的身份。又由于证据 $K_{BB}(A, t, P)$ 的存在,A 不能否认发送过消息 P,B 也不能改变得到的消息 P,因为 BB 仲裁时可能会当场解密 $K_{BB}(A, t, P)$,得到发送人、发送时间和原来的消息 P。

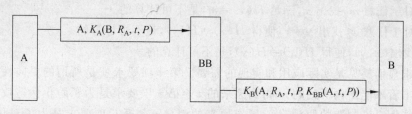

图 7-8 基于密钥的数字签名

2. 基于公钥的数字签名

利用公钥加密算法的数字签名系统如图 7-9 所示。如果 A 方否认了,B 可以拿出 $D_A(P)$,并用 A 的公钥 E_A 解密得到 P,从而证明 P 是 A 发送的。如果 B 把消息 P 篡改了,当 A 要求 B 出示原来的 $D_A(P)$ 时,B 拿不出来。

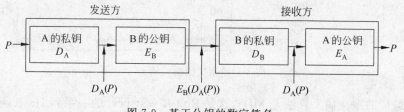

图 7-9 基于公钥的数字签名

7.5 报文摘要

用于差错控制的报文检查和是根据冗余位检查消息是否受到干扰的影响。而与之类似的报文摘要方案是计算密码检查和,即固定长度的认证码,附加在消息后面发送,根据认证码检查报文是否被篡改。设 M 是可变长的报文,K 是发送者和接收者共享的密钥,令 $\text{MD} = C_K(M)$,这就是算出的报文摘要(Message Digest)。如图 7-10 所示。

通常的实现方案是对任意长的明文 M 进行单向 Hash 变换,计算固定长度的比特串,作为报文摘要。对 Hash 函数 $h = H(M)$ 的要求如下:

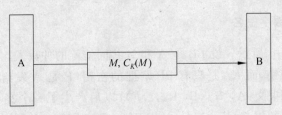

图 7-10　报文摘要方案

(1) 可用于任意大小的数据块。

(2) 能产生固定大小的输出。

(3) 软/硬件容易实现。

(4) 对于任意 m，找出 x，满足 $H(x)=m$，是不可计算的。

(5) 对于任意 x，找出 $y\neq x$，使得 $H(x)=H(y)$，是不可计算的。

(6) 找出 (x,y)，使得 $H(x)=H(y)$，是不可计算的。

前 3 项要求显而易见是实际应用和实现的需要。第 4 项要求就是所谓的单向性,这个条件使得攻击者不能由偷听到的 m 得到原来的 x。第 5 项要求是为了防止伪造攻击,使得攻击者不能用自己制造的假消息 y 冒充原来的消息 x。第 6 项要求是为了对付生日攻击的。

报文摘要可以用于加速数字签名算法。在图 7-8 中,BB 发给 B 的报文中报文 P 实际上出现了两次,一次是明文,一次是密文。这显然增加了传送的数据量。如果改成图 7-11 所示的报文,$K_{BB}(A,t,P)$ 减少为 $\mathrm{MD}(P)$,则传送过程可以大大加快。

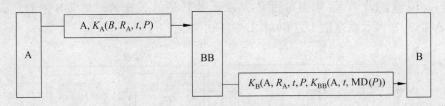

图 7-11　报文摘要的例子

使用最广的报文摘要算法是 MD5,这是 Ron Rivest 设计的一系列 Hash 函数中的第 5 个。其基本思想就是用足够复杂的方法把报文比特充分"弄乱",使得每一个输出比特都受到每一个输入比特的影响。具体的操作分成下列步骤。

(1) 分组和填充:把明文报文按 512 位分组,最后要填充一定长度的 1000…,使得

$$报文长度 = 448(\bmod 512)$$

(2) 附加:最后加上 64b 的报文长度字段,整个明文恰好为 512 的整数倍。

(3) 初始化:置 4 个 32b 长的缓冲区 ABCD 分别为

A = 01234567　B = 89ABCDEF　C = FEDCBA98　D = 76543210

(4) 处理:用 4 个不同的基本逻辑函数(F,G,H,I)进行 4 轮处理,每一轮以 ABCD 和当前的 512 位的块为输入,处理后送入 ABCD(128 位)产生 128 位的报文摘要。如图 7-12 所示。

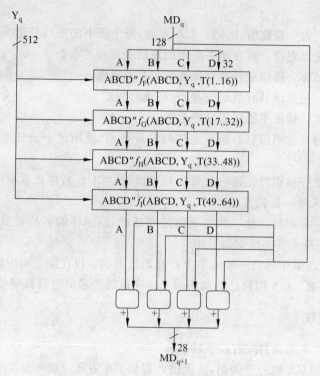

图 7-12 MD5 的处理过程

关于 MD5 的安全性可以解释如下。由于算法的单向性,所以求具有相同 Hash 值的两个不同报文是不可计算的。如果采用强力攻击,寻找具有给定 Hash 值的报文的计算复杂性为 2^{128},若每秒试验 10 亿个报文,需要 1.07×10^{22} 年。采用生日攻击法(见生日悖论),寻找有相同 Hash 值的两个报文的计算复杂性为 2^{64},用同样的计算机,需要 585 年。从实用性考虑,MD5 用 32 位软件可高速实现,所以有广泛应用。

7.6 数字证书

1. 数字证书的概念

数字证书采用公钥体制,每个用户自行设定一个仅为本人所知的私钥,用于解密和签名,同时设定一个公钥,用于加密和验证签名,并由本人公开,为一组用户共享。在公钥密码体制中,常用的一种是 RSA 体制。公开密钥技术解决了密钥发布的管理问题。

一般情况下证书中还包括密钥的有效时间、发证机关的名称、该证书的序列号等信息,证书的格式遵循 ITU-T X.509 标准。

用户的数字证书是 X.509 的核心,证书由某个可信的证书发放机构(CA)建立,并由 CA 或用户自己将其放入公共目录中,以供其他用户访问。目录服务器本身并不负责为用户创建公钥证书,其作用仅仅是为用户访问公钥证书提供方便。

在 X.509 中,数字证书的一般格式包含的数据字段有:

(1) 版本号。

(2) 序列号。为一整数值,由同一 CA 发放,每个证书的序列号是唯一的。

(3) 签名算法识别符。签发证书所用的算法及相应的参数。

(4) 发行者名称。指建立和签发证书的 CA 的名称。

(5) 有效期。包括证书有效期的起始/终止时间。

(6) 主体名称。指证书所属用户的名称。

(7) 主体的公开密钥信息。包括主体的公开密钥、使用这一公开密钥的算法的标识符及相应的参数。

(8) 发行者唯一标识符。这一数据项是可选的,当 CA 名称被重新用于其他实体时,则用这一识别符来唯一标识发行者。

(9) 主体唯一标识符。这一数据项也是可选的,当主体的名称被重新用于其他实体时,则用这一识别符来唯一地识别主体。

(10) 扩充域。其中包括一个或多个扩充的数据项。仅在第三版中使用。

(11) 数字签名。CA 用自己的私钥对上述字段的哈希值进行数字签名的结果。

2. 证书的获取

CA 为用户产生的证书应有以下特性。

(1) 只要得到 CA 的公开密钥,就能由此得到 CA 为任一用户签发的公开密钥。

(2) 除 CA 外,其他任何人员都不能以不被察觉的方式修改证书的内容。

因为证书是不可伪造的,因此无须对存放证书的目录施加特别的保护。如果所有用户都由同一 CA 为其签发证书,则这一 CA 就必须取得所有用户的信任。用户证书除了能放在目录中供他人访问外,还可以由用户直接把证书发给其他用户。用户 B 得到 A 的证书后,可相信用 A 的公钥加密的消息不会被他人获悉,还可相信用 A 的私钥签发的消息是不可伪造的。

如果用户数量多,则仅一个 CA 负责为用户签发证书就可能不现实。通常应有多个 CA,每个 CA 为一部分用户发行、签发证书。设用户 A 已从证书发放机构 X_1 处获取了公开密钥证书,用户 B 已从 X_2 处获取了证书。如果 A 不知 X_2 的公钥,则它虽然能读取 B 的证书,但却无法验证用户 B 证书中 X_2 的签名,因此 B 的证书对 A 来说是没有用处的。然而,如果两个证书发放机构 X_1 和 X_2 彼此间安全地交换了公开密钥,则 A 可通过以下过程获取 B 的公开密钥。

(1) A 从目录中获取由 X_1 签发的 X_2 的证书 $X_1《X_2》$,因 A 知道 X_1 的公开密钥,所以能验证 X_2 的证书,并从中得到 X_2 的公开密钥。

(2) A 再从目录中获取由 X_2 签发的 B 的证书 $X_2《B》$,并由 X_2 的公开密钥对此加以验证,然后从中得到 B 的公开密钥。

以上过程中,A 是通过一个证书链来获取 B 的公开密钥的,证书链可表示为

$$X_1《X_2》X_2《B》$$

类似地,B 能通过相反的证书链获取 A 的公开密钥,表示为

$$X_2《X_1》X_1《A》$$

以上证书链中只涉及两个证书,同样有 N 个证书的证书链可表示为

$$X_1《X_2》X_2《X_3》\cdots X_N《B》$$

此时,任意两个相邻的 CA X_i 和 CA X_{i+1} 已彼此间为对方建立了证书。对每一 CA 来说,由其他 CA 为这一 CA 建立的所有证书都应存放于目录中,并使得用户知道所有证书相互之间的链接关系,从而可获取另一用户的公钥证书。X.509 建议将所有 CA 以层次结构组织起来,用户 A 可从目录中得到相应的证书以建立到 B 的以下证书链:

$$X《W》W《V》V《U》U《Y》Y《Z》Z《B》$$

并通过该证书链获取 B 的公开密钥。

类似地,B 可建立以下证书链以获取 A 的公开密钥:

$$X《W》W《V》V《U》U《Y》Y《Z》Z《A》$$

3. 证书的吊销

从证书的格式上可以看到,每一证书都有一个有效期。然而有些证书还未到截止日期就会被发放该证书的 CA 吊销,这可能是由于用户的私钥已被泄露,或者该用户不再由该 CA 来认证,或者 CA 为该用户签发证书的私钥已经泄露。为此,每个 CA 还必须维护一个证书吊销列表 CRL(Certificate Revocation List),其中存放所有未到期而被提前吊销的证书,包括该 CA 发放给用户和发放给其他 CA 的证书。CRL 还必须由该 CA 签字,然后存放于目录中以供他人查询。

CRL 中的数据域包括发行者 CA 的名称、建立 CRL 的日期、计划公布下一 CRL 的日期,以及每一被吊销的证书的序列号和被吊销的日期等。每一用户收到他人消息中的证书时,都必须通过目录检查这一证书是否已经被吊销。为避免搜索目录引起的延迟以及由此而增加的费用,用户自己也可维护一个有效证书和被吊销证书的局部缓存区。

7.7 虚拟专用网

虚拟专用网(Virtual Private Network,VPN)是企业网在公共网络上的延伸,即企业通过公共网络创建一个安全的私有连接。在 VPN 中的主机不会觉察到公共网络的存在,仿佛所有的主机都处于一个独占的网络之中,而事实上并非如此,所以称之为虚拟专用网。

7.7.1 VPN 安全技术

由于传输的是私有信息,VPN 用户对数据的安全性都比较关心。目前 VPN 主要采用四项技术来保证安全。

(1)隧道技术(Tunneling):是 VPN 的基本技术,类似于点对点连接技术,它在公用网中建立一条数据通道(隧道),让数据包通过这条隧道传输。

(2)加解密技术(Encryption & Decryption):这是数据通信中一项较成熟的技术,VPN 可直接利用现有的加解密技术。

(3)密钥管理技术(Key Management):这种技术的主要任务是保证如何在公用数

据网上安全地传递密钥而不被窃取。

（4）使用者与设备身份认证技术（Authentication）：最常用的是使用者名称与密码或卡片式认证等方式。

7.7.2　VPN 解决方案

VPN 有三种解决方案，用户可以根据自己的情况进行选择。这三种解决方案分别是：远程访问虚拟网（Access VPN）、企业内部虚拟网（Intranet VPN）和企业外部虚拟网（Extranet VPN），这三种类型的 VPN 分别与传统的远程访问网络、企业内部网（Intranet）以及企业网和相关合作伙伴的网络所构成的 Extranet 相对应。

1. Access VPN

如果企业的内部人员有移动或远程办公的需要，或者商家要提供 B2C 的安全访问服务，就可以考虑使用 Access VPN。Access VPN 通过一个拥有与专用网络相同策略的共享基础设施，提供对企业内部网或外部网的远程访问。Access VPN 能使用户随时、随地以其所需的方式访问企业资源。最适用于公司内部经常有流动人员远程办公的情况。出差员工利用当地 ISP 提供的 VPN 服务，就可以和公司的 VPN 网关建立私有的隧道连接。

Access VPN 对用户的吸引力在于：

（1）减少用于相关的调制解调器和终端服务设备的资金及费用，简化网络；

（2）实现本地拨号接入的功能来取代远距离接入或 800 电话接入，这样能显著降低远距离通信的费用；

（3）极大的可扩展性，简便地对加入网络的新用户进行调度；

（4）远端验证拨入用户服务（RADIUS）基于标准、基于策略功能的安全服务；

（5）将工作重心从管理和保留运作拨号网络的工作人员转到公司的核心业务上来。

2. Intranet VPN

如果要进行企业内部各分支机构的互联，使用 Intranet VPN 是很好的方式。越来越多的企业需要在全国乃至世界范围内建立各种办事机构、分公司、研究所等，各个分公司之间传统的网络连接方式一般是租用专线。显然，在分公司增多、业务开展越来越广泛时，网络结构趋于复杂，费用昂贵。利用 VPN 特性可以在 Internet 上组建世界范围内的 Intranet VPN。利用 Internet 的线路保证网络的互联性，而利用隧道、加密等 VPN 特性可以保证信息在整个 Intranet VPN 上安全传输。

3. Extranet VPN

如果是提供 B2B 之间的安全访问服务，则可以考虑 Extranet VPN。随着信息时代的到来，各个企业越来越重视各种信息的处理。希望可以提供给客户最快捷方便的信息服务，通过各种方式了解客户的需要，同时各个企业之间的合作关系也越来越多，信息交换日益频繁。Internet 为这样的一种发展趋势提供了良好的基础,而如何利用 Internet 进行有效的信息管理,是企业发展中不可避免的一个关键问题。利用 VPN 技术可以组建安全的 Extranet。既可以向客户、合作伙伴提供有效的信息服务,又可以保证自身的内部网络的安全。Extranet VPN 通过一个使用专用连接的共享基础设施,将客户、供应商、合作伙伴或利益群体连接到企业内部网。企业拥有与专用网络相同的政策,包括安全、服务质量(QoS)、可管理性和可靠性。

7.7.3 IPSec 协议

IPSec 是 IETF 定义的一组安全标准,它提供了在不安全的公共网络上传输敏感信息的安全机制。IPSec 是第三层协议,它对普通的 IP 分组进行加密和认证,提供下面 4 项安全服务,用户可以在本地安全策略中选择使用。

- 数据保密性(Confidentiality):在发送一个分组之前进行数据加密;
- 数据完整性(Integrity):接收方对收到的分组进行认证,以确保传输过程中没有被改变;
- 数据源认证(Authentication):接收方可以对分组发送方的身份进行认证;
- 抗重放攻击(Replay):接收方可以检测和拒绝重复发送的分组。

通过以上安全服务,在公共网络中传送的敏感数据就不会被非法窃取、冒充和修改。以 IPSec 为基础的虚拟专用网被广泛地应用在内部网、外部网和远程用户接入等多种领域。

IPSec 的功能可以划分为下面 3 类。

- 认证头(Authentication Header,AH):用于数据完整性认证和数据源认证;
- 封装安全负荷(Encapsulating Security Payload,ESP):提供数据保密性和数据完整性认证,ESP 也包括了防止重放攻击的顺序号;
- 互联网密钥交换协议(Internet Key Exchange,IKE):用于生成和分发在 ESP 和 AH 中使用的密钥,IKE 也对远程系统进行初始认证。

1. 认证头(AH)

IPSec AH 提供了数据完整性和数据源认证,但是不提供数据保密服务。AH 包含了对称密钥的散列函数,使得第三方无法修改传输中的数据。IPSec 支持下面的认证算法。

(1) HMAC-SHA1(Hashed Message Authentication Code-Secure Hash Algorithm 1)128 位密钥;

(2) HMAC-MD5(Hashed Message Authentication Code-Message Digest 5)160 位密钥。

IPSec 规定了两种数据传送方式:传输模式和隧道模式。在传输模式中,IPSec 认证头插入原来的 IP 头之后(见图 7-13),IP 数据和 IP 头用来计算 AH 认证值。IP 头中的变化字段(例如跳步计数和 TTL 字段)在计算之前置为"0",所以变化字段实际上并没有被认证。

在隧道模式中,IPSec 用新的 IP 头封装了原来的 IP 数据报(包括原来的 IP 头),原来

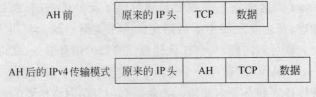

图 7-13　传输模式的认证头

IP 数据报的所有字段都经过了认证,如图 7-14 所示。

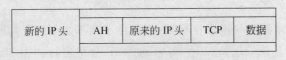

图 7-14　隧道模式的认证头

2. 封装安全负荷(ESP)

IPSec ESP 提供了数据加密功能。ESP 利用对称密钥对 IP 数据(例如 TCP 包)进行加密,支持的加密算法有:

(1) DES-CBC(Data Encryption Standard-Cipher Block Chaining)56 位密钥;

(2) 3DES-CBC(3 重 DES-CBC)56 位密钥;

(3) AES128-CBC(Advanced Encryption Standard CBC)128 位密钥。

在传输模式,IP 头没有加密,只对 IP 数据进行了加密,如图 7-15 所示。

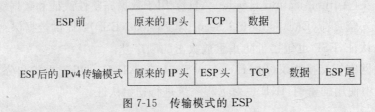

图 7-15　传输模式的 ESP

在隧道模式,IPSec 对原来的 IP 数据报进行了封装和加密,再加上新的 IP 头,如图 7-16 所示。如果 ESP 用在网关中,外层的未加密的 IP 头包含网关的 IP 地址,而内层加密了的 IP 头则包含真实的源和目标地址。这样可以防止偷听者分析源和目标之间的通信量。

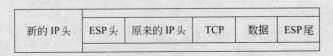

图 7-16　隧道模式的 ESP

3. 带认证的封装安全负荷(ESP)

ESP 加密算法本身没有提供认证功能,不能保证数据的完整性。但是带认证的 ESP 可以提供数据完整性服务。有以下两种方法可提供认证功能。

(1) 带认证的 ESP: IPSec 使用第一个对称密钥对负荷进行加密,然后使用第二个对称密钥对经过加密的数据计算认证值,并将其附加在分组之后,如图 7-17 所示。

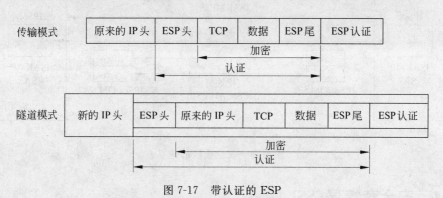

图 7-17　带认证的 ESP

(2) 在 AH 中嵌套 ESP: ESP 分组可以嵌套在 AH 分组中,例如一个 3DES-CBC ESP 分组可以嵌套在 HMAC-MD5 分组中,如图 7-18 所示。

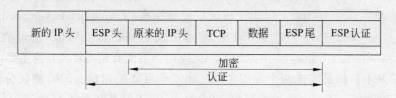

图 7-18　在 AH 中嵌套 ESP

4. 互联网密钥交换协议(IKE)

IPSec 传送认证或加密的数据之前,必须就协议、加密算法和使用的密钥进行协商。密钥交换协议 IKE 提供这个功能,并且在密钥交换之前还要对远程系统进行初始的认证。IKE 实际上是由 3 个协议: ISAKMP(Internet Security Association and Key Management Protocol)、Oakley 和 SKEME(Secure Key Exchange MEchanism for Internet)组成的混合体。ISAKMP 提供了认证和密钥交换的框架,Oakley 定义了密钥材料的推导的模式,而 SKEME 描述了密钥交换和更新技术。

密钥交换之前先要建立安全关联(Security Association,SA)。SA 是由一系列参数(例如加密算法、密钥和生存期等)定义的安全信道。在 ISAKMP 中,通过两个协商阶段来建立 SA,这种方法被称为 Oakley 模式。建立 SA 的过程是:

(1) ISAKMP 第一阶段(Main Mode, MM)

① 协商和建立 ISAKMP SA。两个系统根据 Diffie-Hillman 算法生成对称密钥,后续的 IKE 通信都使用该密钥加密;

② 验证远程系统的识别(初始认证)。

(2) ISAKMP 第二阶段(Quick Mode, QM)

使用由第一阶段提供的安全信道协商一个或多个用于 IPSec 通信(AH 或 ESP)的安全关联。在第二阶段至少要建立两条 SA,一条用于发送数据,一条用于接收数据。如

图 7-19 所示。

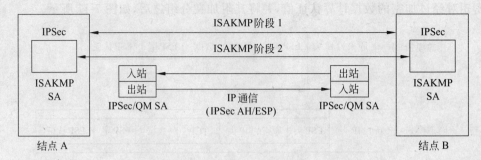

图 7-19　安全关联的建立

7.7.4　安全套接层(SSL)

安全套接层(Secure Socket Layer,SSL)是 Netscape 于 1994 年开发的传输层安全协议,用于实现 Web 安全通信。1996 年发布的 SSL3.0 协议草案已经成为一个事实上的 Web 安全标准。1999 年 IETF 推出了传输层安全标准(Transport Layer Security,TLS)[RFC2246],对 SSL 进行了改进,希望成为正式标准。SSL/TLS 已经在 Netscape Navigator 和 Internet Explorer 中得到了广泛应用。下面介绍 SSL3.0 的主要内容。

SSL 的基本目标是实现两个应用实体之间安全可靠的通信。SSL 协议分为两层,底层是 SSL 记录协议,运行在传输层协议 TCP 之上,用于封装各种上层协议。一种被封装的上层协议是 SSL 握手协议,由服务器和客户机用来进行身份认证,并且协商通信中使用的加密算法和密钥。SSL 协议栈如图 7-20 所示。

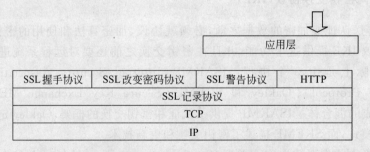

图 7-20　SSL 协议栈

SSL 对应用层是独立的,这是它的优点,高层协议都可以透明地运行在 SSL 协议之上。SSL 提供的安全连接具有以下特性。

- 连接是保密的。用握手协议定义了对称密钥(例如 DES、RC4 等)之后,所有通信都被加密传送。
- 对等实体可以利用对称密钥算法(例如 RSA、DSS 等)相互认证。
- 连接是可靠的。报文传输期间利用安全散列函数(例如 SHA、MD5 等)进行数据完整性检验。

SSL 和 IPSec 各有特点。SSL VPN 与 IPSec VPN 一样,都使用 RSA 或 D-H 握手协

议来建立秘密隧道。SSL 和 IPSec 都使用了预加密、数据完整性和身份认证技术,例如 3-DES、128 位的 RC4、ASE、MD5 和 SHA-1 等。两种协议的区别是,IPSec VPN 是在网络层建立安全隧道,适用于建立固定的虚拟专用网,而 SSL 的安全连接是通过应用层的 Web 连接建立的,更适合移动用户远程访问公司的虚拟专用网,原因是:

- SSL 不必下载到访问公司资源的设备上;
- SSL 不需要端用户进行复杂的配置;
- 只要有标准的 Web 浏览器,就可以利用 SSL 进行安全通信。

SSL/TLS 在 Web 安全通信中被称为 HTTPS。SSL/TLS 也可以用在其他非 Web 的应用(例如 SMTP、LDAP、POP、IMAP 和 TELNET)中。在虚拟专用网中,SSL 可以承载 TCP 通信,也可以承载 UDP 通信。由于 SSL 工作在传输层,所以 SSL VPN 的控制更加灵活,既可以对传输层进行访问控制,也可以对应用层进行访问控制。

1. 会话和连接状态

SSL 会话有不同的状态。SSL 握手协议负责调整客户机和服务器的会话状态,使其能够协调一致地进行操作。一个 SSL 会话可能包含多个安全连接,两个对等实体之间可以同时建立多个 SSL 会话。

SSL 会话状态由下列成分决定:会话标识符、对方的 X.509 证书、数据压缩方法列表、密码列表、计算 MAC 的主密钥,以及用于说明是否可以启动另外一个会话的恢复标志。

SSL 连接状态由下列成分决定:服务器和客户机的随机数序列、服务器/客户机的认证密钥、服务器/客户机的加/解密密钥、用于 CBC 加密的初始化矢量(IV),以及发送/接收报文的顺序号等。

2. 记录协议

SSL 记录层首先把上层的数据划分成 2^{14} B 的段,然后进行无损压缩(任选)、计算 MAC 并加密,最后才发送出去。

3. 改变密码协议(Change Cipher Spec Protocol)

这个协议用于改变安全策略。改变密码报文由客户机或服务器发送,用于通知对方后续的记录将采用新的密码列表。

4. 警告协议

SSL 记录层对当前传输中的错误可以发出警告,使得当前的会话失效,避免再产生新的会话。警告报文是经过压缩和加密传送的。警告的类型分为关闭连接警告和错误警告(包括非预期的报文、MAC 出错、解压缩失败、握手协商失败、没有合法的证书、证书损坏、不支持的证书、吊销的证书、过期的证书、未知的证书、无效参数等错误)。

5. 握手协议

会话状态的密码参数是在 SSL 握手阶段产生的。当 SSL 客户机和服务器开始通信时，它们将就协议版本、加密算法、认证方案以及产生共享密钥的公钥加密技术进行协商。这个过程可以描述如下（见图 7-21）。

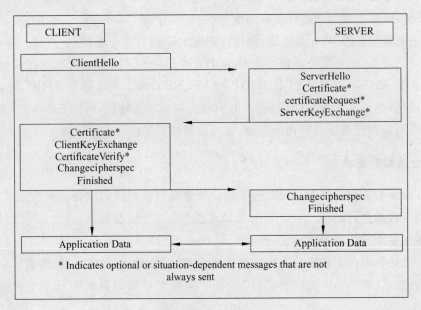

图 7-21　SSL 握手协议

首先客户机发送 Hello 报文，服务器也以 Hello 报文回答。客户机和服务器在这两个报文中对协议版本、会话 ID、加密方案和压缩方法进行协商，另外还产生了两个随机数（ClientHello. random 和 ServerHello. random）。

然后服务器发送自己的数字证书（Certificate）和密钥交换报文（ServerKeyExchange）。如果要对客户机进行身份认证，还必须请求客户机发送它的数字证书（CertificateRequest）。最后服务器发送 Hello done 报文，表示结束这个会话阶段。

如果服务器发送了证书请求报文，客户机要以自己的证书报文或证书警告应答。在客户机发送的密钥交换报文（ClientKeyExchange）中必须根据 Hello 阶段协商的结果选择公钥算法。另外客户机还可能发送自己证书的签名信息（CertificateVerify）。

接着由客户机发送改变密码（Change Cipher Spec）报文，并以 Finished 报文（包含新的算法、密码列表和密钥）结束。服务器的响应是发送自己的改变密码报文和 Finished 报文（包含新的密码列表）。这样握手过程就完成了。

6. 密钥交换算法

通信中使用的加密和认证方案是由密码列表（Cipher_Suite）决定的，而密码列表则是由服务器通过 Hello 报文进行选择的。

在握手协议中采用非对称算法来认证对方和生成共享密钥。有 3 种算法 RSA、

Diffie-Hellman 和 Fortezza 可供选用。

使用 RSA 进行服务器认证和密钥交换时,由客户机生成 48B 的前主密钥值(Pre_Master_Secret),用服务器的公钥加密后发送出去。服务器用自己的私钥解密,得到前主密钥值。然后双方都把前主密钥值转换成主密钥(用于认证),并删去原来的前主密钥值。

Diffie-Hellman 算法如图 7-22 所示,在服务器的数字证书中含有参数(p 和 g),协商的秘密值 k 作为前主密钥值,然后转换成主密钥。

有两个通信实体 Alice 和 Bob Alice 和 Bob 都知道两个数 p 和 g	p 是一个很大的素数 g 是一个整数(称为产生基) 通常这两个数在网络上是公开的,由所有用户共享
Alice 选择一个秘密值 a	Alice 的秘密值 $=a$
Bob 选择一个秘密值 b	Bob 的秘密值 $=b$
Alice 计算公开值 $x=g^a \bmod p$	Alice 的公开值 $=x$
Bob 计算公开值 $y=g^b \bmod p$	Bob 的公开值 $=y$
双方交换公开值	Alice 知道了 p、g、a、x、y Bob 知道了 p、g、b、x、y
Alice 计算 $k_a=y^a \bmod p$	$k_a=(g^b \bmod p)^a \bmod p=(g^b)^a \bmod p=g^{ba} \bmod p$
Bob 计算 $k_b=x^b \bmod p$	$k_b=(g^a \bmod p)^b \bmod p=(g^a)^b \bmod p=g^{ab} \bmod p$
$g^{ba}=g^{ba} \rightarrow k_a=k_b=k$	Alice 和 Bob 得到共享秘密值 k

图 7-22　Diffie-Hellman 算法

Fortezza 来源于意大利文 fortress,是"堡垒"或"要塞"的意思。这是美国 NSA 使用的一种安全产品,包括一个加密卡和护身符软件 Talisman,可以用于加密计算机中的文件。当前 Fortezza 主要用于加密电子邮件、数字蜂窝电话、Web 浏览器和数据库等。Microsoft 的 Windows 2000 浏览器和 IIS 都支持 Fortezza 加密。

在 Fortezza 国防报文系统(Defense Message System,DMS)中,客户机首先使用服务器证书中的公钥和自己令牌中的秘密参数计算出令牌加密密钥(Token Encryption Key,TEK),然后把公开参数发送给服务器,由服务器根据自己的私有参数生成 TEK。最后客户机生成会话密钥,并用 TEK 包装后发送给服务器。

7.8　网络管理系统

7.8.1　基本概念

对于不同的网络,管理的要求和难度也不同。局域网的管理是相对简单的,因为局域网运行统一的操作系统,只要熟悉网络操作系统的管理功能和操作命令就可以管好一个局域网,尽管有的局域网的规模也比较大。但是对于由异构型设备组成的、运行多种操作系统的互联网的管理就不是那么简单了,这需要跨平台的网络管理技术。

由于 TCP/IP 协议的开放性,20 世纪 90 年代以来逐渐得到各局域网厂商的支持,获得了广泛的应用,已经成为事实上的互联网标准。目前阶段谈到互联网的管理主要是对TCP/IP网络的管理。在 TCP/IP 网络中有一个简单的管理工具——PING 程序。用PING 发送 icmp 报文可以确定通信目标的连通性及传输时延。如果网络规模不是很大,互连的设备不是很多,这种方法还是可行的。但是当网络的互连规模很大、包含成百上千台联网设备时,这种方法就不可取了。这是因为一方面 PING 返回的信息很少,无法获取被管理设备的详细情况;另一方面用 PING 程序对很多设备逐个测试检查,工作效率也太低了。在这种情况下出现了用于 TCP/IP 网络管理的标准——简单网络管理协议SNMP。这是一个过渡性的标准,适用于任何支持 TCP/IP 的网络,不管是哪个厂商生产的联网设备,或是运行哪种网络操作系统。

与此同时国际标准化组织也推出了 OSI 系统管理标准 CMIS/CMIP。从长远看,OSI系统管理更适合结构复杂规模庞大的异构型网络,而且由于功能强管理严密而得到各国政府部门的支持,一直在进行深入研究和开发,因而它代表了未来网络管理发展的方向。

网络管理国际标准的推出,刺激了制造商的开发活动。近年来市场上陆续出现了符合国际标准的商用网络管理系统。这些系统有的是主机厂家开发的通用网络管理系统开发软件(例如 IBM NetView、HP OpenView),有的则是网络产品制造商推出的与硬件结合的网管工具(例如 Cisco View、Cabletron Spectrum)。这些产品都可以称之为网络管理平台,在此基础上开发适合用户网络环境的网络管理应用软件,才能实施有效的网络管理。

有了统一的网络管理标准和适用的网络管理工具,对网络实施有效的管理,就可以减少停机时间,改进响应时间,提高设备的利用率,同时还可以减少运行费用;管理工具可以很快地发现并消灭网络通信瓶颈,提高运行效率;为及时采用新技术(例如多媒体通信技术),我们也需要有方便适用的网络配置工具,以便及时修改和优化网络的配置,使网络更容易使用,可以提供多种多样的网络业务;在商业活动日益依赖于互联网的情况下,人们还要求网络工作得更安全,对网上传输的信息要保密,对网络资源的访问要有严格的控制,以及防止计算机病毒和非法入侵者的破坏等。这些需求必将进一步促进网络管理工具的研究和开发。

7.8.2　网络管理系统体系结构

网络管理系统组织成如图 7-23 所示的层次结构。在网络管理站中最下层是操作系统(OS)和硬件,OS 既可以是一般的主机操作系统(例如 DOS、UNIX、Windows 98 等),也可以是专门的网络操作系统(例如 Novell NetWare 或 OS/2 LAN Server)。操作系统之上是支持网络管理的协议簇,例如 OSI、TCP/IP 等通信协议,以及专用于网络管理的SNMP、CMIP 协议等。协议栈上面是网络管理框架(Network Management Framework),这是各种网络管理应用工作的基础结构。各种网络管理框架的共同特点如下。

- 管理功能分为管理站(Manager)和代理(Agent)两部分;
- 为存储管理信息提供数据库支持,例如关系数据库或面向对象的数据库;
- 提供用户接口和用户视图(View)功能,例如 GUI 和管理信息浏览器;
- 提供基本的管理操作,例如获取管理信息、配置设备参数等操作过程。

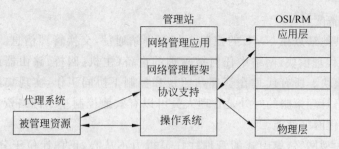

图 7-23　网络管理系统的层次结构

网络管理应用是用户根据需要开发的软件,这种软件运行在具体的网络上,实现特定的管理目标,例如故障诊断和性能优化,或者业务管理和安全控制等。网络管理应用的开发是目前最活跃的领域。

如图 7-23 所示"被管理资源"被放在单独的框中,表明被管理资源可能与管理站处于不同的系统中。网络管理涉及监视和控制网络中的各种硬件、固件和软件元素,例如网卡、集线器、中继器、处理机、外围设备、通信软件、应用软件和实现网络互连的软件等。有关资源的管理信息由代理进程控制,代理进程通过网络管理协议与管理站对话。

网络管理系统的配置如图 7-24 所示。每一个网络结点都包含一组与管理有关的软件,叫做网络管理实体(NME)。网络管理实体完成下面的任务:

- 收集有关网络通信的统计信息;
- 对本地设备进行测试,记录设备状态信息;
- 在本地存储有关信息;
- 响应网络控制中心的请求,发送管理信息;
- 根据网络控制中心的指令,设置或改变设备参数。

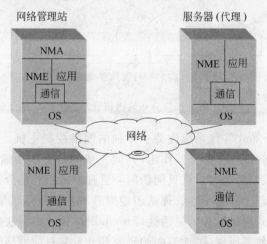

图 7-24　网络管理系统配置

网络中至少有一个结点(主机或路由器)担当管理站的角色(Manager),除 NME 之外,管理站中还有一组软件,叫做网络管理应用(NMA)。NMA 提供用户接口,根据用户的命令显示管理信息,通过网络向 NME 发出请求或指令,以便获取有关设备的管理信息,或者改变设备配置。

　　网络中的其他结点在 NME 的控制下与管理站通信,交换管理信息。这些结点中的 NME 模块叫做代理模块,网络中任何被管理的设备(主机、网桥、路由器或集线器等)都必须实现代理模块。所有代理在管理站监视和控制下协同工作,实现集成的网络管理。这种集中式网络管理策略的好处是管理人员可以有效地控制整个网络资源,根据需要平衡网络负载,优化网络性能。

　　然而对于大型网络,集中式的管理往往显得力不从心,正在让位于分布式的管理策略。这种向分布式管理演化的趋势与集中式计算模型向分布式计算模型演化的总趋势是一致的。图 7-25 所示为一种可能的分布式网络管理配置方案。

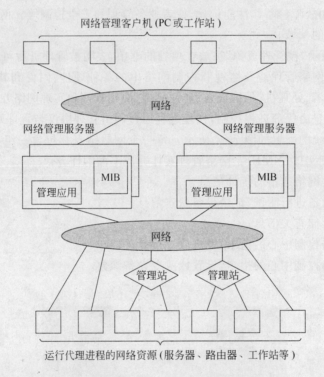

图 7-25　分布式网络管理系统

　　在这种配置中,分布式管理系统代替了单独的网络控制主机。地理上分布的网络管理客户机与一组网络管理服务器交互作用,共同完成网络管理功能。这种管理策略可以实现分部门管理,即限制每个客户机只能访问和管理本部门的部分网络资源,而由一个中心管理站实施全局管理。同时中心管理站还能对管理功能较弱的客户机发出指令,实现更高级的管理。分布式网络管理的灵活性(Flexibility)和可伸缩性(Scalability)带来的好处日益为网络管理工作者所青睐,这方面的研究和开发是目前网络管理中最活跃的领域。

　　图 7-24 和图 7-25 所示的系统要求每个被管理的设备都能运行代理程序,并且所有管理站和代理都支持相同的管理协议。这种要求有时是无法实现的。例如有的老设备可能不支持当前的网络管理标准;小的系统可能无法完整实现 NME 的全部功能;甚至还有一些设备(例如 Modem 和多路器等)根本不能运行附加的软件,我们把这些设备叫做非

标准设备。在这种情况下,通常的处理方法是用一个叫做委托代理的设备(Proxy)来管理一个或多个非标准设备。委托代理和非标准设备之间运行制造商专用的协议,而委托代理和管理站之间运行标准的网络管理协议。这样,管理站就可以用标准的方式通过委托代理得到非标准设备的信息,委托代理起到了协议转换的作用,如图 7-26 所示。

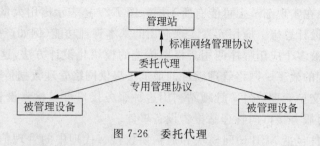

图 7-26 委托代理

7.8.3 网络管理软件的结构

这里说的软件包括用户接口软件、管理专用软件和管理支持软件,如图 7-27 所示,大约相当于图 7-23 所示的管理站的上三层。

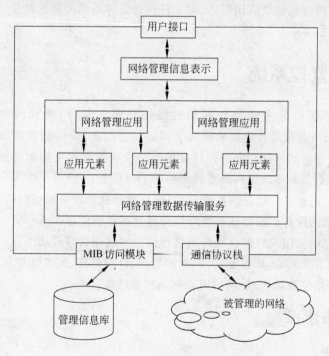

图 7-27 网络管理软件的结构

用户通过网络管理接口与管理专用软件交互作用,监视和控制网络资源。接口软件不但存在于管理站上,而且也可能出现在代理系统中,以便对网络资源实施本地配置、测试和排错。有效的网络管理系统需要统一的用户接口,而不论主机和设备出自何方厂家,运行什么操作系统。这样才可以方便地对异构型网络进行监控。接口软件还要有一定的信息处理能力,对大量的管理信息要进行过滤、统计,甚至求和和化简,以免传递的信息量太大而阻塞网络通道。最后,理想的用户接口应该是图形用户接口,而非命令行或表格。

管理专用软件如图 7-27 中心的大方框中所示。足够复杂的网管软件可以支持多种网络管理应用,例如配置管理、性能管理、故障管理等。这些应用能适用于各种网络设备和网络配置,虽然在实现细节上可能有所不同。图 7-27 还表示出用大量的应用元素支持少量管理应用的设计思想。应用元素实现通用的基本管理功能(例如产生报警、对数据进行分析等),可以被多个应用程序调用。根据传统的模块化设计方法,这样可提高软件的重用性,提高实现的效率。网络管理软件的最低层提供网络管理数据传输服务,用于在管理站和代理之间交换管理信息。管理站利用这种服务接口可以检索设备信息,配置设备参数,代理则通过服务接口向管理站报告设备事件。

管理支持软件包括 MIB 访问模块和通信协议栈。代理中的管理信息库(MIB)包含反映设备配置和设备行为的信息,以及控制设备操作的参数。管理站的 MIB 中除过保留本地结点专用的管理信息外,还保存着管理站控制的所有代理的有关信息。MIB 访问模块具有基本的文件管理功能,使得管理站或代理可以访问 MIB,同时该模块还能把本地的 MIB 格式转换为适合网络管理系统传送的标准格式。通信协议栈支持结点之间的通信。由于网络管理协议位于应用层,原则上任何通信体系结构都能胜任,虽然具体的实现可能有特殊的通信要求。

7.9 网络监控系统

网络管理功能可分为网络监视和网络控制两大部分,统称网络监控(Network Monitoring)。网络监视是指收集系统和子网的状态信息,分析被管理设备的行为,以便发现网络运行中存在的问题。网络控制是指修改设备参数或重新配置网络资源,以便改善网络的运行状态。具体地说网络监控要解决的问题是:

- 管理信息的定义。监视哪些管理信息,从哪些被管理资源获得管理信息。
- 监控机制的设计。如何从被管理资源得到需要的信息。
- 管理信息的应用。根据收集到的管理信息实现什么管理功能。

网络管理有 5 大功能,即性能管理、故障管理、计费管理、配置管理和安全管理。传统上前 3 种属于网络监视功能,后两种属于网络控制功能。

7.9.1 网络监视

1. 性能监视

网络监视中最重要的是性能监视,然而要能够准确地测量出对网络管理有用的性能参数却是不容易的。可选择的性能指标很多,有些很难测量,或计算量很大,但不一定很有用;有些有用的指标则没有得到制造商的支持,无法从现有的设备上检测到。还有些性能指标互相关联,要互相参照才能说明问题。这些情况都增加了性能测量的复杂性。这一小节我们介绍性能管理的基本概念,给出对网络管理有用的两类性能指标,即面向服务的性能指标和面向效率的性能指标。当然,网络最主要的目标是向用户提供满意的服务,因而面向服务的性能指标应具有较高的优先级。以下 3 个指标是面向服务的性能指标。

(1) 可用性

可用性是指网络系统、元素或应用对用户可利用的时间的百分比。有些应用对可用性很敏感,例如飞机订票系统若停机一小时,就可能减少数十万元的票款;而股票交易系统如果中断运行一小时,就可能造成几千万元的损失。实际上,可用性是网络元素可靠性的表现,而可靠性是指网络元素在具体条件下完成特定功能的概率。如果用平均无故障时间 MTBF(Mean Time Between Failure)来度量网络元素的故障率,则可用性 A 可表示为 MTBF 的函数:

$$A = \frac{MTBF}{MTBF + MTTR}$$

其中 MTTR 为发生失效后的平均维修时间。由于网络系统由许多网络元素组成,所以系统的可靠性不但与各个元素的可靠性有关,而且还与网络元素的组织形式有关。根据一般可靠性理论,由元素串并联组成的系统的可用性与网络元素的可用性之间的关系如图 7-28 所示。由图 7-28(a)可以看出,若两个元素串联,则可用性减少。例如两个 Modem 串联在链路的两端,若单个 Modem 的可用性 $A=0.98$,并假定链路其他部分的可用性为 1,则整个链路的可用性 $A=0.98 \times 0.98=0.9604$。由图 7-28(b)可以看出,若两个元素并联,则可用性增加。例如终端通过两条链路连接到主机,若一条链路失效,另外一条链路自动备份。假定单个链路的可用性 $A=0.98$,则双链路的可用性 $A=2 \times 0.98-0.98 \times 0.98=1.96-0.9604=0.9996$。

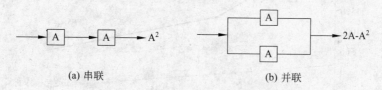

(a) 串联　　　　　　　　　(b) 并联

图 7-28　串行和并行连接的可用性

例:计算双链路并联系统的处理能力。假定一个多路器通过两条链路连接到主机。在主机业务的峰值时段,一条链路只能处理总业务量的 80%,因而需要两条链路同时工作,才能处理主机的全部传送请求。非峰值时段大约占整个工作时间的 40%,只需要一条链路工作就可以处理全部业务。这样,整个系统的可用性 A_f 可表示如下:

$$A_f = (-条链路的处理能力) \times (-条链路工作的概率) +$$
$$(两条链路的处理能力) \times (两条链路工作的概率)$$

假定一条链路的可用性为 $A=0.9$,则两条链路同时工作的概率为 $A^2=0.81$,而恰好有一条链路工作的概率为 $A(1-A)+(1-A)A=2A-2A^2=0.18$。则有

$$A_f(非峰值时段) = 1.0 \times 0.18 + 1.0 \times 0.81 = 0.99$$
$$A_f(峰值时段) = 0.8 \times 0.18 + 1.0 \times 0.81 = 0.954$$

于是系统的平均可用性为

$$A_f = 0.6 \times A_f(峰值时段) + 0.4 \times A_f(非峰值时段) = 0.9684$$

(2) 响应时间

响应时间是指从用户输入请求到系统在终端上返回计算结果的时间间隔。从用户角度看,这个时间要和人们的思考时间(等于两次输入之间的最小间隔时间)配合,越是简单的工作(例如数据录入)要求响应时间越短。然而从实现角度看,响应时间越短,实现的代价越大。研究表明,系统响应时间对人的生产率影响是很大的。在交互式应用中,响应时间大于 15s,对大多数人是不能容忍的。响应时间大于 4s 时,人们的短期记忆会受到影响,工作的连续性会被破坏。尤其是对数据录入来说,这种情况下击键的速度将会严重受挫,只是在输入完一个段落后,才可以有比较大的延迟(譬如 4s 以上)。越是注意力高度集中的工作,要求响应时间越短。特别对于需要记住以前的响应、根据前边的响应决定下一步的输入时,延迟时间应该小于 2s。在用鼠标单击图形或进行键盘输入时,要求的响应时间更小,可能达到 0.1s 以下。这样人们会感到计算机是同步工作的,几乎没有等待时间。图 7-29 所示为应用 CAD 进行集成电路设计时生产率(每小时完成的事务处理数)与响应时间的关系。可以看出,当响应时间小于 1s 时事务处理的速率明显加快,这和人的短期记忆以及注意力集中的程度有关。

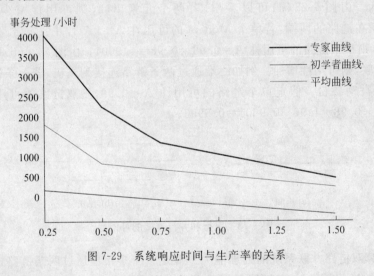

图 7-29　系统响应时间与生产率的关系

网络系统的响应时间由系统各个部分的处理延迟时间组成,分解系统响应时间的成分对于确定系统瓶颈有用。图 7-30 表示出系统响应时间 RT 由 7 部分组成。

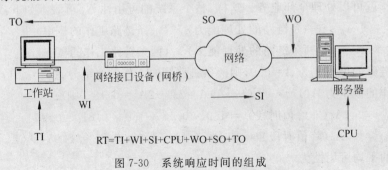

$$RT=TI+WI+SI+CPU+WO+SO+TO$$

图 7-30　系统响应时间的组成

① 入口终端延迟（TI）：指从终端把查询命令送到通信线路上的延迟。终端本身的处理时间是很短的，这个延迟主要是由从终端到网络接口设备（例如 PAD 设备或网桥）的通信线路引起的传输延迟。假若线路数据速率为 2400bps＝300 字符/s，则每个字符的时延为 $3.33\mu s$。又假如平均每个命令含 100 个字符，则输入命令的延迟时间为 0.33s。

② 入口排队时间（WI）：即网络接口设备的处理时间。接口设备要处理多个终端输入，还要处理提交给终端的输出，所以输入的命令通常要进入缓冲区排队等待。接口设备越忙，排队时间越长。

③ 入口服务时间（SI）：指从网络接口设备通过传输网络到达主机前端的时间，对于不同的网络，这个传输时间的差别是很大的。如果是公共交换网，这个时延是无法控制的；如果是专用网、租用专线或用户可配置的设备，则这个时延还可以进一步分解，以便按照需要规划和控制网络。

④ CPU 处理延迟（CPU）：前端处理机、主机和磁盘等设备处理用户命令、做出回答需要的时间。这个时间通常是管理人员无法控制的。

⑤ 出口排队时间（WO）：在前端处理机端口等待发送到网络上去的排队时间。这个时间与入口排队时间类似，其长短取决于前端处理机繁忙的程度。

⑥ 出口服务时间（SO）：通过网络把响应报文传送到网络接口设备的处理时间。

⑦ 出口终端延迟（TO）：终端接收响应报文的时间，主要是由通信延迟引起的。

响应时间是比较容易测量的，是网络管理中重要的管理信息。

（3）正确性

正确性是指网络传输的正确性。由于网络中有内置的纠错机制，所以通常不必考虑数据传输是否正确。但是监视传输误码率可以发现瞬时的线路故障，以及是否存在噪声源和通信干扰，以便及时采取维护措施。

（4）吞吐率

吞吐率是面向效率的性能指标，具体表现为一段时间内完成的数据处理的数量，或接受用户会话的数量，或处理的呼叫的数量等。跟踪这些指标可以为提高网络传输效率提供依据。

（5）利用率

利用率是指网络资源利用的百分率，它也是面向效率的指标。这个参数与网络负载有关，当负载增加时，资源利用率增大，因而分组排队时间和网络响应时间变长，甚至会引起吞吐率降低。当相对负载（负载/容量）增加到一定程度时，响应时间迅速增长，从而引发传输瓶颈和网络拥挤。图 7-31 所示为响应时间随相对负载成指数上升的情况。特别值得注意的是实际情况往往与理论计算结果不一致，造成失去控制的通信阻塞，这是应该设法避免的，所以需要更精致的分析技术。

我们介绍一种简单而有效的分析方法，可以正确地评价网络资源的利用情况。基本的思想是观察链路的实际通信量（负载），并且与规划的链路容量（数据速率）比较，从而发现哪些链路使用过度，而哪些链路利用不足。分析方法使用了会计工作中常用的成本分析技术，即计算实际的费用占计划成本的比例，从而发现实际情况与理想情况的偏差。对于网络分析来说，就是计算出各个链路的负载占网络总负载的百分率（相对负载），以及各

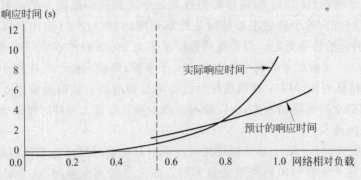

图 7-31　网络响应时间与负载的关系

个链路的容量占网络总容量的百分率(相对容量),最后得到相对负载与相对容量的比值。这个比值反映了网络资源的相对利用率。

假定有图 7-32(a)所示的简单网络,由 5 段链路组成。表 7-1 中列出了各段链路的负载和各段链路的容量,并且计算出了各段链路的负载百分率和容量百分率,图 7-24(b)是对应的图形表示。可以看出,网络规划的容量(400Kbps)比实际的通信量(200Kbps)大得多,而且没有一条链路的负载大于它的容量。但是各个链路的相对利用率(相对负载/相对容量)不同,有的链路使用得太过分(例如链路 3,25/15＝1.67),而有的链路利用不足(例如链路 5,25/45＝0.55)。这个差别是有用的管理信息,它可以指导我们如何调整各段链路的容量,获得更合理的负载分布和链路利用率,从而减少资源浪费,提高性能价格比。

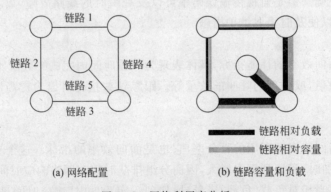

(a) 网络配置　　　　　　(b) 链路容量和负载

图 7-32　网络利用率分析

收集到的性能参数组织成性能测试报告,以图形或表格的形式呈现给网络管理员。对于局域网来说,性能测试报告应包括以下内容。

① 主机对通信矩阵:一对源主机和目标主机之间传送的总分组数、数据分组数、数据字节数以及它们所占的百分数。

② 主机组通信矩阵:一组主机之间通信量的统计,内容与上一条类似。

③ 分组类型直方图:各种类型的原始分组(例如广播分组、组播分组等)的统计信息,用直方图表示(下同)。

表 7-1 网络负载和容量分析

	链路1	链路2	链路3	链路4	链路5	合计
负载(Kbps)	30	30	50	40	50	200
容量(Kbps)	40	40	60	80	180	400
负载百分率	15	15	25	20	25	100
容量百分率	10	10	15	20	45	100
相对负载/相对容量	1.5	1.5	1.67	1.0	0.55	—

④ 数据分组长度直方图：不同长度(字节数)的数据分组的统计。

⑤ 吞吐率—利用率分布：各个网络结点发送/接收的总字节数和数据字节数的统计。

⑥ 分组到达时间直方图：不同时间到达的分组数的统计。

⑦ 信道获取时间直方图：在网络接口单元(NIU)排队等待发送、经过不同延迟时间的分组数的统计。

⑧ 通信延迟直方图：从发出原始分组到分组到达目标的延迟时间的统计。

⑨ 冲突计数直方图：经受不同冲突次数的分组数的统计。

⑩ 传输计数直方图：经过不同试发送次数的分组数的统计。

另外，还应包括功能全面的性能评价程序(对网络当前的运行状态进行分析)和人工负载生成程序(产生性能测试数据)，帮助管理人员进行管理决策。

2. 故障监视

故障监视就是要尽快地发现故障，找出故障原因，以便及时采取补救措施。在复杂的系统中，发现和诊断故障是不容易的。首先是有些故障很难观察到，例如分布处理中出现的死锁就很难发现。其次是有些故障现象不足以表明故障原因，例如发现远程结点没有响应，但是否是低层通信协议失效则不得而知。更有些故障现象具有不确定性和不一致性，引起故障的原因很多，使得故障定位复杂化。例如终端死机、线路中断、网络拥挤或主机故障都会引起同样的故障现象，到底问题出在哪儿，需要复杂的故障定位手段。故障管理可分为以下 3 个功能模块。

(1) 故障检测和报警功能。故障监视代理要随时记录系统出错的情况和可能引起故障的事件，并把这些信息存储在运行日志数据库中。在采用轮询通信的系统中，管理应用程序定期访问运行日志记录，以便发现故障；为了及时检测重要的故障问题，代理也可以主动向有关管理站发送出错事件报告。另外，对出错报告的数量、频率要有适当地控制，以免加重网络负载。

(2) 故障预测功能。对各种可以引起故障的参数建立门限值，并随时监视参数值变化，一旦超过门限值，就发送警报。例如由于出错产生的分组碎片数超过一定值时发出警报，表示线路通信恶化，出错率上升。

(3) 故障诊断和定位功能。即对设备和通信线路进行测试，找出故障原因和故障地点，例如可以进行下列测试。

• 连接测试；

- 数据完整性测试;
- 协议完整性测试;
- 数据饱和测试;
- 连接饱和测试;
- 环路测试;
- 功能测试;
- 诊断测试。

故障监视还需要有效的用户接口软件,使得故障发现、诊断、定位和排除等一系列操作都可以交互地进行。

3. 计费监视

计费监视主要是跟踪和控制用户对网络资源的使用,并把有关信息存储在运行日志数据库中,为收费提供依据。不同的系统,对计费功能要求的详尽程度也不一样。在有些提供公共服务的网络中,要求收集的计费信息很详细很准确,例如要求对每一种网络资源、每一分钟的使用、传送的每一个字节数都要计费,或者要求把费用分摊给每一个账号、每一个项目,甚至每一个用户。而有的内部网络就不一定要求这样细了,只要求把总的运行费用按一定比例分配给各个部门就可以了。需要计费的网络资源包括以下几种。

- 通信设施:LAN、WAN、租用线路或 PBX 的使用时间;
- 计算机硬件:工作站和服务器机时数;
- 软件系统:下载的应用软件和实用程序的费用;
- 服务:包括商业通信服务和信息提供服务(发送/接收的字节数)。

计费数据组成计费日志,其记录格式应包括下列信息。

- 用户标识符;
- 连接目标的标识符;
- 传送的分组数/字节数;
- 安全级别;
- 时间戳;
- 指示网络出错情况的状态码;
- 使用的网络资源。

7.9.2　网络控制

网络控制是指设置和修改网络设备的参数,使设备、系统或子网改变运行状态,按照需要配置网络资源,或者重新初始化等。这一节介绍两种网络控制功能:配置控制和安全控制。

1. 配置控制

配置管理是指初始化、维护和关闭网络设备或子系统。被管理的网络资源包括物理设备(例如服务器、路由器)和底层的逻辑对象(例如传输层定时器)。配置管理功能可以设置网络参数的初始值/默认值,使网络设备初始化时自动形成预定的互联关系。当网络运行时,配置管理监视设备的工作状态,并根据用户的配置命令或其他管理功能的请求改变网络配置参数。例如若性能管理检测到响应时间延长,并分析出性能降级的原因是由于负载失衡,则配置管理将通过重新配置(例如改变路由表)改善系统响应时间。又例如故障管理检测到一个故障,并确定了故障点,则配置管理可以改变配置参数,把故障点隔离,恢复网络正常工作。配置管理应包含下列功能模块。

- 定义配置信息;
- 设置和修改设备属性;
- 定义和修改网络元素间的互联关系;
- 启动和终止网络运行;
- 发行软件;
- 检查参数值和互联关系;
- 报告配置现状。

最后两项属于配置监视功能,即管理站通过轮询随时访问代理保存的配置信息,或者代理通过事件报告及时向管理站通知配置参数改变的情况。下面解释配置控制的其他功能。

(1) 定义配置信息

配置信息描述网络资源的特征和属性,这些信息对其他管理功能是有用的。网络资源包括物理资源(例如主机、路由器、网桥、通信链路和 Modem 等)和逻辑资源(例如定时器、计数器和虚电路等)。设备的属性包括名称、标识符、地址、状态、操作特点和软件版本。配置信息可以有多种组织方式。简单的配置信息组织成由标量组成的表,每一个标量值表示一种属性值,SNMP 采用这种方法。在 OSI 系统管理中,管理信息定义为面向对象的数据库。对象的值表示被管理设备的特性,对象的行为(例如通知)代表了管理操作,对象之间的包含关系和继承关系则规范了它们之间的互相作用。另外还有一些系统用关系数据库表示管理信息。

管理信息存储在与被管理设备最接近的代理或委托代理中,管理站通过轮询或事件报告访问这些信息。网络管理员可以在管理站提供的用户界面上说明管理信息值的范围和类型,用以设置被管理资源的属性。网络控制功能还允许定义新的管理对象,在指定的代理中生成需要的管理对象或数据元素。产生新数据的过程可以是联机的、动态的,或是脱机的、静态的。

(2) 设置和修改属性

配置管理允许管理站远程设置和修改代理中的管理信息值,但是修改操作要受到两种限制:

① 只有授权的管理站才可以施行修改操作,这是网络安全所要求的;

② 有些属性值反映了硬件配置的实际情况,是不可改变的,例如主机 CPU 类型、路由器的端口数等。

对配置信息的修改可以分为 3 种类型:

① 只修改数据库。管理站向代理发送修改命令,代理修改配置数据库中的一个或多

个数据值。如果修改操作成功,则向管理站返回肯定应答,否则返回否定应答,这个交互过程中不发生其他作用。例如管理站通过修改命令改变网络设备的负责人(姓名、地址、电话等)。

② 修改数据库,也改变设备的状态。除过修改数据值之外还改变了设备的运行状态。例如把路由器端口的状态值置为"disabled",则所有网络通信不再访问该端口。

③ 修改数据库,同时引起设备的动作。由于现行网络管理标准中没有直接指挥设备动作的命令,所以通常用管理数据库中的变量值控制被管理设备的动作。当这些变量被设置成不同的值时,设备随即执行对应的操作过程。例如路由器数据库中有一个初始化参数,可取值为 TRUE 或 FALSE。若设置此参数值为 TRUE,则路由器开始初始化,过程结束时重置该参数为 FALSE。

(3) 定义和修改关系

关系是指网络资源之间的联系、连接以及网络资源之间相互依存的条件,例如拓扑结构、物理连接、逻辑连接、继承层次和管理域等。继承层次是管理对象之间的继承关系,而管理域是被管理资源的集合,这些网络资源具有共同的管理属性或者受同一管理站控制。

配置管理应该提供联机修改关系的操作,即用户在不关闭网络的情况下可以增加、删除或修改网络资源之间的关系。例如在 LAN 中,结点之间逻辑链路控制子层(LLC)的连接可以由管理站来修改。一种 LLC 连接叫做交换连接,即结点的 LLC 实体接受上层软件的请求或者响应终端用户的命令与其他结点建立的 SAP 之间的连接;另外管理站还可以建立固定(或永久)连接,管理软件也可以按照管理命令的要求释放已建立的固定连接或交换连接,或者为一个已有的连接指定备份连接,以便在主连接失效时替换它。

(4) 启动和终止网络运行

配置管理给用户提供启动和关闭网络和子网的操作。启动操作包括验证所有可设置的资源属性是否已正确设置,如果有设置不当的资源,则要通知用户;如果所有的设置都正确无误,则向用户发回肯定应答。同时,关闭操作完成之前应允许用户检索设备的统计信息或状态信息。

(5) 发行软件

配置管理还提供向端系统(主机、服务器和工作站等)和中间系统(网桥、路由器和应用网关等)发行软件的功能,即给系统装载指定的软件,更新软件版本和配置软件参数等功能。除过装载可执行的软件之外,这个功能还包括下载驱动设备工作的数据表,例如路由器和网桥中使用的路由表。如果出于计费、安全或性能管理的需要,路由决策中的某些特殊情况不能仅根据数学计算的结果处理,可能需要人工干预,所以还应提供人工修改路由表的用户接口。

2. 安全控制

早期的计算机信息安全主要由物理的和行政的手段控制,例如不许未经授权的用户进入终端室(物理的),或者对可以接近计算机的人员进行严格的审查等(行政的)。然而自从有了网络,特别是有了开放的互联网,情况就完全不同了。我们迫切需要自动的管理工具,以控制存储在计算机中的信息和网络传输中的信息的安全。安全管理提供这种安全控制工具,同时也要保护网络管理系统本身的安全。下面首先分析计算机网络面临的安全威胁。

(1) 安全威胁的类型

为了理解对计算机网络的安全威胁,我们首先定义安全需求。计算机和网络需要以下 3 方面的安全性。

① 保密性(Secrecy):计算机网络中的信息只能由授予访问权限的用户读取(包括显示、打印等,也包含暴露"信息存在"这样的事实)。

② 数据完整性(Integrity):计算机网络中的信息资源只能被授予权限的用户修改。

③ 可用性(Availability):具有访问权限的用户在需要时可以利用计算机网络资源。

所谓对计算机网络的安全威胁就是破坏了这 3 方面的安全性要求。下面从计算机网络提供信息的途径来分析安全威胁的类型。通常从源到目标的信息流动的各个阶段都可能受到威胁,图 7-33 所示为信息流被危害的各种情况:

① 信息从源到目标传送的正常情况。

② 中断(Interruption):通信被中断,信息变得无用或者无法利用,这是对可用性的威胁。例如破坏信息存储硬件,切断通信线路,侵犯文件管理系统等。

③ 窃取(Interception):未经授权的入侵者访问了网络信息,这是对保密性的威胁。入侵者可以是个人、程序或计算机,可通过搭线捕获线路上传送的数据,或者非法复制文件和程序等。

④ 篡改(Modification):未经授权的入侵者不仅访问了信息资源,而且篡改了信息,这是对数据完整性的威胁。例如改变文件中的数据,改变程序的功能,修改网上传送的报文等。

⑤ 假冒(Fabrication):未经授权的入侵者在网络信息中加入了伪造的内容,这也是对数据完整性的威胁。例如向网络用户发送虚假的消息,在文件中插入伪造的记

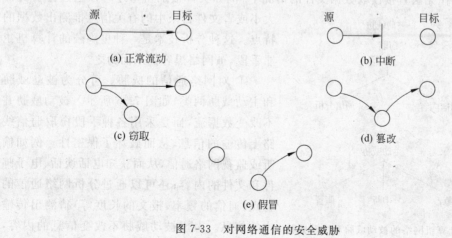

图 7-33　对网络通信的安全威胁

录等。

(2) 对计算机网络的安全威胁

图 7-34 所示为对计算机网络的各种安全威胁,分别解释如下:

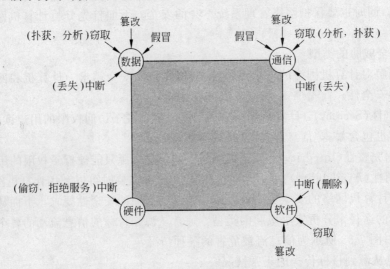

图 7-34　对计算机网络资源的安全威胁

① 对硬件的威胁。主要是破坏系统硬件的可用性,例如有意或无意的损坏,甚至盗窃网络器材等。小型的 PC、工作站和局域网的广泛使用增加了这种威胁的可能性。

② 对软件的威胁。操作系统、实用程序和应用软件可能被改变、被损坏甚至被恶意删除,从而不能工作,失去可用性。特别是有些修改使得程序看起来似乎可用,但是做了其他的工作,这正是各种计算机病毒的特长。另外软件的非法复制还是一个至今没有解决的问题,所以软件本身也不安全。

③ 对数据的威胁。主要有 4 个方面的威胁。数据可能被非法访问,破坏了保密性;数据可能被恶意修改或者假冒,破坏了完整性;数据文件可能被恶意删除,从而破坏了可用性。甚至在无法直接读取数据文件的情况下(例如文件被加密),还可以通过分析文件大小或者文件目录中的有关信息推测出数据的特点。这种分析技术是一种更隐蔽的计算机犯罪手段,被网络黑客们乐而为之。

④ 对网络通信的威胁。可分为被动威胁和主动威胁两类,如图 7-35 所示。被动威胁并不改变数据流,而是采用各种手段窃取通信线路上传输的信息,从而破坏了保密性。例如偷听或监视网络通信,从而获知电话谈话、电子邮件和文件的内容;还可以通过分析网络通信的特点(通信的频率、报文的长度等)猜测出传输中的信息。由于被动威胁不改变信息的内容,所以是很难检测的,数据加密是防止这种威胁

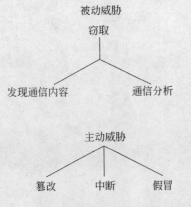

图 7-35　计算机网络的被动威胁和主动威胁

的主要手段。与其相反,主动威胁则可能改变信息流,或者生成伪造的信息流,从而破坏了数据的完整性和可用性。主动攻击者不必知道信息的内容,但可以改变信息流的方向,或者使传输的信息被延迟、重放、重新排序,则可能产生不同的效果,这些都是对网络通信的篡改。主动攻击还可能影响网络的正常使用,例如改变信息流传输的目标、关闭或破坏通信设施,以及垃圾报文阻塞信道,这种手段叫拒绝服务。假冒(或伪造)者则可能利用前两种攻击手段之一,冒充合法用户以博取非法利益。例如攻击者捕获了合法用户的认证报文,不必知道认证码的内容,只需重放认证报文就可以冒充合法用户使用计算机资源。要完全防止主动攻击是不可能的,只能及时地检测它,在它还没有造成危害或没有造成大的危害时挫败它。

(3) 对网络管理的安全威胁

由于网络管理是分布在网络上的应用程序和数据库的集合,以上讨论的各种威胁都可能影响网络管理系统,造成管理系统失灵,甚至发出错误的管理指令,破坏计算机网络的正常运行。对于网络管理有3方面的安全威胁特别值得提出:

① 伪装的用户。没有得到授权的一般用户企图访问网络管理应用和管理信息。

② 假冒的管理程序。无关的计算机系统可能伪装成网络管理站实施管理功能。

③ 侵入管理站和代理间的信息交换过程。网络入侵者通过观察网络活动窃取了敏感的管理信息,更严重的危害是可能篡改管理信息,或中断管理站和代理之间的通信。

(4) 安全信息的维护

网络管理中的安全管理是指保护管理站和代理之间信息交换的安全。安全管理使用的操作与其他管理使用的操作相同,差别在于使用的管理信息的特点。有关安全的管理对象包括密钥、认证信息、访问权限信息以及有关安全服务和安全机制的操作参数信息等。安全管理要跟踪进行中的网络活动和试图发动的网络活动,以便检测未遂的或成功的攻击,并挫败这些攻击,恢复网络的正常运行。细分一下,对于安全信息的维护可以列出以下功能。

① 记录系统中出现的各类事件(例如用户登录、退出系统,文件复制等)。

② 追踪安全审计试验,自动记录有关安全的重要事件,例如非法用户持续试验不同口令字企图登录等。

③ 报告和接收侵犯安全的警示信号,在怀疑出现威胁安全的活动时采取防范措施,例如封锁被入侵的用户账号,或强行停止恶意程序的执行等。

④ 经常维护和检查安全记录,进行安全风险分析,编制安全评价报告。

⑤ 备份和保护敏感的文件。

⑥ 研究每个正常用户的活动形象,预先设定敏感资源的使用形象,以便检测授权用户的异常活动和对敏感资源的滥用行为。

(5) 资源访问控制

一种重要的安全服务就是访问控制服务,这包括认证服务和授权服务,以及对敏感资源访问授权的决策过程。访问控制服务的目的是保护各种网络资源,这些资源中与网络

管理有关的是:

    ① 安全编码。

    ② 源路由和路由记录信息。

    ③ 路由表。

    ④ 目录表。

    ⑤ 报警门限。

    ⑥ 计费信息。

安全管理记录用户的活动形象,以及特殊文件的使用形象,检查可能出现的异常访问活动。安全管理功能使管理人员能够生成和删除与安全有关的对象,改变它们的属性或状态,影响它们之间的关系。

(6) 加密过程控制

安全管理能够在必要时对管理站和代理之间交换的报文进行加密。安全管理也能够使用其他网络实体的加密方法。此外,这个功能也可以改变加密算法,具有密钥分配能力。

7.10 网络管理工具

7.10.1 OpenView

HP 公司的 OpenView 是强大的网络和系统管理工具,是第一个跨平台的网络管理系统。HP OpenView 的应用和系统管理解决方案是由一些套件解决方案组成的,包括以下模块。

- HP OpenView Operations:一体化网络和系统管理平台。
- HP OpenView Reporter:功能强大的管理报告解决方案。
- HP OpenView Performance:端到端资源和性能管理解决方案。
- HP OpenView GlancePlus:具有实时诊断和监控功能的。
- GlancePlus Pak 2000:以及提供可全面管理系统可用性与性能的综合性产品。
- HP OpenView Database Pak 2000:对 HP 9000 服务器与数据库的性能和可用性进行管理。

这些模块相互依存,相互支持,成为功能强大的系统和应用管理平台,提供全面的集成化应用和系统管理功能。

HP OpenView Operations 是一种集成化网络与系统管理解决方案,它把网络管理与系统管理集成在一个统一的用户界面,共享消息数据库、对象数据库、拓扑数据库等中的数据。目前它有两个主要的版本:分别是 HP OpenView Operations for Windows 和 HP OpenView Operations for UNIX。HP OpenView Operations for Windows 管理服务器能支持数百个受控结点和数千个事件。它不仅可以通过服务视图来扩展传统的网络运营管理,还可以从任意地点进行跨平台的管理,这样用户可以从服务角度进行管理并获得在基本运行管理基础上创新的能力。HP OpenView Operations for UNIX 是由业务驱动的管理解决方案,作为分布式大型管理解决方案,它能监视、控制和报告网络环境的状态,实现超大型混合管理。

HP OpenView Performance 提供了一种对分布式网络的任一处资源和不同类型的系统性能进行端到端管理的解决方案。它收集数据,并把这些数据进行整理后转为对用户有用的信息,最终以经济有效的方式为用户提供最佳的服务级别;它还提供保持系统平滑运行的信息,使用户可以有效地控制和利用资源,及时调整多个分布式的系统环境,对系统中影响服务层和用户层的故障做出响应;同时还使系统管理员能有效扩展其管理范围,对远地和本地的系统进行有效管理和监控,从而在性能管理和问题分析、资源规划和服务管理等主要领域满足网络的分布式管理要求。HP OpenView Performance 目前有两个主要的版本,分别是 HP OpenView Performance Manager for UNIX 和 HP OpenView Performance Manager for Windows。

HP OpenView Database Pak 2000 对服务器与数据库的性能和可用性进行管理。它提供强大的系统性能与诊断功能;有效收集并记录系统与数据库统计数据并进行告警;能够检测关键事件并采取修复措施;提供 200 多种测量数据和 300 多种日志文件状态。利用安装在服务器上的 Database Pak 2000,可以及时地发现数据库与系统资源的性能问题,以防止进一步恶化,及时有效地对系统和数据库进行管理。

HP OpenView Reporter 是为用户分布式的网络环境提供的廉价、灵活、易用的管理报告解决方案。它提供了标准和可定制报告,自动将 HP OpenView 在所有支持平台上获取的数据转化为网络可利用的重要管理信息。Reporter 使报告能经由 Web 浏览器发布,网络中能访问 Web 浏览器的每个人都可立即获得报告。

HP OpenView GlancePlus Pak 2000 是可全面管理系统性能的综合性产品。它不但具有 GlancePlus Pak 系列产品的所有功能,还增加了单一系统事件与可用性管理。其组件包括:功能强大的系统性能监控与诊断工具 GlancePlus;用于记录系统性能并针对即将发生的性能问题发送警报的 PerformanceAgent;允许网络检测影响系统性能与可用性的关键事件并在这种事件发生时及时获得通知的 Single-System Event and Availability Management。这样,GlancePlus Pak 2000 不仅具有 Glance Plus 的实时诊断与监控功能以及 Performance Agent 软件的历史数据收集功能,还可监控网络系统中可能会影响性能的关键事件。

7.10.2 TCP/IP 诊断命令

在配制计算机的网络连接情况时,可能会出现各种问题,利用 Windows 操作系统本身提供的一些网络诊断工具,就可以找到问题的症结所在。

1. Ping:验证与远程计算机的连接

Ping 命令的主要功能是确定本地主机是否能与另一台主机成功交换(发送与接收)数据包。它根据返回的信息,就可以推断 TCP/IP 参数是否设置正确、运行是否正常和网络是否通畅等。

Ping 命令可以进行以下操作。

（1）通过将 ICMP(Internet 控制消息协议)数据包发送到目标计算机并侦听应答数据包来验证与一台或多台远程计算机的连接。

（2）每个发送的数据包最多等待 1s。

（3）打印已传输和接收的数据包数。

应该注意的是 Ping 成功并不一定就代表 TCP/IP 配置正确,有可能还要执行大量的本地主机与远程主机的数据包交换,才能确信 TCP/IP 配置的正确性。如果执行 Ping 成功而网络仍无法使用,那问题很可能出在网络系统的软件配置方面,Ping 成功只保证当前主机与目的主机间存在一条连通的物理路径。

每个接收的数据包均根据传输的消息进行验证。默认情况下,传输 4 个包含 32B ICMP 数据包。Ping 能够以毫秒为单位显示发送请求到返回应答之间的时间量。如果应答时间短,表示数据报不必通过太多的路由器或网络,连接速度比较快。Ping 还能显示 TTL(Time To Live 存在时间)值,也可以通过 TTL 值推算出数据包经过了多少个路由器。也可以使用 Ping 测试计算机名和计算机的 IP 地址。如果 IP 地址已经验证但计算机名没有域名,应该确保正在查询的计算机名在本地"主机"中或在 DNS 数据库中。

Ping 命令的格式如下。

```
ping[-t][-a][-n count][-l length][-f][-i ttl][-v tos][-r count][-s count][[-j
computer-list]|[-k computer-list]][-w timeout] destination-list
```

参数解释如下。

- —t：Ping 指定的计算机直到中断。
- —a：将地址解析为计算机名。
- —n count：发送 count 指定的 ECHO 数据包数。默认值为 4。
- —l length：发送包含由 length 指定的数据量的 ECHO 数据包。默认为 32B；最大值是 65527。
- —f：在数据包中发送"不要分段"标志。数据包就不会被路由上的网关分段。
- —i ttl：将"生存时间"字段设置为 ttl 指定的值。
- —v tos：将"服务类型"字段设置为 tos 指定的值。
- —r count：在"记录路由"字段中记录传出和返回数据包的路由。count 可以指定最少 1 台,最多 9 台计算机。
- —s count：指定 count 指定的跃点数的时间戳。
- —j computer-list：利用 computer-list 指定的计算机列表路由数据包。连续计算机可以被中间网关分隔(路由稀疏源)IP 允许的最大数量为 9。
- —k computer-list：利用 computer-list 指定的计算机列表路由数据包。连续计算机不能被中间网关分隔(路由严格源)IP 允许的最大数量为 9。
- —w timeout：指定超时间隔,单位为毫秒。
- destination-list：指定要 ping 的远程计算机。

下面是 ping 的输出结果。

```
C:\>ping www.163.net
```

```
Pinging www.163.net[202.108.255.203] with 32 bytes of data:
Reply from 202.108.255.203:bytes= 32 time=110ms TTL=246
Reply from 202.108.255.203:bytes= 32 time=100ms TTL=246
Reply from 202.108.255.203:bytes= 32 time=100ms TTL=246
Reply from 202.108.255.203:bytes= 32 time=101ms TTL=246
Ping statistics for 202.108.255.203:
    Packets:Sent= 4, Received= 4, Lost= 0 (0% loss),
Approximate round trip times in milli- seconds:
    Minimum=100ms, Maximum=110ms, Average=102ms
```

2. ARP：显示和修改以太网 IP 或令牌环物理地址翻译表

ARP(Address Reverse Protocol,地址解析协议)用于显示或修改使用的以太网 IP 或令牌环物理地址翻译表。利用 arp 命令能够查看本地计算机或另一台计算机的 ARP 高速缓存中的当前内容；可以用人工方式输入静态的网卡物理 IP 地址对,也可使用这种方式为默认网关和本地服务器等常用主机进行这项操作,有助于减少网络上的信息量。按照默认设置,ARP 高速缓存中的项目是动态的,每当发送一个指定地点的数据报且高速缓存中不存在当前项目时,ARP 便会自动添加该项目。一旦高速缓存的项目被输入,它们就已经开始走向失效状态。常用命令选项如下。

```
arp-a[-N[if_addr]]-d inet_addr-s inet_addr.
```

其中各参数意义如下。

- －a：通过询问 TCP/IP 显示当前 ARP 项。如果指定了 inet_addr,则只显示指定计算机的 IP 和物理地址。
- －N：显示由 if_addr 指定的网络界面 ARP 项。
- －d：删除由 inet_addr 指定的项。
- －s：在 ARP 缓存中添加项,将 IP 地址 inet_addr 和物理地址 ether_addr 关联。
  例如：

```
arp-s 157.55.85.212  00- aa- 00- 62- c6- 09  ...Adds a static entry.
arp-a                                        ...Displays the arp table.
```

3. Winipcfg 与 IPConfig：显示主机 TCP/IP 协议的配置信息

Winipcfg 采用 Windows 图形窗口的形式显示具体信息,适用于 Win9x/WinMe 系统；IPConfig 为 MS-DOS 工作方式,适用于 Win9x/WinMe/Win2000/WinNT 系统。显示的具体信息包括：网络适配器的物理地址、主机的 IP 地址、子网掩码以及默认网关等,还可以查看主机的相关信息如：主机名、DNS 服务器、结点类型等,其中网络适配器的物理地址在检测网络错误时非常有用。这些信息一般用来检验人工配置的 TCP/IP 设置是否正确,如果计算机所在的局域网使用了动态主机配置协议(Dynamic Host Configuration Protocol,DHCP),这个程序所显示的信息更加实用,它允许用户决定由 DHCP 配置的值。IPConfig 的常用选项如下。

- IPConfig /all：当使用 all 选项时，IPConfig 能为 DNS 和 WINS 服务器显示它已配置且所要使用的附加信息（如 IP 地址等），并且显示内置于本地网卡中的物理地址（MAC）。如果 IP 地址是从 DHCP 服务器租用的，IPConfig 将显示 DHCP 服务器的 IP 地址和租用地址预计失效的日期。
- IPConfig /renew：更新 DHCP 配置参数。该选项只在运行 DHCP 客户端服务的系统上可用。
- IPConfig/release：发布当前的 DHCP 配置。该选项禁用本地系统上的 TCP/IP，并只在 DHCP 客户端上可用。要指定适配器名称，可输入使用不带参数的 Ipconfig 命令显示的适配器名称。

如果没有参数，那么 Ipconfig 实用程序将向用户提供所有当前的 TCP/IP 配置值，包括 IP 地址和子网掩码。

4. netstat：验证各端口的网络连接情况

netstat 用于显示与 IP、TCP、UDP 和 ICMP 协议相关的统计数据，一般用于检验本机各端口的网络连接情况，只有在安装了 TCP/IP 协议后才可以使用，命令的格式如下：

```
netstat[-a][-e][-n][-s][-p protocol][-r][interval]
```

其中各参数意义如下。

- -a：显示所有连接和侦听端口，服务器连接通常不显示。
- -e：显示以太网统计，该参数可以与 -s 选项结合使用。
- -n：以数字格式显示地址和端口号（而不是尝试查找名称）。
- -s：显示每个协议的统计。默认情况下，显示 TCP、UDP、ICMP 和 IP 的统计。-p 选项可以用来指定默认的子集。
- -p protocol：显示由 protocol 指定的协议的连接；protocol 可以是 tcp 或 udp。如果与 -s 选项一同使用显示每个协议的统计，protocol 可以是 tcp、udp、icmp 或 ip。
- -r：显示路由表的内容。interval 重新显示所选的统计，在每次显示之间暂停 interval 秒。按 Ctrl+B 组合键停止重新显示统计。如果省略该参数，netstat 将打印一次当前的配置信息。

7.10.3 网络监视和管理工具

所谓网络监视就是监视网络数据流并对这些数据进行分析。把专门用于采集网络数据流并提供分析能力的工具称为网络监视器。网络监视器能提供网络利用率和数据流量方面的一般性数据，还能够从网络中捕获数据帧，并能够筛选、解释、分析这些数据的来源、内容等信息。

下面介绍几个常用的网络监视和管理工具，它们分别是 Ethereal、NetXRay 和 Sniffer。

1. Ethereal

Ethereal 是一个网络监视工具,如图 7-36 所示。它可以用来监视所有在网络上被传送的分组,并分析其内容。它通常被用来检查网络运作的状况,或是用来发现网络程序的 bugs。目前 Ethereal 提供了对 TCP、UDP、SMB、telnet、ftp 等常用协议的支持,在很多情况下可以代替 Sniffer。

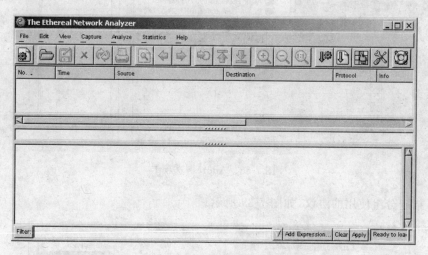

图 7-36 Ethereal 的界面

2. NetXRay

NetXRay 主要是用做以太网络上的网管软件,对于 IP、NetBUEI、TCP/UDP 等协议都能做详细的分析,它的功能主要分成三大类:网络状态监控、接收并分析分组、传送分组和网络管理查看。

(1)网络状态监控

可以选择主菜单中 Tool→Dashboard 选项,如图 7-37 所示。

图 7-37 Dashboard 选项

(2)分组的接收与分析

主要有 3 个方面的内容:

① 指定分组地址,如图 7-38 所示。可以指定地址(Address)、数据方式(Data

Pettern)、高级过滤器(Advance Filter)和缓冲区(Buffer)。

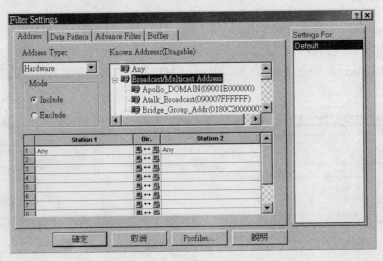

图 7-38　Address 选项卡

② 指定分组使用的协议,如图 7-39 所示。

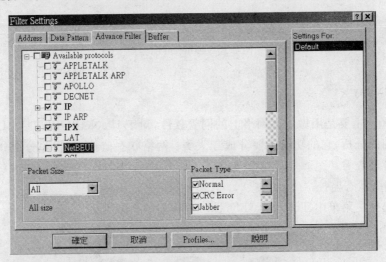

图 7-39　Advance Pattern 选项卡

③ 指定分组使用的方式,如图 7-40 所示。

3. Sniffer

Sniffer 是一个嗅探器,它既可以是硬件,也可以是软件,可以用来接收在网络上传输的信息。Sniffer 的目的是使网络接口处于杂收模式(Promiscuous Mode),从而可截获网络上的内容。在一般情况下,网络上所有的工作站都可以"听"到通过的流量,但对不属于自己的报文则不予响应。如果某工作站的网络接口处于杂收模式,那么它就可以捕获网络上所有的报文。

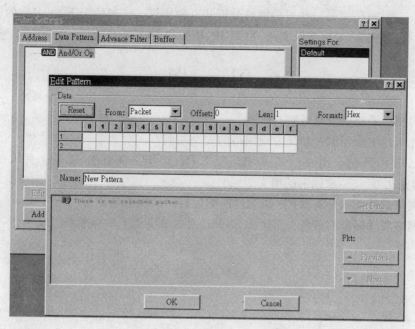

图 7-40 DataPattern 选项卡

Sniffer 能够"听"到在网上传输的所有的信息，它可以是硬件也可以是软件。在这种意义上讲，每一个机器或者每一个路由器都是一个 Sniffer。

Sniffer 可以捕获用户的口令；可以截获机密的或专有的信息；也可以被用来攻击相邻的网络或者用来获取更高级别的访问权限。

（1）Sniffer 的工作原理

通常在同一个网段的所有网络接口都有访问在物理媒体上传输的所有数据的能力，而每个网络接口都还应该有一个硬件地址，该硬件地址不同于网络中存在的其他网络接口的硬件地址，同时，每个网络至少还要一个广播地址。在正常情况下，一个合法的网络接口应该只响应这样的两种数据帧：

① 帧的目标区域具有和本地网络接口相匹配的硬件地址。

② 帧的目标区域具有"广播地址"。

在接收到上面两种情况的数据包时，网卡通过 CPU 产生一个硬件中断，该中断能引起操作系统注意，然后将帧中所包含的数据传送给系统作进一步处理。

而 Sniffer 就是一种能将本地网卡的状态设置成杂收（Promiscuous）模式的软件，当网卡处于这种"混杂"模式时，该网卡具备"广播地址"，它对所有遇到的每一个帧都产生一个硬件中断以提醒操作系统处理流经该物理媒体上的每一个报文包。

可见，Sniffer 工作在网络环境中的底层，它会拦截所有的正在网络上传送的数据，并且通过相应的软件处理，可以实时分析这些数据的内容，进而分析所处的网络状态和整体布局。

（2）Sniffer 的工作环境

Sniffer 就是能够捕获网络报文的设备。嗅探器在功能和设计方面有很多不同，有些只能分析一种协议,而另一些可能能够分析几百种协议。一般情况下,大多数的嗅探器至少能够分析这些协议:标准以太网、TCP/IP、IPX 和 DECNet。

习　　题

1. 对网络系统的安全威胁有哪些?

2. 什么是安全漏洞? 如何发现网络的安全漏洞?

3. 已知 RSA 的公钥为 $e=7$,$n=55$,明文 $P=10$,试推断出公钥 $d=?$ 并求密文 $C=?$ 若得到的密文 $C=35$,求原来的明文 $P=?$

4. 网络的性能指标有哪些? 影响网络响应时间的因素是什么?

5. 网络管理标准有哪些? 为什么 SNMP 会成为事实上的标准?

第 8 章

网络操作系统

网络操作系统(Network Operating System, NOS)是具有联网功能的操作系统。除一般操作系统原有的资源管理功能之外,NOS还具有网络通信和网络服务功能,其目的是使网络上的计算机能有效地共享网络资源。本章讲述网络操作系统的功能结构,介绍目前流行的网络操作系统(Windows、UNIX、Linux)提供的各种网络服务及其操作方法。

8.1 网络操作系统的功能

8.1.1 网络操作系统的功能特性

1. 网络操作系统的功能

网络操作系统的基本任务是用统一的方法管理各个主机之间的通信和资源共享。网络操作系统应提供单机操作系统的各项功能,即进程管理、存储管理、文件系统和设备管理,除此之外,网络操作系统还应具有以下功能。

(1) 网络通信。网络通信的主要任务是提供通信双方之间无差错的、透明的数据传输服务,主要功能包括:建立和拆除通信链路;对传输中的分组进行路由选择和流量控制;传输数据的差错检测和纠正等。这些功能通常由硬件和软件共同完成。

(2) 共享资源管理。采用有效的方法统一管理网络中的共享资源,协调各用户对共享资源的使用,使用户在访问远程共享资源时能像访问本地资源一样方便。

(3) 网络管理。最基本的是安全管理,主要反映在通过访问控制来确保数据的安全性,通过容错技术来保证数据的可靠性。此外,还包括对网络设备故障进行检测,对使用情况进行统计,以及为提高网络性能而提供必要的信息等。

(4) 网络服务。直接面向用户提供多种网络服务,例如电子邮件服务、文件传输服务、存取和管理服务,共享硬件服务以及共享打印服务等。

(5) 互操作。把若干类似或不同的设备互联,使用户可以透明地访问各服务结点,以实现更大范围的用户通信和资源共享。

(6) 提供网络接口。向用户提供一组方便有效的网络服务接口,以改善用户界面,如命令行接口、菜单、窗口系统等。

2. 网络操作系统的特征

NOS 除具备单机操作系统的 4 大特征(并发、资源共享、虚拟和异步性)之外还引入了开放性、一致性和透明性。

(1) 开放性：网络操作系统一般都遵循 ISO 的开放系统互联参考模型和有关的工业标准,支持标准的协议,运行不同操作系统的计算机可以互联起来形成计算机网络,使不同的系统之间能协调地工作,实现应用的可移植性和互操作性。

(2) 一致性：网络的一致性是指网络向用户、低层向高层提供一致性的服务接口。这种服务接口规定了命令的类型、内部参数和合法的访问命令序列等,这些规定并不涉及服务接口的具体实现。

(3) 透明性：透明性即指某一实际存在的实体对用户是不可见的。在网络环境下的透明性十分重要,用户只需知道他可以得到什么样的网络服务,而无须了解该服务的实现细节和所需要的资源。

3. 网络操作系统的安全性

网络操作系统的安全性非常重要,主要表现在以下几个方面。

(1) 用户账号安全性：使用网络操作的用户都有一个系统账号和有效的口令字,并且这种口令字在网络传输过程中是经过加密的。

(2) 时间限制：系统管理员对每个用户的注册时间进行限定,时间限制功能主要应用在要求具有严格安全机制的网络环境中。

(3) 站点限制：系统管理员对每一用户注册的站点进行限定。站点限定了每个用户只能在指定物理地址的工作站上进行注册。

(4) 磁盘空间限制：系统服务员对每个用户允许使用的服务器磁盘空间加以限定,以防止可能出现某些用户无限制侵占服务器磁盘的情况发生,确保其他用户磁盘空间的安全性。

(5) 加密：对数据库和文件加密是保证文件服务器数据安全性的重要手段。一般在关闭文件时加密,在打开文件时解密。具有超级用户特权的用户才能读取服务器上加密的目录和文件。

(6) 审计：审计功能可以帮助网络管理员对非法的访问进行鉴别。这是一种事后审查的机制,用于发现系统的安全漏洞和入侵行为。

8.1.2 网络操作系统的功能结构

单机操作系统是封闭的,用户只能使用特定的语言和操作命令、按照系统规定的协议控制作业的运行和调动各种资源。但是,计算机系统加入网络后,为了适应计算机网络中多系统、多用户信息交换的局面,就要适当地改变其封闭性,要求操作系统既要为本地用户提供简便有效的访问网络资源的手段,又要为远程用户提供使用本机资源的服务。

为了实现这一要求,网络环境下的操作系统除了单机操作系统所具备的模块外(比如核、文件管理、作业控制、操作管理等)还需配置一个网络通信管理模块。该模块是操作系统和网络之间的接口,它有两个界面,一个与网络相接,另一个与本机系统相接,分别称为网络接口界面和系统接口界面,如图 8-1 所示。

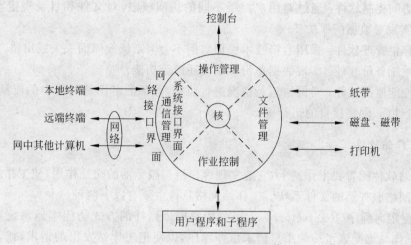

图 8-1　网络环境下的操作系统

网络接口界面的主要功能是使本机系统和网络中其他系统之间实现资源共享,因此需要配置一套支持网络通信协议的软件。系统接口界面的主要功能是实现本地系统中的系统进程或用户进程,以便访问网络中的各种资源,也支持网络中其他用户访问本机资源,因此需要配置一套与原系统相一致的原语和系统调用命令。

8.1.3　网络操作系统的逻辑构成

根据网络应用的需要,NOS 一般都采用客户机/服务器模式,在网络服务器上配置 NOS 的核心部分,在客户机上配置工作站软件。于是,NOS 可分为网络环境软件、网络管理软件、工作站软件和网络服务软件 4 部分。

1. 网络环境软件

网络环境软件配置在服务器上,它能高速并发地执行多个管理任务,管理工作站与服务器之间的数据传送,提供高速的多用户文件系统。网络环境软件包括:

(1) 多任务软件。用于支持服务器中多个进程(网络通信进程、多个服务器进程、磁盘进程、假脱机打印进程等)的并发执行。

(2) 传输协议软件。支持工作站和服务器之间的交互作用。传输协议软件分布于多个网络协议层上,目前用得最多的是 TCP/IP 协议软件。

(3) 多用户文件系统软件。以支持多个用户对文件的并发访问和共享。

2. 网络管理软件

网络管理软件对网络环境下的设备、用户和信息进行管理。网络管理软件的主要功能模块可分为：

(1) 访问控制软件：通过对用户授予不同的访问权限，对文件和目录规定不同的访问属性来实现对数据的保护。

(2) 容错管理软件：采用容错技术保证数据不会因系统故障而丢失或出错。

(3) 系统备份软件：实现数据备份和系统还原等功能。

(4) 性能监测软件：对网络运行情况进行监测，监测的范围是网络中的流量、服务器性能、硬盘性能、网络接口的运行等。

3. 工作站软件

工作站软件配置在工作站上，它能实现客户机与服务器的交互作用，使工作站上的用户能访问网络服务器的文件系统。工作站网络软件主要有以下两种。

(1) 重定向程序(Redirector)。为了使用户能以同样的方式访问本地系统和网络服务器，在工作站上配置了一种用户请求解释程序，以便把工作站发出的请求，或者导向到本地系统，或者导向到服务器。1984 年 IBM 公司推出了 IBM PC 网络的重定向程序 Redirector，很快被许多计算机公司接受，成为一个事实上的工业标准。

(2) 网络基本输入输出系统(NETBIOS)。为了使客户能与服务器之间进行交互作用，就必须在网络应用软件和网络硬件之间配置传输协议软件。1984 年 IBM 公司宣布了 NETBIOS，支持在相邻主机之间传送数据链路层协议数据单元，并且配置了会话层协议以协调两个主机应用层之间的相互作用。由于 NETBIOS 具有与硬件、软件无关的特性，因而具有较好的移植性，已经被后来的 NOS 所采用。

4. 网络服务软件

网络服务软件配置在服务器和工作站上，面向用户提供网络服务。网络服务多种多样，主要可分为：

(1) 多用户文件服务软件。支持用户程序访问服务器中的目录和文件，接受用户的访问请求，把用户的请求传送给服务器，并把服务器的响应送回用户工作站。既要保证多用户共享目录和文件，又要保证数据的安全性。

(2) 名字服务软件。用于管理网络中所有对象的名字，例如进程名、服务器名、各种资源名、文件和目录名等。用户通过对象名字访问网络资源，并不需要知道网络资源的物理地址，名字服务能实现网络资源的寻址和定位功能。

(3) 打印服务软件。将用户的打印信息在服务器上生成假脱机文件，并送到打印机队列中等待打印。

(4) 电子邮件服务软件。用户利用该软件把邮件发送给网络中其他工作站用户，还可以实现多地址、广播式电子邮件服务。

8.1.4 网络操作系统与 OSI/RM

一般 NOS 与 OSI/RM 中的关系如图 8-2 所示。从网络分层的角度看,NOS 主要包括 3 部分,即网络驱动程序、网络协议软件和应用程序接口软件。

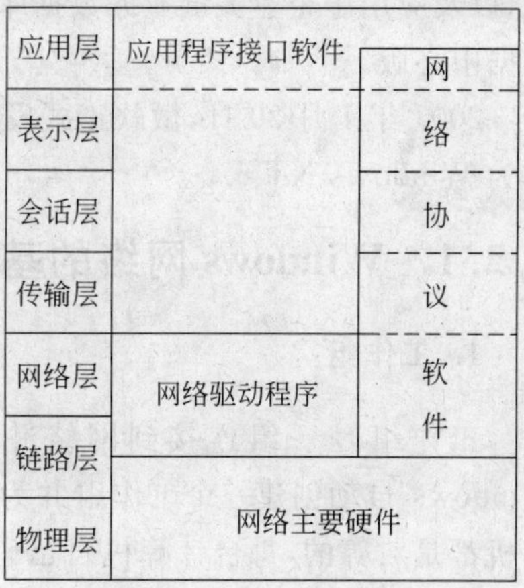

1. 网络驱动程序

网络接口板(Network Interface Card,NIC)通常叫做网卡,是按照标准的底层协议生产的网络接口硬件。网卡生产商必须为各种不同的操作系统提供网卡驱动程序,这种驱动程序直接对网卡的各种控制/状态寄存器、DMA 和 I/O 端口进行操作,屏蔽了网络硬件复杂的操作过程,为网络协议软件提供服务。

应用层	应用程序接口软件	网
表示层		络
会话层		协
传输层		议
网络层	网络驱动程序	软 件
链路层		
物理层	网络主要硬件	

图 8-2　NOS 在 OSI/RM 中的分布

2. 网络协议软件

网络协议软件分布在 OSI/RM 的各个层次,实现各种网络协议(例如 TCP/IP、IPX/SPX 等)的功能。网络协议软件的性能关系到网络操作系统的通信效率,高速的网络协议软件能实现 NOS 的高速处理。

3. 应用程序接口软件

应用层服务与应用程序之间的软件称为应用程序接口(Application Program Interface,API)。用户开发的应用程序必须按照 API 的规定来设计,以便能在网络上顺利运行。各种操作系统的 API 都不同。

8.2　Windows 系统

Windows 是微软公司开发的 NOS,是应用最广泛的网络操作系统。微软公司第一个成功的网络操作系统是 1996 年 7 月推出的 Windows NT 4.0,分为服务器和工作站两个版本。

在新千年开始时,微软公司把新推出的 Windows NT 5.0 改名为 Windows 2000。Windows 2000 系列包括了 4 个产品:适合工作站用户使用的专业版,适合工作组服务器使用的服务器版,适合部门级服务器使用的高级服务器版和适合运行核心业务的数据中心服务器版。

Windows XP 集成了 Windows 2000 的安全性、可靠性和强大的管理功能,以及 Windows 98/Me 的即插即用等先进技术,使用户能够更方便、更有效地管理计算机。Windows XP 有两个版本,即 Windows XP 家庭版和针对于商业用户的 Windows XP 专业版。

2003 年 4 月,微软公司推出了 Windows Server 2003 操作系统,这是 Windows 2000 的改进版本。Windows Server 2003 也包含 4 种产品:应用于一般 Web 服务器的 Web 版,应用于中小企业服务器的标准版,应用于大中型企业应用服务器或集群服务器的企业版,以及应用于企业关键业务数据库服务器、ERP 服务器、大容量实时事务处理服务器的数据中心版。

2007 年 1 月 30 日,微软正式发行了最新的 Windows 版本——Windows Vista,可以称为 Windows NT 6.0。

8.2.1　Windows 网络的基本概念

1. 工作组

工作组是一组连接到网络并共享资源的计算机的集合。配置计算机网络时,Windows 自动创建一个工作组并为其命名(例如 WORKGROUP)。工作组中的所有计算机都是对等的,每台计算机自己管理自己,任何一台计算机都不能控制另外一台计算机。通常情况下,一个工作组中计算机数量在 10～20 台之间,所有的计算机都部署在同一本地网络或同一子网中。用户要访问工作组中的任何计算机,必须具有该计算机上的账号。

工作组没有太大的实际意义,只是在"网上邻居"列表中出现的一个分组而已,对于"计算机浏览服务",每一个工作组中有一个主浏览器,负责维护本工作组所有计算机的 NetBIOS 名称列表。

工作组方式适用于对等网络的管理,实现简单,不需要专门的控制器进行集中式的统一管理。然而,正是由于没有集中式的用户管理,在计算机数量较多时管理效率低,网络资源的安全难于保证。

2. 用户组

任何访问计算机的人必须拥有一个用户账号(User Account)才能访问网络资源。用户账号包含用户名、密码、权限以及有关用户的说明信息。用户组是用户账号的集合,同一用户组中的所有账号具有相同的安全权限,所以用户组也被称为"安全组"。一个用户账号可以是多个用户组的成员,每种账号类型为用户提供不同的计算机控制级别。常用的用户组是管理员组(Administrator)、标准用户组(User)、超级用户组(Power Users)和来宾组(Guest)。

管理员账号对计算机拥有最高的控制权限,为了保护计算机的安全,只是在必要时才使用管理员账号。管理员账号不能被删除或禁用,以确保用户不会由于删除或禁用了管理员账号而将自己锁定在计算机之外。管理员账号可以创建用户组,并且可以将自己定义的用户账号从一个组转移到另外一个组,还可以添加/删除自己定义的用户账号。管理员在创建用户组时,必须为其分配安全权限。

标准账号可以完成日常的工作,但不能修改操作系统的设置或其他用户的资料。标准用户组是最安全的用户组,提供了一个安全的程序运行环境。

超级用户账号拥有的权限比标准用户多,但比管理员少。超级用户可以修改计算机的大部分设置,可以运行未经验证的应用程序,可以执行除了为管理员组保留的任务之外的其他任何系统任务。超级用户账号不能将自己添加到管理员组,也不能访问其他用户的信息,除非获得了这些用户的授权。

来宾账号供临时需要访问计算机的用户使用,一般没有密码保护功能。

在 Windows 系统安装完成后,还会自动建立以下几个特殊组。

- INTERACTIVE 组:任何登录到本机的用户。
- NETWORK 组:任何通过网络连接的用户。
- SYSTEM 组:操作系统的任何用户。
- CREATOR OWNER 组:目录、文件和打印机的管理者/所有者。
- EVERYONE 组:任何使用计算机的人。

3. Windows NT 域

Windows NT 4.0 引入了域的概念。域(Domain)是网络中共享公共数据库和安全策略的计算机的集合,每个域都有唯一的名称。至少需要一台 Windows 服务器充当目录控制器(Directory Controller,DC),对域中的网络资源和用户实行集中式的管理,如果要容错,则需要两台或多台 DC 提供备份支持。

DC 中的"目录服务数据库"保存用户账号和密码等安全信息,并执行预先设定的安全策略,所以又被称为安全账号管理(Security Account Management,SAM)数据库。本地 SAM 库文件保存本地计算机的用户信息,由用户管理器来管理。DC 中的域 SAM 库文件保存整个域上的计算机和用户信息,由域用户管理器和服务器管理器来管理。

域是计算机网络的逻辑分组,与网络的拓扑结构无关,域成员计算机可以位于不同的子网中。域可以很小,比如只有一台 DC;也可以很大,包含分布在世界各地的计算机,比如大型跨国公司网络上的域。

如果持有域上的账号,用户就可以登录到任何域成员计算机,而无须具有该计算机的账号。如果登录在域上的计算机,只能对该计算机的配置进行有限的更改,这是因为系统管理员需要确保域成员计算机之间的一致性,并维护配置控件的运行。

将网络划分为域提供了两个好处:其一是所有域成员服务器形成一个整体的管理单元,共享网络安全策略和用户账号信息,每个域仅包含一个用户账号和安全配置数据库,所有域成员服务器保存了这个数据库的一份备份。系统管理员对每个用户只需管理唯一的账号,这样便于集中管理;其二是方便了用户对网络资源的访问,当用户浏览网页时,看到的是整个域中具有访问权限的网络资源,便于查找,这对于计算机数量很多的网络尤其方便。

可以在 NT 网络中建立多个域,域和域之间通过建立信任关系互相关联。通过信任关系,使得一个域中的用户可以访问另一个域,即使该用户在另一个域中没有建立账号。

在信任关系中,一个域是信任域,另一个域是被信任域,信任域承认被信任域中的所有用户账号,被信任域中的用户账号可以在信任域中使用。信任关系可以是单向的,例如 Production 域信任 Sales 域,Sales 域不信任 Production 域,这样,Sales 域中的用户账号可以在 Production 域中使用,而 Production 域中的用户账号不能在 Sales 域中使用。信任关系也可以是双向的,例如 Finance 域和 Shipping 域相互信任,任何一个域中的用户账号都可以在另一个域中使用。域的信任关系不具有传递性。例如,Sales 域信任 Production 域,Production 域信任 Finance 域,但是 Sales 域不会自动信任 Finance 域。

根据域的信任关系可以规划和组织网络系统。有 4 种域模型可用来建立 NT 网络。

(1) 单域模型:如果网络中的用户不是很多,或者不需要划分部门进行管理,那么可以使用这种域模型。这种模型只需设置一个域,而且不必建立域间的信任关系。一般情况下,少于 10000 个用户的网络可以使用这种域模型。

(2) 主域模型:如果一个企业由于组织关系需要划分成几个部门,为了便于管理需要将网络划分成几个部分,可使用主域模型。这种模型有一个主管理域,用于定义用户账号,网络中的其他域信任主管理域,都可以使用主管理域上定义的用户账号。可以将主管理域认为是账号域,它的主要作用就是管理用户账号,其他的域则是资源域,它们不存储和管理用户账号,而是提供网络中的共享资源。

由于主管理域存储了网络中的用户账号数据库,因此在主管理域中至少要设置两台服务器,一个为主域控制器,一个为备份域控制器,当主域控制器出现故障时,备份域控制器升格为主域控制器,以保证网络的正常运行。

(3) 多主域模型:这种模型是主域模型的扩充。对于大型企业,一般都包含几个管理部门,这时多主域模型是较好的选择。每个管理部门建立一个主管理域,所有的主管理域作为账号域,每个用户账号创建在一个主管理域上,其他的下属部门建立各自的域,主要提供共享资源。各个主管理域相互信任,每个部门域的成员信任各自的主管理域,这样,每个用户账号在整个网络中都是可用的。

(4) 全信任域模型:对于不需要集中管理而又相互共享资源的系统,可以使用全信任域模型。在这种模型中,每个域信任网络中的其他域,每个部门可以管理各自的域,定义自己域中的用户,而这些用户在所有域中都可以使用。

以上是 4 种 Windows NT 网络模型,可以根据具体情况决定使用哪种模型,建立合适的网络应用平台。此外,Windows NT 还提供了域内服务器之间以及域控制器之间相互备份的功能,若充分利用这些功能,可以进一步加强网络的安全性。

8.2.2 活动目录

1. 活动目录的基本概念

目录是任何文件系统中都有的一个概念。在一般的操作系统中,目录是静态的、集中存储在计算机磁盘中的系统/用户信息。微软在 Windows 2000/2003 中引入了活动目录(Active Directory)的概念,这是一个动态的分布式文件系统,包含了存储网络信息的目录结构和相关的目录服务。活动目录采用树型结构,这与一般的操作系统无异,但是活动目录的各个子树分布地存储在网络的多个服务器中,并且可以自动地维护信息的一致性。所谓目录服务就是为用户提供信息检索的功能,例如根据用户名就可以把有关用户的所有信息从分散在网络中的各个计算机中检索出来,提高了工作效率。

Windows 2000/2003 的活动目录中存储的是计算机网络的配置和安全信息,这些信息分布地存储在网络中多个域控制器中,由多个网络管理员进行管理和维护,操作系统对活动目录中的信息提供备份和选择性的复制功能,以维护信息的一致性,并提供容错能力。

Windows 是一个面向对象的系统,所有的系统元素都是对象,对象也是活动目录中存储的实体。每个对象都有一个名字、一组属性和一组访问方法/操作接口。例如用户账号是一个对象,它的属性包括用户名、密码、访问权限等,访问用户账号要通过用户管理器来实现。

在活动目录中,对象的名字采用 Internet 中的域名结构,所以安装活动目录需要 DNS 服务器的支持。我们要区分两种对象,一种是表示网络资源的对象,一种是用来存储其他对象的容器对象。在一个面向对象的树型目录结构中,所有的叶子结点都是资源对象,树根结点和所有中间结点都是容器对象。一组对象的名字及其相关信息的集合构成了名字空间。名字空间也是利用 DNS 进行域名解析的边界。

全局目录(Global Catalog)是一个包含所有对象属性信息的仓库,活动目录中的第一个域控制器自动成为全局目录,为了加速登录过程和减少通信流量,还可以设置另外的全局目录。

架构(Schema)是活动目录中的对象模型。架构包含了存储在活动目录中的所有对象的定义,也决定了目录的结构及其存储的内容。架构由类、属性和句法的集合组成。类(Class)表示共享共同特征的对象的类别,是对象的形式描述。活动目录中存储的任何对象都是某个类的实例。属性(Attribute)描述了对象的某个方面的特征,定义了对象可能具有的某些信息的类型。句法(Syntax)说明属性的数据类型。活动目录使用了一组预先定义的句法,除此之外,用户不能再创造新的句法。

例如,用户、计算机和打印队列都是活动目录中的类的例子。用户账号 Sue 和 Mary 都是用户类的实例。对象 Mary 可以包含一个属性,叫做电话号码,其值可以是 555-0101,它的数据类型为字符串类型或者数值类型。

架构建立的对象模型支持轻型目录访问协议(Light Directory Access Protocol,LDAP),安装了活动目录客户组件的 Windows 客户机通过 LDAPv3 来访问活动目录。

2. 活动目录的逻辑结构

活动目录的逻辑结构用来组织网络资源。域是活动目录的核心单元,是共享同一活动目录的一组计算机集合。域是安全的边界,在默认情况下,一个域的管理员只能管理自己的域,一个域的管理员要管理其他的域,需要专门的授权。域也是复制的单位,一个域可包含多个域控制器,当某个域控制器的活动目录数据库修改以后,会将此修改复制到其他的域控制器。

域树(Domain Tree)是域的集合。域树中加入的第一个域是域树的根(Root),其后加入的每一个域都是树中的子域。域树的层次越深,级别就越低,一个"."代表一个层次,例如域 child. microsoft. com 比域 microsoft. com 级别低。而域 grandchild. child. microsoft. com 比域 child. microsoft. com 级别更低。域树中的每个域都拥有自己的目录服务数据库副本,用来保存本域中的局部对象,所有的子域都共享根域的共同配置和全局目录。具有公用根域的所有域构成一个连续的名字空间,域树上的所有域共享相同的DNS后缀。

域林(Domain Forest)是域树所构成的集合,以信任关系互相联系,共享一个公共的目录模式、配置数据和全局目录。域林中的每一个域树具有独立的名字空间。在域林中创建的第一个域树被默认为域林的根树(Root Tree)。通过域树和域林这种形式,可以用层次结构来模拟一个大型企业的组织结构。

域是管理的边界,管理权限不会流经域边界,也不会通过域树向下流。例如,如果一个域树包含 A、B、C 3 个域;其中,A 是 B 的父域,B 是 C 的父域,具有域 A 管理权限的用户不会自动获得域 B 的管理权限,具有域 B 管理权限的用户也不会自动获得域 C 的管理权限。要获得给定域中的管理权限,必须对他们进行更高级别的授权,但这并不意味着管理员不能具有多个域的管理权限,而只是表明所有的管理权限必须明确地定义。

组织单元(Organizational Unit,OU)是域下面的容器对象,是比域更小的管理边界。通过在域内创建 OU,域管理员可以将部分管理任务指派给下级管理员,而不授予他们整个域的管理权限。

下面举例说明如何利用 OU 实现更细致的企业管理。假定一个公司的销售团队有自己的网络管理员和打印机、服务器等网络资源,并用自己的预算维护这些资源。销售团队的网络管理员必须管理和控制销售团队的网络资源、管理策略和其他管理元素。

在 Windows NT 4.0 网络中,由于销售团队是公司域的一部分,所以销售团队的网络管理员必须加入到公司域的管理员组中,才能获得管理销售团队资源所需的权限。销售团队管理员获得公司域管理员组的成员身份后,不仅可以管理销售团队的网络资源,还可以对整个公司域中的资源进行管理和控制。这样的全面授权是欠妥当的,不利于网络的安全运行。

在 Windows 2000/2003 网络中,网络管理员可以在公司域中为销售团队创建一个OU,并授予销售团队管理员仅限于销售团队 OU 的管理权限,而不是整个公司域的管理权限。通过创建 OU,可将公司域管理员组中的成员身份仅仅指派给那些管理职责覆盖整个域的管理员,使网络能够更可靠、更安全地运行。

在 OU 内还可以嵌套 OU,但是嵌套的深度不能超过 15,否则就会出现性能问题,幸好在实际应用中很少需要突破这个限制。

组织单元是可以配置组策略或委派管理权限的最小单位。组织单元类似于Windows NT 中的工作组。

3. 活动目录的物理结构

活动目录的物理结构用于优化网络通信流量。活动目录的物理结构包含站点和域控制器两个基本概念。站点(Site)由一个或多个子网构成,站点内的计算机通过可靠的高速链路连接起来。站点是网络的物理结构,和域没有必然的联系,一个站点可以包含多个域,一个域也可以跨越多个站点。站点的划分使得网络管理员可以更好地利用物理网络的特性,方便地配置活动目录的复杂结构,使网络通信处于最佳状态。当用户登录到网络时,活动目录客户机在同一个站点内找到活动目录的域控制器,可以尽快地登录到系统中。当各个域控制器之间需要进行信息复制时,在同一站点内的复制操作可以产生最小的网络通信流量。

域控制器是使用活动目录安装向导配置的 Windows 服务器。活动目录安装向导提供各种活动目录服务组件,供用户选择使用。域控制器存储着活动目录数据,并管理用户域之间的各种交互作用,包括用户登录过程、身份验证和目录搜索等。一个域可有一个或多个域控制器。为了获得高可用性和容错能力,使用单个局域网的小公司可能只需要两个域控制器,其中一个作为备份域控制器。跨越多个子网的大公司,在每个子网中都需要配置一个或多个域控制器。

活动目录的复制涉及在多个域控制器之间传输活动目录中的数据。在 Windows NT 中,只有一个称为操作主机的域控制器可以对活动目录中的数据进行更新,并把这些更新复制到其他的域控制器中去。在 Windows 2000/2003 中则采用多主复制模式。多主复制(Multimaster Replication)意味着多个域控制器具有修改活动目录数据的权限。在这种复制模型中,如果一个域控制器中出现任何数据的改变,都会及时地复制到其他域控制器中,复制过程同步地移动被更新的数据,使得活动目录中的所有信息在任何时刻对所有的域控制器和客户机都是可用的。在多主系统中,为了保证复制数据有效地传输,域控制器必须跟踪已经接收到的数据变更,并且仅更新最近复制之后新出现的数据变更。更新跟踪是基于一对域控制器在复制时刻数据的存在状态来进行的,更新跟踪保证:

- 仅尚未接收的变更被复制到目标。
- 即使某个域控制器的时钟失去同步,或者不同域控制器中的管理员对同一对象同时进行了变更,也不会发生冲突。

复制模型使得复制的变更存储在目标域控制器的同时被转发到其他的域控制器中。这种存储-转发的能力使得更新的发起者不必与每一个需要更新的域控制器交换数据。

复制技术是建立在活动目录连接上的过程集合。同一域林中的各个域控制器通过局域网或广域网建立了各种连接,并通过这种连接来同步活动目录公共部分的复制。复制技术保证,在整个域林中,活动目录的公共部分不会出现冗余的变更。复制技术是根据网络配置动态生成的,并保证域控制器随时可以利用这种技术。

为了保证复制技术的一致性,域控制器使用全局配置数据来形成域控制器的统一配置视图。域控制器使用同样的算法来定制同样的复制技术。每个域控制器通过独立的操作对统一而有效的复制技术作出自己的贡献。

复制技术的生成根据各个站点的通信速率和费用进行了优化。同一站点中的域控制器之间可以响应变更而自动复制,无须管理人员的介入,并且传送未经压缩的数据,以减少处理时间。不同站点中的域控制器之间的复制可以通过管理操作进行调度并设定路由,传送的数据需要压缩,以减少通信费用。

4. 活动目录中的对象

活动目录对象主要包括用户、组、计算机和打印机,然而网络中的所有服务器、域和站点等也可认为是活动目录中的对象。

活动目录架构包含活动目录中所有对象的定义(类和属性)。在 Windows 2000/2003 网络中,整个域林只有一个架构。架构保存在活动目录中。

活动目录的用户名分为两种:

(1) 主用户名(User Principal Name)。主用户名格式同 E-mail 地址,例如 john@ cyc.com。john 称为主用户名前缀,cyc.com 称为主用户名后缀,一般为根域的域名。主用户名只能用于登录 Windows 2000/2003 的网络。

(2) 用户登录名(User Logon Name)。用户登录名是一般的字符串,在 Windows NT 和 Windows 2000/2003 网络中都可以使用用户登录名。

活动目录中的组分为:

(1) 全局组(Global Groups)。全局组将同一域中的用户、组和计算机作为组成员的安全组或通信组。可为全局组授予域林中任何域的资源的权限。

(2) 本地组(Domain Local Groups)。本地组是一种安全组,只被赋予了创建该组的计算机上的资源的权限。本地组可以拥有任意用户账号(该账号是计算机的本地成员)、用户、组和来自该计算机所属域的计算机。

(3) 通用组(Universal Groups)。通用组用于多域的情况,通用组的成员信息保存在 GC(Global Catalog)中。尽量避免通用组直接包含用户账号成员,而使用全局组作为通用组的成员。通用组能够将其域林中任一域的用户、组和计算机作为其成员的安全组或通信组。通用组能被授予林中任何域的资源的权限。

在域中使用的组策略有:

* A-G-DL-P 策略;
* A-G-G-DL-P 策略;
* A-G-U-DL-P 策略。

这里,A 表示用户账号,G 表示全局组,U 表示通用组,DL 表示域本地组,P 表示资源权限。A-G-DL-P 策略是将用户账号添加到全局组中,将全局组添加到域本地组中,然后为域本地组分配资源权限。其余类推。

5. 安装和配置活动目录

(1) 必备条件:计算机必须安装 Windows 2000/2003 服务器,最小 250M 的可用磁盘空间;必须有 NTFS 磁盘分区或卷用于保存 SYSVOL 文件夹;必须运行 TCP/IP 协议和 DNS 服务(可在安装活动目录的同时安装 DNS),计算机须安装网卡。

(2) 在 Windows 2000 上使用 dcpromo 命令,将出现"AC 安装向导"对话框,若在网络中第一次安装活动目录时,所创建的是目录树的根域,此时选择"新域的域控制器"单选按钮。

(3) 选择"创建一个新的目录树"和"创建新的域目录树"单选按钮,输入新域的 DNS 全名,例如,cyc.com,输入 NetBIOS 名,它一般取 DNS 域名的第一部分或前 15 位,这里是 cyc,然后指定 AD 数据库和 SYSVOL 保存的文件,后者必须位于 NTFS 分区。

(4) 指定权限和密码等,此时开始安装 AD 并创建一个 Windows 2000 的域 cyc.com。活动目录安装后,将在"程序/管理"目录下产生三项:Active Directory 用户和计算机、

Active Directory 域和信任关系、Active Directory 站点和服务。

8.3　UNIX 系统

UNIX 是由美国贝尔实验室发明的一种多用户、多任务的通用操作系统。经过长期的发展和完善,已成长为一种主流的操作系统。由于 UNIX 具有技术成熟、可靠性高、网络和数据库功能强、伸缩性突出和开放性好等特色,可满足各行各业的实际需要,特别能满足企业重要业务的需要,已经成为主要的工作站平台和重要的企业操作平台。

8.3.1　UNIX 的功能

早期 UNIX 的主要特色是结构简练、便于移植和功能相对强大。经过多年的发展和进化,又形成了一些极为重要的特色,其中主要包括以下几点。

1. 技术成熟,可靠性高

经过 30 年开放式道路的发展,UNIX 的一些基本技术已变得十分成熟。实践表明,UNIX 是能达到主机(Mainframe)可靠性要求的少数操作系统之一。目前许多 UNIX 主机和服务器在国内外的大型企业中每天 24 小时、每年 365 天不间断地运行。

2. 极强的伸缩性(Scalability)

UNIX 是能在笔记本电脑、PC、工作站、直至巨型机上运行的操作系统。由于 UNIX 系统能很好地支持 SMP、MPP 和 Cluster 等技术,所以使其可伸缩性又有了很大的增强。

3. 网络功能强

作为 Internet 网络技术基础和异种机连接重要手段的 TCP/IP 协议是在 UNIX 上发展起来的,TCP/IP 是 UNIX 系统不可分割的组成部分。因此,UNIX 服务器在 Internet 服务器中占绝对优势。此外,UNIX 还支持所有常用的网络通信协议,包括 NFS、DCE、IPX/SPX、SLIP、PPP 等。

4. 强大的数据库支持能力

UNIX 具有强大的支持数据库的能力和良好的开发环境,所有主要数据库厂商,包括 Oracle、Informix、Sybase、Progress 等,都把 UNIX 作为主要的数据库开发和运行平台,并创造出一个又一个性能价格比的新记录。

5. 开发功能强

UNIX 系统从一开始就为软件开发人员提供了丰富的开发工具,成为工程工作站的主要的操作系统和开发环境。可以说,工程工作站的出现和成长与 UNIX 是分不开的。

迄今为止,UNIX 工作站仍是软件开发厂商和工程研究设计部门的主要工作平台。

6. 开放性好

开放性是 UNIX 最重要的本质特征,开放系统概念的形成与 UNIX 是密不可分的。由于开放系统深入人心,几乎所有厂商都宣称自己的产品是开放系统,但所有这些系统与开放系统的本质特征——不受某些厂商的垄断和控制相去甚远,只有 UNIX 完全符合这一条件。

8.3.2 UNIX 的结构

UNIX 系统是一个多用户、多任务的分时系统。也就是说,在它的管理之下,一台机器可供多个用户同时使用,每一个用户都能执行一个或多个程序。为实现这一点,UNIX 必须对整个计算机进行控制,在此基础上,为每个用户所执行的各个程序分配相应的资源(如 CPU、RAM、磁盘等)。

计算机要对整台机器的各方面进行控制,如前面说过的 CPU、内存、外存,以及其他许多外围设备,如软盘驱动器、光盘驱动器、打印机、磁带、终端、网卡等。当然,进行这种控制的目的是为了向用户提供一个高效而又方便地使用这些资源的接口。所有这些控制程序就构成了整个 UNIX 的核心——内核。程序完成的所有工作都要直接或间接地使用这个内核所提供的服务。UNIX 提供这些服务的形式是系统调用(同函数调用类似,但又不是普通的函数调用)。

仅有内核还不行,因为它还不能为用户提供一个方便的开发和使用环境。为此 UNIX 系统还提供了大量的系统程序,也就是一些标准的服务,如编译程序、文本编辑程序、命令语言、文件打印服务、记账服务、系统管理服务等,但它们都是以内核提供的服务为基础的。

在系统自带的标准服务之上,根据各行各业用户具体工作需求的不同,可以在标准的系统之上增加一些独立厂商开发的应用软件或应用开发软件。如各种数据库管理系统、图形应用和开发环境、网络应用和开发环境等。在这些开发环境的基础上,我们可以开发出大量软件以满足不同需求的应用。

UNIX 操作系统按照功能可分成以下几部分。

(1) 核心程序(Kernel):进程调度和数据存储管理;

(2) 外壳程序(Shell):接收和解释用户命令,所以也叫做解释程序;

(3) 实用程序(Utility Program):完成各种系统维护功能;

(4) 应用程序(Application Program):各种实用工具程序,例如通信软件、编辑器等。

从 UNIX 系统诞生到现在,人们一直在开发和丰富 UNIX 系统的资源,它是一个可移植的开放系统,是集体智慧的结晶。

为了保持 UNIX 系统的灵活性,构造一适当小的、简单的内核,在内核外有各种软件实用程序和工具,这使 UNIX 操作系统成为可以用不同方法剪裁的系统。内核和实用程序是 UNIX 的两个组成部分,第三部分称为外壳(Shell),包括解释来自应用的命令的软件,以及使用内核实用程序的执行软件。这三者关系如图 8-3 所示。

UNIX 核是用 C 语言编写的,易于理解和编程。然而,内核的功能是相对低层的,和硬件有关的,即使用通用的 C 语言,也仍然需要详细了解文件结构和硬件设计。Shell 的作用是解释来自用户和应用的命令,使计算机资源的管理更加容易和高效。Shell 和硬件无关,因此这部分的软件更容易移植。实际上还是有很多不同的 UNIX Shell。

图 8-3　UNIX 的基本结构

实用程序在外壳的外层,提供了大部分的可执行程序,也是用 C 语言编写的,而用户的应用程序在实用程序之上。严格来讲,实用程序和用户应用程序是属于同一性质的,但实用程序大多是为了帮助操作系统执行作业以及帮助程序员开发软件而编写。由于有了众多的实用程序,UNIX 成为事实上的和硬件独立的操作系统。

8.3.3　UNIX Shell

1. Shell 的历史

Shell 是 UNIX 操作系统的外壳,是一个功能强大的命令处理器,它是用户与操作系统交互的界面。它接收用户输入的命令,分析、解释和执行该命令,并将结果显示出来。由于 Shell 发展的历史问题,有两种主流的 UNIX 操作系统,分别是 Berkeley UNIX 和 System V UNIX,因此在 UNIX 系统中也有多种风格的 Shell 程序存在,最常见的有三种。

(1) Bourne Shell:是现代 UNIX 系统中的标准 Shell,通常会把它设置成系统默认的命令解释程序,它的命令提示符是 $ 。B-Shell 由 AT&T 贝尔实验室 S. R. Bourne 于 1975 年写,它的程序名为 sh。

(2) C Shell:是由加州伯克利分校的学生 Bill Joy 开发,其程序名为 csh(由于它的编程类似于 C 语言形式而得名),它的提示符是 % 。

(3) Korn Shell:是 B Shell 的一个扩展集,在 B-Shell 中编写的脚本程序无须修改即可在 Korn Shell 中运行,它的提示符是 $ 。Korn Shell 是在 20 世纪 80 年代由贝尔实验室的 David G. Koun 开发的 Bourne Shell 的扩充版本。

不同的 Shell 程序虽然在使用方式和命令格式上有所差异,但是它们的功能是类似的,都可以完成用户命令的解释和执行,完成用户环境的设置,完成 Shell 程序的设计与执行。

2. 内部命令和外部命令

在 UNIX 命令中有内部命令和外部命令之分。内部命令实际上是 Shell 程序的一部分,包含的是一些比较精简的 UNIX 系统命令,这些命令在 Shell 程序内部完成运行。通常在 UNIX 系统加载运行时 Shell 就被加载并驻留在系统内存中。外部命令是 UNIX 系统中的实用程序的部分内容,因为使用的功能通常比较强大,所以它们包含的程序量也很大,在系统加载时并不随系统一起被加载到内存中,而是在需要时才将其调入内存。通常外部命令的实体并不包含在 Shell 中,只是其命令执行过程是由 Shell 程序控制的。Shell 程序管理外部命令的路径查找、加载、分析、解释和执行。

3. Shell 的基本功能

(1) 命令的解释执行:接收用户的命令输入,解释分析命令含义,执行用户命令。

(2) 环境变量的设置:对用户工作环境进行修改和设定,根据规则选择相关的环境变量。

(3) 输入/输出的重定向:完成对系统标准流的修改。

(4) Shell 程序语言的设计:使用 Shell 的脚本语言完成较为复杂的命令执行过程或用户环境设置过程。

8.3.4 网络文件系统

网络文件系统(NFS)是一种流行的网络操作系统,它可以在基于 TCP/IP 的网络上共享文件和目录。NFS 是 Sun Microsystems 公司开发的,是使用底层传输层协议 TCP/IP 的应用层协议。

NFS 的功能是通过 NFS 协议使用户能访问一个远程目录及该目录中的文件,如同这个目录在本地 UNIX 计算机上一样。用户的 UNIX 应用程序可以使用远程目录结构中的文件,如同这些文件是本地文件一样。通过文件重定向,NFS 使用户能透明地使用远程机器 UNIX 的文件系统。在用户使用 UNIX 的 mount 命令来访问远程计算机的目录时,用户的计算机就成了一台客户机。如果一台远程计算机允许它的目录被其他计算机使用,那么这台计算机就是一台服务器。一台主机可以是多台计算机的服务器,同时又可以是多台服务器的客户机。用户可以从本地目录 stubs 来安装远程目录,stubs 目录是一些仅仅为了进行远程访问而存在的空白目录。

NFS 的设计是建立在远程过程调用(RPC)这一概念基础之上,RPC 使不同机器上的软件之间能进行通信。用户编制的不同程序模块存放在不同类型的计算机上,通过 RPC 可使这些程序模块之间进行通信。网络文件系统 NFS 使用 RPC 在网络中对文件的输入/输出操作进行重定向。

8.4 Linux 系统

Linux 操作系统是 UNIX 操作系统在微机上的实现。它是由芬兰赫尔辛基大学的 Linus Torvalds 于 1991 年开发的,并在网上免费发行。Linux 的开发得到了 Internet 上许多 UNIX 程序员和爱好者的帮助,大部分 Linux 上能用到的软件均来源于美国的 GNU 工程及免费软件基金会。Linux 操作系统从一开始就是一个编程爱好者的系统,它的出发点在于核心程序的开发,而不是对用户系统的支持。

8.4.1　Linux 的特点

Linux 性能稳定、功能强大、技术先进，是目前最流行的微机操作系统之一。

Linux 有一个基本的内核（Kernel）。一些组织或厂商将内核与应用程序、文档包装起来，再加上安装、配置和管理工具，就构成了供一般用户使用的发行版本。

与传统的网络操作系统相比，Linux 具有以下特点。

（1）源代码公开：Linux 的源代码就是公开的，这是它与 UNIX、Windows NT 等传统网络操作系统最大的区别，这使它一直得到、并将继续得到全世界的程序员的共同完善。

（2）完全免费：Linux 从内核到设备驱动程序、开发工具等都遵从通用公共许可协议（General Public License，GPL），Internet 上有大量关于 Linux 的网站和技术资料，可以免费下载，其中不包含任何专利代码，不存在使用盗版软件的问题。

（3）完全的多任务和多用户：Linux 允许在同一时间运行多个应用程序，允许多个用户同时使用主机。

（4）适应多种硬件平台：Linux 可运行的硬件平台很多，如 IBM PC 及其兼容机、Apple Macintosh 计算机、Sun 工作站等。

（5）稳定性好：运行 Linux 的服务器有极好的稳定性，很少出现在其他一些操作系统上常见的死机现象。

（6）易于移植：Linux 符合 UNIX 的标准，这使 UNIX 下的许多应用程序很容易移植到 Linux 下，相反的移植也是一样。

（7）用户界面良好：Linux 的 X Windows 系统具有图形用户界面，它可以进行所有的窗口操作，甚至还可以在几种不同风格的窗口之间来回切换。

（8）具有强大的网络功能：Linux 是依靠 Internet 迅速发展起来的，Linux 支持 TCP/IP 协议，支持网络文件系统 NFS、文件传送协议 FTP、超文本传送协议 HTTP、点对点协议 PPP、电子邮件传送协议 POP/IMAP 和 SMTP，可以方便地与 Novell Netware 或 Windows NT 等网络集成在一起。

8.4.2　Linux 系统结构及文件组织

Linux 与 UNIX 相比，要简洁和小巧得多，但这并不妨碍它成为一个高效、可靠而功能完善的现代操作系统。Linux 操作系统的指导思想和设计原理与现代操作系统原理有许多一致的地方，它遵从 UNIX 操作系统的设计原则，符合 POSIX 标准。作为一种实用的操作系统，它在实现技术上更为精巧和灵活。

1. Linux 系统结构

Linux 的体系结构总体上属于层次型的，如图 8-4 所示。从内到外包括三层：最内层是系统核心，中间是 Shell、编译/编辑实用程序、库函数等，最

图 8-4　Linux 系统结构

外层是用户程序,包括许多应用软件。

从操作系统的功能角度来看,它的核心由五大部分组成:进程管理、存储管理、文件管理、设备管理和网络管理。各子系统实现其主要功能,同时互相之间是合作、依赖的关系。进程管理是操作系统最核心的部分,它控制了整个系统的进程调度和进程之间的通信,是整个系统合理高效运行的关键。比如,各管理模块以进程方式运行,进程又用到文件、内存、外设等其他各种资源。存储管理为其他子系统提供内存管理支持,同时其他子系统又为内存管理提供了实现支持,例如要通过文件和设备管理实现虚拟存储器和内外存的统一利用。网络管理也离不开另外几个子系统的支持,其中进程管理、存储管理、文件管理中的一些模块和数据结构使用得更为频繁。另外,存储器管理、文件管理、设备管理、网络子系统都有个共同特征:整个子系统分为与硬件相关部分和与硬件无关部分。硬件相关部分被嵌入了系统内核,硬件无关部分则建立在内核基础上,同时该部分为用户和其他模块提供了调用接口。这种设计思想是 Linux 系统兼容性好、可靠、高效、易扩展的原因之一。

2. Linux 源文件组织

Linux 核心源程序通常安装在目录/usr/src/linux 中,在该目录下可以看到下面一些子目录。

(1) arch/:包括了所有和体系结构相关的核心代码,它的每一个子目录都代表一种支持的体系结构,例如 i386 就是关于 Intel CPU 及与之相兼容的体系结构的子目录。

(2) include/:包括编译核心所需要的大部分头文件。与平台无关的头文件在 include/linux 子目录下,与 Intel CPU 相关的头文件在 include/asm-i386 子目录下,而 include/scsi 目录则是有关 scsi 设备的头文件目录。

(3) init/:包含核心的初始化代码(不是系统的引导代码),包含两个文件 main.c 和 version.c,这是研究核心如何工作的起点之一。

(4) mm/:包括所有独立于 CPU 体系结构的内存管理代码,如页式存储管理内存的分配和释放等,和体系结构相关的内存管理代码则位于 arch/ * /mm/,例如 arch/i386/mm/Fault.c。

(5) kernel/:主要的核心代码,此目录下的文件实现了大多数 Linux 系统的内核函数,其中最重要的文件当属 sched.c;同样,和体系结构相关的代码在 arch/ * /kernel 中。

(6) drivers/:放置系统所有的设备驱动程序。每种驱动程序又各占用一个子目录,例如,/block 下为块设备驱动程序(ideide.c)。

(7) documentation/:文档目录没有内核代码,只是一套有用的文档。

(8) fs/:所有的文件系统代码和各种类型的文件操作代码,它的每一个子目录支持一个文件系统,例如 fat 和 ext2。

(9) ipc/:这个目录包含核心的进程间通信代码。

(10) lib/:放置核心的库代码。

(11) net/:核心与网络相关的代码。

(12) modules/:模块文件目录,是个空目录,用于存放编译时产生的模块目标文件。

（13）scripts/：描述文件，脚本，用于对核心的配置。

8.4.3　Linux 系统启动和初始化

当开机引导 Linux 时，内核在控制台上输出许多信息，并且同时存入在/var/log/boot. log 和/var/log/message 中，下面用流程图来表示系统启动的过程，如图 8-5 所示。

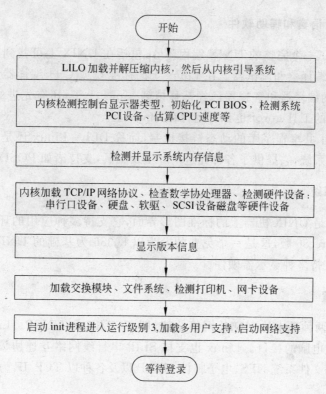

图 8-5　Linux 系统启动的过程

8.4.4　Linux 的常用软件

下面列出 Linux 的许多应用程序和一些常用的计算功能。

1. 基本命令和工具

在标准的 UNIX 系统上可以找到的应用软件大多都移植到 Linux 上了。在 Linux 上可以运行多种 Shell，不同的 Shell 之间最大的差别就在于命令语言，对 Shell 的选择是基于对命令语言的选择，最广泛采用的是 Bash，是一个 Bourne Shell 的变体。

Linux 上的文本编辑程序包括 vi、ex、pico、jove 以及 GUN Emacs 等。虽然 Linux 系统中有很多功能强大和界面友好的编辑器，但是用户还是应当学习一下如何使用 vi。这是因为，不管使用何种 Linux 系统，总是可以使用 vi 的，而别的你所喜欢的编辑器可能没有安装，另外，vi 是功能较强的编辑器。vi 编辑器有两种模式：一是命令模式，一是输入模式。

2. 文本与文字处理程序

Linux 可支持多种文本处理程序。一个是 Grofft，这是一个 GUN 版的格式文本处理程序 nroff。另一个比较现代化的文本处理程序为 TEX。还有一个文本处理系统为 Texinfo，它是 TEX 的扩充。

3. 程序设计语言和辅助软件

Linux 提供了一个完整的 UNIX 编程环境，包括在 UNIX 上可找到的所有的标准程序库、编程工具、编译器和调试器。在 Linux 上的标准 C 或 C++ 编译器是 GUN 的 Gcc。此外，许多其他的编译器和解释器已经都移植到 Linux 上了，还有先进的调试器 gdb、用于监视程序运行的工具 gprof 也都可运行在 Linux 上。

Linux 实现了共享程序库的动态链接机制，简称 DLL。Linux 还是一个开发 UNIX 应用程序的理想系统，它提供了各种先进的环境及工具，支持诸如 POSIX.1 等标准。

4. X 窗口系统

X 窗口系统是 UNIX 机器上的标准图形界面，它支持多种应用的环境。Linux 上现在使用的是 X Free86 版，这是一个免费的专为以 80386 为基础的 UNIX 系统移植的版本。X Free86 支持多种显示器硬件。

5. 网络设置

Linux 支持两种基本的 UNIX 网络协议，即 TCP/IP 和 UUCP。Linux 支持多种以太网卡及与个人电脑的接口。Linux 也支持 SLIP 串行线网络互连协议。Linux 支持的网络功能有网络文件系统 NFS、电子邮件 SMTP 以及各种以 TCP/IP 为基础的应用程序和协议。

习　　题

1. 网络操作系统的功能与单机操作系统的功能有什么不同？网络操作系统从逻辑结构上分为哪些部分？
2. 简述 Windows 2000 的活动目录结构，采用活动目录对于 Windows 联网有什么好处？
3. UNIX 操作系统由哪些部分组成？其功能是什么？
4. 什么是 DNS 服务器？分布在网络上的 DNS 服务器怎样协同工作，共同为用户提供域名服务？

参 考 文 献

1. Andrew S Tanenbaum. 计算机网络. 第四版. 北京: 清华大学出版社, 2004.
2. William Stallings. 数据与计算机通信. 第七版. 北京: 高等教育出版社, 2006.
3. Kaveh Pahlavan Prashant Krishnamurthy. 无线网络通信原理与应用. 北京: 清华大学出版社, 2002.
4. William Stallings. SNMP 网络管理. 北京: 中国电力出版社, 2001.
5. 雷震甲. 计算机网络. 第三版. 西安: 西安电子科技大学出版社, 2008.
6. 雷震甲. 网络工程师教程. 第三版. 北京: 清华大学出版社, 2008.
7. 雷震甲. 组网实训教程. 西安: 西安交通大学出版社, 2008.
8. 雷震甲. 计算机网络管理. 西安: 西安电子科技大学出版社, 2006.

读者意见反馈

亲爱的读者：

　　感谢您一直以来对清华版计算机教材的支持和爱护。为了今后为您提供更优秀的教材，请您抽出宝贵的时间来填写下面的意见反馈表，以便我们更好地对本教材做进一步改进。同时如果您在使用本教材的过程中遇到了什么问题，或者有什么好的建议，也请您来信告诉我们。

　　地址：北京市海淀区双清路学研大厦 A 座 602　　计算机与信息分社营销室　收
　　邮编：100084　　　　　　　　　　电子邮件：jsjjc@tup.tsinghua.edu.cn
　　电话：010-62770175-4608/4409　　邮购电话：010-62786544

教材名称：计算机网络技术及应用（第2版）
ISBN：978-7-302-18363-1

个人资料

姓名：＿＿＿＿＿＿　年龄：＿＿＿＿　所在院校/专业：＿＿＿＿＿＿＿＿＿
文化程度：＿＿＿＿＿＿　通信地址：＿＿＿＿＿＿＿＿＿＿＿＿＿＿＿＿
联系电话：＿＿＿＿＿＿　电子信箱：＿＿＿＿＿＿＿＿＿＿＿＿＿＿＿＿

您使用本书是作为： □指定教材 □选用教材 □辅导教材 □自学教材

您对本书封面设计的满意度：
□很满意 □满意 □一般 □不满意　改进建议＿＿＿＿＿＿＿＿＿＿

您对本书印刷质量的满意度：
□很满意 □满意 □一般 □不满意　改进建议＿＿＿＿＿＿＿＿＿＿

您对本书的总体满意度：
从语言质量角度看 □很满意 □满意 □一般 □不满意
从科技含量角度看 □很满意 □满意 □一般 □不满意

本书最令您满意的是：
□指导明确 □内容充实 □讲解详尽 □实例丰富

您认为本书在哪些地方应进行修改？（可附页）

＿＿＿＿＿＿＿＿＿＿＿＿＿＿＿＿＿＿＿＿＿＿＿＿＿＿＿＿＿＿＿＿
＿＿＿＿＿＿＿＿＿＿＿＿＿＿＿＿＿＿＿＿＿＿＿＿＿＿＿＿＿＿＿＿

您希望本书在哪些方面进行改进？（可附页）

＿＿＿＿＿＿＿＿＿＿＿＿＿＿＿＿＿＿＿＿＿＿＿＿＿＿＿＿＿＿＿＿
＿＿＿＿＿＿＿＿＿＿＿＿＿＿＿＿＿＿＿＿＿＿＿＿＿＿＿＿＿＿＿＿

电子教案支持

敬爱的教师：

　　为了配合本课程的教学需要，本教材配有配套的电子教案（素材），有需求的教师可以与我们联系，我们将向使用本教材进行教学的教师免费赠送电子教案（素材），希望有助于教学活动的开展。相关信息请拨打电话 010-62776969 或发送电子邮件至 jsjjc@tup.tsinghua.edu.cn 咨询，也可以到清华大学出版社主页（http://www.tup.com.cn 或 http://www.tup.tsinghua.edu.cn）上查询。

大学计算机基础教育规划教材

近 期 书 目